华信咨询设计研究院专家团队

面向5G的蜂窝物联网（CIoT）规划设计及应用

汪 伟 黄小光 张建国 李燕春◎编著

U0247724

人民邮电出版社

北 京

图书在版编目（ＣＩＰ）数据

面向5G的蜂窝物联网（CIoT）规划设计及应用 / 汪
伟等编著. -- 北京：人民邮电出版社，2019.9
ISBN 978-7-115-51772-2

Ⅰ．①面… Ⅱ．①汪… Ⅲ．①蜂窝式移动通信网
Ⅳ．①TN929.53

中国版本图书馆CIP数据核字(2019)第163468号

内容提要

本书介绍了物联网的基础知识，非蜂窝物联网典型技术与应用，NB-IoT 与 eMTC 技术标准，物理层和包括小区搜索、随机接入、HARQ 流程在内的物理过程，CIoT 网络覆盖发展策略、频率部署规划、覆盖和容量能力、参数规划、无线仿真技术、无线设备、机房、塔桅和天馈改造方案；CIoT 业务及产业链发展情况、运营商建设；对 CIoT 未来发展、多技术融合，网络安全等进行阐述，特别提炼了 7 个章节的内容概要一览彩图，适合从事 5G 移动通信的人士阅读。

◆ 编　著　汪　伟　黄小光　张建国　李燕春
　　责任编辑　赵　娟　王建军
　　责任印制　彭志环

◆ 人民邮电出版社出版发行　北京市丰台区成寿寺路 11 号
　邮编　100164　电子邮件　315@ptpress.com.cn
　网址　http://www.ptpress.com.cn
　三河市中晟雅豪印务有限公司印刷

◆ 开本：787×1092　1/16　　　　彩插：7
　印张：17.75　　　　　　　　2019 年 9 月第 1 版
　字数：418 千字　　　　　　　2019 年 9 月河北第 1 次印刷

定价：128.00 元

读者服务热线：(010)81055493　印装质量热线：(010)81055316
反盗版热线：(010)81055315

前言 PREFACE

　　物联网（Internet of Things，IoT）被公认为是继计算机、因特网与移动通信网之后的世界信息产业第三次浪潮。按咨询机构 Analysys Mason 预测，2020 年物联网发展将进入爆发期，全球物联网设备的连接数将达到 400 亿；而到 2030 年，这个数量将超千亿，中国将超过 200 亿——万物互联的时代已经来临。

　　放眼全球，国际运营商都在酝酿自己的"大连接"战略，集体发力物联网建设。韩国的电信运营商 KT 计划投资 1500 亿韩元新建窄带物联网；英国的沃达丰公司建立了 NB-IoT 开放实验室，从而加速布局物联网；法国的电信公司通过搭建 M2M 完整系统，渗入产业链的不同环节；西班牙的电信公司通过专用物联网平台进行"智能通道建设"；日本的 DoCoMo 将发展 M2M 业务作为其重要战略的组成部分；美国的 Sprint 公司通过开放性发展策略推动 M2M 市场。而在国内，我国政府已明确大力支持蜂窝物联网发展，允许运营商可在原有频率上开展物联网业务，同时大力推进与垂直行业及地方政府的对接，设立推广平台、示范城市等。中国移动将物联网提升到了"中国移动新时期发展策略"的重要核心地位，在 2016 年世界移动大会——上海（MWCS）正式提出"大连接"战略，即面向未来 5 年，中国移动将要做大连接规模，做优连接服务，做强连接应用。基于"大连接"战略，中国移动明确提出希望在 2020 年实现 50 亿物联网连接数，并带来千亿元的营业收入目标。中国电信则在 2016 年集团战略中将物联网作为战略基础重点，全面布局物联网，拓展新市场，将这一蓝海市场作为中国电信全新的战略性基础业务。中国联通则选择与国内外多家物联网平台一起，积极打造云计算、大数据、物联网等创新平台的应用能力和产品升级能力，聚焦政务、教育、医卫、生态环境、旅游、工业互联网等重点行业。在不久的将来，物联网应用在工业制造、车联网、可穿戴设备、教育医疗等 IoT 平台层、应用层业务将成为支撑经济持续增长的重要领域。

然而，IoT 接入技术的规模化部署是物联网应用落地的关键，无线接入技术处于网络层，是连接感知层收集数据的关键环节，也是物联网整个产业发展的热点。IoT 无线接入技术可以分短程物联网和广域物联网：短程物联网主要指连接范围在 100m 左右，以无线保真（Wireless Fidelity，Wi-Fi）、蓝牙和 ZigBee 等通信技术为核心；广域物联网技术包括工作于未授权频段的 LoRa、SigFox 等，工作于授权频段下传统的 2G/3G/4G/5G 蜂窝技术以及 3GPP 专为物联网打造的蜂窝物联网（CIoT）技术标准（包括 eMTC、NB-IoT 技术）。在以上 IoT 接入技术中，面向未来 5G 演进的 CIoT 技术将是运营商大规模部署建设的重点。目前，全球 CIoT 网络已在多个地区大规模商用，国内也在大规模部署 CIoT 系统并发展 5G 等通信技术，给万物的广泛连接提供通信能力。此背景下，在工程应用领域，需加强针对窄带物联网（Narrow Band Internet of Things，NB-IoT）、增强机器通信（enhanced Machine-Type Communication，eMTC）（本书中统称为 CIoT）网络规划、设计、工程建设方面的研究，为将来 CIoT 技术的大规模网络建设做好技术储备。

本书作者均是华信咨询设计研究院从事移动通信网络规划、咨询、设计和研究的技术专家，长期跟踪研究蜂窝无线网络系统标准、规范与组网技术，参与过国内 CIoT 规模应用建设部署，对 CIoT 技术有较深刻的理解。本书在编写过程中融入了作者长期从事移动通信网络规划设计工作中积累的经验和心得，可以使读者较全面地理解 CIoT 技术理论和网络规划、设计、工程建设等内容。

本书第一章物联网概述介绍了物联网概念、网络架构、物联网接入技术细分、蜂窝物联网技术、CIoT 技术与 5G 的关系等。第二章非蜂窝物联网技术及应用主要介绍了非蜂窝物联网系统架构、非蜂窝无线接入技术类型、与蜂窝物联网技术对比以及各类非蜂窝短距无线通信技术的主要原理特点。第三章基于蜂窝网的物联网应用主要介绍了公用蜂窝物联网与专有物联网的区别，重点深入探讨 2G/3G 蜂窝系统下的窄带 M2M 技术解决方案以及 4G 增强型宽带技术解决方案。第四章 CIoT 标准及技术介绍主要概述了 NB-IoT 及 eMTC 两种 CIoT 技术的标准演进过程及定义，重点深入介绍 NB-IoT 系统的网络结构、频谱划分、无线帧结构、物理信道、物理层过程、覆盖增强技术等；为了更加适合物与物之间的通信，也为了降低成本，eMTC 仅裁剪和优化了 LTE 协议，故书中只重点介绍 eMTC 技术独有的特点，包括窄带定义、物理信道及典型流程；本章最后部分对比分析了 NB-IoT 与 eMTC 两者的技术特性。第五章 CIoT 网络规划与设计介绍了无线网络规划的内容，明确了 CIoT 系统规划总体流程，结合两者 CIoT 技术定位，确定了各自的覆盖部署策略；基于 CIoT 技术特点，介绍了规划总体目标和频率部署的原则要求；然后重点深入介绍了 CIoT 系统的覆盖规划、容量规划、参数规划以及 CIoT 网络的无线仿真技术；最后介绍了 CIoT 实际工程部署，包括 CIoT 系统部署时对现有无线网络的影响、站址获取及利旧策略、基站建设方式、设备选型、站址改造方案、设计要求及图纸规范等。第六章 CIoT 业务及应用全方位地介绍了产业链发展情况、当前运营商建设试点应用情况、CIoT 系统典型应用，在此基础上总结 CIoT 应用及业务发展应对策略。第七章演进和展望对 CIoT 系统未来技术融合演进、创新应用进行展望。

全书由华信咨询设计研究院有限公司总工程师朱东照统稿。汪伟编写了第

一、六、七章，黄小光编写了第五章及第四章 eMTC 部分，张建国编写了第四章 NB-IoT 部分，李燕春编写了第二、三章。华信设计院专业从事移动通信网络的规划、设计与优化，在蜂窝无线网规划、咨询、设计方面具备雄厚的技术实力和丰富的实践经验。在本书的编写过程中，得到了华信多位领导和同事的大力支持，特别是余征然总经理、王鑫荣副总经理、肖清华博士、彭宇博士以及综合院夏世峰院长和赵品勇副院长的大力支持，在此表示感谢！在本书的编写过程中，还得到各大电信运营商、主设备厂商、集成应用商等单位的支持和帮助，另外，我们还参考了许多学者的专著和研究论文，在此一并致谢！

本书适合从事 NB-IoT、eMTC 蜂窝物联网系统规划、设计、工程建设和维护工作的工程技术人员与管理人员参考使用，也可作为高等院校移动通信相关专业师生的参考书。

由于时间仓促，加之编者水平有限，书中难免有疏漏与不当之处，恳请读者批评指正。

编　者

2019 年 3 月于杭州

目录 CONTENTS

第三章　基于蜂窝网的物联网应用

第四章　CIoT标准及技术介绍

第五章　CIoT网络规划与设计

第六章　CIoT业务及应用

第七章 演进和展望

物联网概述

Chapter 1

第一章

导读

　　本章节梳理并详细介绍了物联网概念的产生、发展、特点、网络架构和接入。物联网不是某种简单的技术或网络，是推动改变整个世界进入数字化和智能化的一系列基础平台。本书从物联网利用的网络、技术特征及应用场景这个角度出发，将物联网分为三类：蜂窝物联网 CIoT、基于蜂窝网的物联网应用、非蜂窝物联网技术及应用。重点介绍了两类 CIoT 技术：NB-IoT 和 eMTC。同时，诠释了物联网和 5G、互联网之间的关系。物联网平台是产业生态链构建的核心要素，也是整个产业竞争最为激烈和价值最大的环节。最后，从硬件、标准、存储、分析、应用和安全 6 个方面简要分析了物联网存在的问题。

<table>
<tr><td rowspan="2">什么是物联网</td><td colspan="2">物联网的本质是扩充了互联网和通信网的触角和内涵，将所有的物体接入网络中，形成人与物、物与物、物与数据之间的信息交互和影响，同时针对不同物体数据的特性和用途，采用特定的网络连接、数据处理和应用实现方法，从而实现物体的数字化、自动化、智能化处理。物联网不仅仅是一种网络形态，也是一种特定的业务和应用，是二者的有机结合体</td></tr>
<tr><td>物联网具有全面感知物体、可靠网络传输、智能数据处理、特定应用场景四大特点</td><td>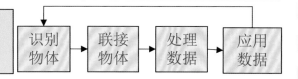</td></tr>
</table>

物联网分类

- 蜂窝物联网CIoT
- 基于蜂窝网的物联网应用
- 非蜂窝物联网技术及应用

业务特征

- ✓ 连接海量化
- ✓ 业务碎片化
- ✓ 服务开放化

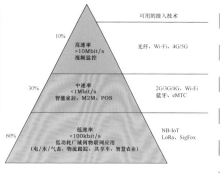

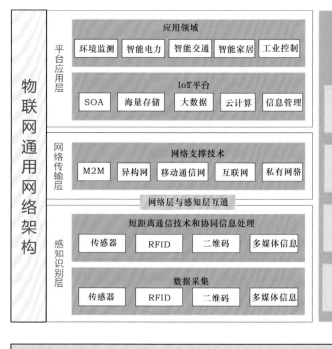

LPWAN是面向物联网中远距离和低功耗的通信需求而演变出的一种物联网通信技术。**LPWAN**技术的特点包括传输距离远、节点功耗低、网络结构简单、运行维护成本低

- 工作在非授权频谱的非蜂窝技术，包括LoRa、SigFox 等
- 工作在授权频谱的蜂窝物联网技术，包括NB-IoT、eMTC等

物联网平台是产业生态链构建的核心要素：一方面，面对碎片化的物联网市场格局，构建开放共享、合作共赢的产业生态已成为产业界共识；另一方面在产业价值不断向软件和基于数据的服务转移的大趋势下，物联网平台凭借其对产业链上下游企业整合，促进开环应用发展的关键作用，成为产业生态构建的核心要素

四大平台玩家： | IT软件服务商 | 垂直行业 | 互联网企业 | 电信领域 |

●● 1.1 什么是物联网

1.1.1 概念的形成和发展

物联网已经成为第四次科技革命的重要标志，在驱动国民经济各行各业转型升级方面发挥着不可替代的作用。在全球经济大变革的背景下，物联网已不再是对传统行业和企业的小修小补，而是从深层次上改变产业的生产经营方式，重塑各大企业的商业模式，也从很大程度上开始改变人们的生活方式，引发经济发展新形态。

2017 年，物联网（Internet of Things，IoT）再次成为大众热点，各类媒体宣传、行业应用和解决方案层出不穷，尤其是以 NB-IoT 为代表的蜂窝物联网走到前台，借助全球主流统一标准优势和国家层面政策的大力支持，三大电信运营商纷纷启动大规模建网，上下产业链共同积极推动各类规模应用的落地，如智慧停车、智能抄表、自动监测等业务。

1995 年，比尔·盖茨在其《未来之路》（The Road Ahead）一书中描述和展示了物联网的雏形，但真正物联网的概念和实践来自于 MIT Auto-ID Center 的 Ashton 等人于 1999 年正式提出的构想：在计算机互联网的基础上，利用射频识别（Radio Frequency Identification，RFID）、无线传感器网络（Wireless Sensor Network，WSN）、数据通信等技术，构造一个覆盖世界上万事万物的"物联网"，从而把所有物品与互联网连接起来，实现智能识别和管理的目的。在这个网络中，物品（商品）能够彼此进行"交流"，而无需人的干预。从 Ashton 提出的物联网技术、架构和目标愿景来看，着眼于静态（无源）物体（特别是商品）的连接和智能管理，所以首先应用在大型超市、仓储物流企业的物品运输和销售管理上。

2005 年，国际电信联盟（International Telecommunication Union，ITU）在突尼斯举行的信息社会世界峰会（World Summit on the Information Society，WSIS）上发布《国际电信联盟 ITU 互联网报告 2005：物联网》（ITU Internet Reports 2005：The Internet of Things），官方首次承认并定义了物联网的概念。报告指出，无所不在的"物联网"通信时代即将来临，世界上所有的物体，从轮胎到牙刷、从房屋到纸巾都可以通过互联网主动进行数据交换。RFID 技术、传感器技术、纳米技术、智能嵌入四项技术将得到更加广泛的应用。根据 ITU 的设想，在物联网时代，通过在各种各样的日常用品上嵌入一种短距离的移动收发器，人类在信息与通信世界里将获得一个新的沟通维度，从任何时间、任何地点的人与人之间的沟通连接，扩展到人与物、物与物之间的沟通连接。报告共有 7 章，内容包括了何为物联网；物联网技术支持；市场机遇；物联网面临的挑战和存在的问题；发展中国家的机遇；展望 2020 年的某一天和一种新型生态系统。

2008 年，国际商业机器公司（International Business Machines Corporation，IBM）提出"智

慧地球"的概念，建议政府在宽带网络、智慧医疗和智慧电网等新一代的智慧型基础设施方面加大投入，从而拉动就业，提升竞争力，其中，物联网就是这些智慧型基础设施中间的一个重要组成部分。IBM 认为智慧地球意味着更透彻的感知、更全面的互联互通和更深入的智能化，其实这也是物联网核心的三要素：感知、网络、智能（平台＋应用）。IBM 认为物联网将物理世界和互联网紧密连接从而更好地管理物理世界，是信息技术（IT）和控制技术（OT）的融合，它借助数据采集技术和智能网络分析预测和优化物理世界，创造新的价值。

2010 年，在第十一届全国人民代表大会第五次会议上，物联网被首次写入《政府工作报告》，并列入国家"十二五发展规划"，成为国家的重要战略性产业，物联网产业在中国正式走向前台。2013 年，国务院专门出台《关于推进物联网有序健康发展的指导意见》（国家〔2013〕3 号）。2017 年，工业和信息化部先后颁布《物联网的十三五规划（2016—2020 年）》《工业和信息化部办公厅关于全面推进移动物联网（NB-IoT）建设发展的通知》《中华人民共和国工业和信息化部公告 2017 年第 27 号》等一系列关键性、纲领性的政策文件，将我国物联网产业从初期的感知为主、区域性发展推向全网性、全面爆发式发展。

1.1.2　物联网的定义

从字面理解，所谓的物联网就是将所有物体联接起来的网络，不同于现有的互联网（联接计算机为主）和移动通信网（联接手机 / 智能终端为主），物联网联接的主体是非智能化的物体或设备，绝大多数的物体本身属于静态无源型。根据 ITU 的定义：物联网是基于现有的 / 演进的可互操作的信息通信技术，通过互联（物理和虚拟）物件提供先进服务的全球信息社会基础设施，其中虚拟物件是在信息世界可存储、处理和接入的内容，如多媒体内容和应用软件等。物联网主要解决物品与物品（Thing to Thing，T2T）、人与物品（Human to Thing，H2T）、人与人（Human to Human，H2H）之间的互连，着重是连接并使能 Things。业界还经常会提及另外一个概念 M2M，它包含了 3 个方面的含义：人到人（Man to Man）、人到机器（Man to Machine）、机器到机器（Machine to Machine）。从本质上看，M2M 可以说是物联网的一个子集，Things 包含 Machine 的概念。

物联网必须和计算机、互联网、电子信息技术充分相结合，才有可能实现物体与物体之间关于环境、状态等信息的实时共享，以及智能化的收集、传递、处理和执行。物联网是一个基于互联网、传统电信网等信息的承载体，让所有能够被独立寻址的普通物理对象形成互联互通的网络。

物联网包含了以下几层关键步骤：

- 识别物体，将物体有价值的物理特性转换为数字信号，或者有源物体能够直接提供数字信号；
- 联接物体，表征物体特性的数字信号可通过各类网络传输手段采集上传，也可接受下发的控制信号并做出响应；

- 处理数据，收集的数据集中到数据中心进行统一分类处理，提高数据价值；
- 应用数据，集中处理后的数据会被深度加工，提炼出各类应用，从而更好地管理、利用物体，服务于社会。

综上所述，本书认为**物联网本质是扩充了互联网和通信网的触角和内涵，将所有的物体接入到网络中，形成人与物、物与物、物与数据之间的信息交互和影响，同时针对不同物体数据特别的特性和用途，采用特定的网络连接、数据处理和应用实现方法，从而实现物体的数字化、自动化、智能化处理。物联网不仅仅是一种网络形态，也是特定的业务和应用，是二者的有机结合体。**从技术标准化的角度来看，物联网是全球信息社会的基础设施，以物质互连（物理和虚拟）的方式，在现有和新兴互操作信息通信技术（ICT）的基础上提供先进的业务和应用。

本文从物联网利用的网络、技术特征及应用场景出发，将物联网分为以下三大类。

蜂窝物联网（Cellular Internet of Things，CIoT）：基于蜂窝网的专用物联网技术，以及搭建的网络、平台和应用。

基于蜂窝网的物联网应用：指基于 2G/3G/4G 等蜂窝网的特性而开展的物联网应用，不是专用技术和网络，也没有基于物联网应用的特殊性而对网络架构、技术做特别的处理。

非蜂窝物联网技术及应用：泛指所有不是基于蜂窝网的物联网技术和应用。基于技术特征可以分为两种：一种是专用物联网技术，如远距离（Long Range，LoRa）、SigFox（法国的一家公司，其技术主要用于低功耗物联网）、ZigBee（紫蜂协议）等，与蜂窝物联网 CIoT 类似；另一种是基于公用计算机技术和网络开展的物联网应用，如无线保真（Wireless Fridelity，Wi-Fi）、蓝牙（BlueTooth）等。

1.1.3 物联网的特点

物联网具有全面感知物体、可靠网络传输、智能数据处理和特定应用场景四大特点。

1. 全面感知物体

物联网要将大量物体接入网络并进行通信活动，全面感知各物体的重要特性是十分重要的。全面感知是指物联网随时随地获取物体的信息，获取物体所处环境的温度、湿度、位置、运动速度、耗电量、运行数据等各种各样有价值的数据。全面感知就像人身体系统的各个感觉器官，眼睛收集各种图像信息，耳朵收集各种音频信息，皮肤感知外界温度，手指感受重量，脚步丈量出速度，所有器官协同工作才能全方位扫描外界环境。物联网正是通过射频识别技术（Radio Frequency Identification，RFID）、各种传感器、二维码等感知设备获取物体的多方面信息。

2. 可靠网络传输

全面感知物体的数据需要通过一个可靠、安全的网络进行传输，物体接受控制信号及物体之间互通也同样需要可靠网络传输。可靠传输是物联网的一个重要特征，通过对各种无线网、有线网和互联网进行融合，将物体的信息实时准确地传递给用户。获取信息是为了对信息进行分析处理从而进行相应的操作控制，将获取的信息可靠地传输给信息处理方。可靠网络传输相当于人体系统中的神经系统，把各个器官收集到的各种不同信息传递给大脑这个中枢系统，并且将大脑做出的指示传递给各个器官。

通过各种形式的高速、高带宽的无线 / 有线通信工具形成可靠网络，将个人电子设备、组织和政府信息系统中收集和储存的分散的信息及数据连接起来，进行交互和多方共享，从而更好地实时监控环境和业务状况，从全局的角度分析形势并实时解决问题，可以通过多方协作远程完成工作和任务，将彻底地改变整个世界的运作方式。

3. 智能数字处理

智能数字处理是指深入分析收集到的数据，以获取更加新颖、系统而且全面的洞察来解决特定问题。这要求使用先进技术（如数据挖掘和分析工具、科学模型和功能强大的运算系统）来处理复杂的数据分析、汇总和计算，以便整合和分析海量的、跨地域、跨行业和职能部门的数据和信息，并将特定的知识应用到特定行业、特定的场景、特定的解决方案中，以便更好地支持决策和行动。这是物联网的核心，相当于人体器官中的大脑，它会根据神经系统传递来的各种信号做出决策，指导相应器官的活动。

4. 特定应用场景

物联网搭建了从底层感知、网络传输到数字信息处理的全套系统，最终是为了解决某一类或几类特定的应用场景，比如智能家居、智能抄表、智慧医疗、智慧工厂等。其实物联网从最初概念的萌芽、诞生直至发展，都紧紧围绕着应用场景，可以说物联网因应用而生，也正因为日常生活、工作和社会中各式各样的碎片化应用太多，导致物联网发展没有像互联网、移动通信网这样快速壮大，始终面临碎片化市场、多样化技术手段、解决方案需应对不同应用的困境。不同于计算机互联网和移动通信网，在物联网终端构建的行业应用中，各领域应用对信息采集、传递、计算的质量要求差异很大，系统和终端部署的环境也各不相同，特别是千差万别的工业环境。在构建具体的应用时，还需要考量技术限制（供电问题、终端体积等）和成本控制（包括建设成本和运营成本）。因此，特定应用场景是物联网的一个本质特征。

1.1.4 物联网应用

目前，信息通信技术迅速发展，物联网作为信息通信技术的典型代表，在全球范围内呈现迅猛发展的态势。物联网应用涉及城市管理、智慧家庭、物流管理、零售、医疗、安全等在内的重要领域。物联网应用的普及和物联网技术的成熟推动世界进入万物互联的新时代，可穿戴设备、智慧家庭等数以百亿计的新设备接入网络。预计到 2020 年，全球联网设备数量将达到 400 亿，物联网市场规模达到 1.9 万亿美元。在 2018 年年底，全球车联网的市场规模达到 400 亿欧元，年均复合增长率达到 25%；全球智能制造及智能工厂相关市场规模达到 2500 亿美元；全球可穿戴设备出货量从 2014 年 1960 万部增长到 2019 年 1.26 亿部。万物互联在推动海量设备接入的同时，将在网络中形成海量数据，预计 2020 年全球联网设备带来的数据将达到 44ZB（Zettabyte 十万亿亿字节），物联数据价值的发掘将进一步推动物联网应用呈现爆发性。随着物联网基础技术的突破，LoRa、蜂窝组网技术基于蜂窝的窄带物联网（Narrow Band Internet of Things，NB-IoT）、增强性机器通信技术（enhanced Machine-Type Communication，eMTC）、5G 等技术标准不断深化成熟，连接成本不断下降，最终将迎来一个万物互联的时代。

物联网应用从接入速率和接入技术角度可以分为三大类：第一类是低速率应用，要求宽带的速率在 100 kbit/s 以下，主要用于智能电 / 水 / 气表，各类烟雾、温湿度等环境检测器，消防栓、物流跟踪、共享单车、智慧农业等，这类应用和物联网节点占整个物联网节点的 60%；第二类是中速率应用，要求宽带的速率在 1 Mbit/s 以下，包括智能家居、POS 等，基本上占到市场的 30%；第三类是高速率应用，要求宽带的速率在 10 Mbit/s 以上，如视频监控，大约占市场的 10%。不同速率要求的物联网应用及对应的技术如图 1-1 所示。

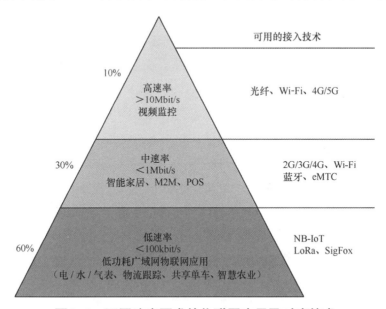

图1-1 不同速率要求的物联网应用及对应技术

对于高速率的物联网应用，适合使用 4G/5G 或光纤接入，而对于量大面广的低速率广域应用，不但所需带宽低，而且联网时间短，使用 Wi-Fi、ZigBee 或蓝牙等技术要通过手机、中继网关或无线访问接入点（Access Point，AP）送到基站，数据准确率低，耗电量大，这类应用很难找到合适的接入手段。对于智能家居、M2M 等中速应用也没有非常合适的接入技术。目前，接入到运营商网络的物联网终端仅有 6%，低成本和低速率物联网的发展催生了蜂窝物联网 CIoT 技术的发展。

1.1.5　物联网业务特征

1.连接海量化

根据 Analysys Mason 预测，到 2020 年全球将有 400 亿物联网设备，而 DHL（敦豪航空货运公司）和思科联合发布的报告则预测 2020 年物联网连接数将达到 500 亿。无论是哪种预测，物联网产业形成海量连接已成为趋势。

2.业务碎片化

物联网业务与个人及家庭生活、工业生产深度融合，应用场景多，产业链中的终端、网络、芯片、操作系统、平台、业务等具体实现各不相同。各类应用场景的业务规模、终端功能、数据种类也存在差异，碎片化现象严重。

3.服务开放化

物联网业务平台既有运营商平台，也有互联网或垂直行业用户自建的平台，可满足各种业务需求；同时，部分业务需要平台开放云计算、位置查询、设备状态查询、认证等必要的能力，使整个网络更加开放。因此，物联网的服务模式和传统通信的服务模式有较大不同，产业链将更长且不断产生各类新兴的商业模式，也相应地提出了新的网络信息安全需求。

1.1.6　与互联网的区别

物联网与互联网的区别如图 1-2 所示。

"物联网"是在"互联网"的基础上，将其用户端延伸和扩展到任何物品与物品之间进行信息交换和通信。互联网着重信息的互联互通和共享，解决的是人与人的信息沟通问题；物联网则是通过人与人、人与物、物与物的相联，解决的是物理实体世界信

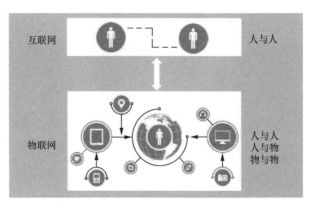

图1-2　物联网和互联网的区别

息化的智能管理和决策控制问题。

互联网与物联网在终端系统的接入方式也不相同。互联网用户通过端系统的服务器、台式计算机、笔记本电脑和移动终端访问互联网资源；物联网终端一般无法直接接入网络，需要无线传感器网络、RFID 应用系统或通过转换为电信号发送至专用通信模块才能接入网络。

除了这些，还有更重要的一点区别就是物联网对互联网的一个巨大优势：感知层的运用。对物联网而言，信息的产生和传输在很大程度上都是主动的，人不必深入参与到信息的采集和分析中，大量不需要亲自关注的信息由设备和网络处理，从而能够将人从信息爆炸的困局中解脱出来。

●●1.2 网络架构

目前，比较公认的物联网网络架构分为感知识别层、网络传输层和平台应用层 3 层，如图 1-3 所示。

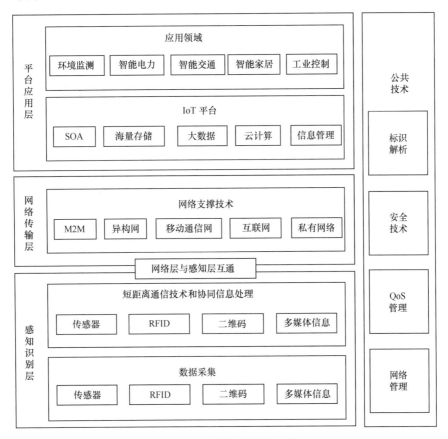

图1-3 物联网网络架构

1.2.1 感知识别层

感知识别层在物联网中如同人的感觉器官对人体系统的作用，用来感知外界环境的温度、湿度、压强、光照、气压，以及人体自身的身体状况，通过采集这些信息来识别、监控物体。感知识别层包括传感器、RFID、EPC 等数据采集设备，也包括在数据传送到接入网关之前的小型数据处理设备和传感器网络。感知识别层主要实现物理世界信息的采集、自动识别和智能控制。感知识别层是物联网发展的关键环节和基础部分，也是初期物联网产业链研究的重点。作为物联网应用和发展的基础，感知识别层涉及的主要技术包括 RFID 技术、传感和控制技术、短距离无线通信技术，以及对应的 RFID 阅读器研究、传感器材料技术、短距离无线通信协议、芯片开发和智能传感器节点等。

感知识别层在逻辑实体上包括了大量的传感器、控制部件（例如，开关）、测量部件（例如，电表），以及与之互联的通信部件，映射到物理实体上则是由各类终端组成，如各种 IoT 智能终端、RFID 读写器、感知终端、传感器节点、接入网关等。各类部件既可独立完成智能感知，也可与其他部件结合进行感知并将感知的数据上报给上层业务及应用。

传感器作为一种有效的数据采集设备，在物联网感知层中扮演了重要的角色。现有传感器的种类不断增多，出现了智能化、小型化、微型化等新技术传感器。基于传感器而建的传感器网络也是目前物联网发展和研究的一个重要方向。

1.2.2 网络传输层

网络传输层完成信号的传输和集中，相当于人的神经系统。神经系统将感觉器官获得的信息传递到大脑进行处理，网络传输层将感知识别层获取的各种不同信息传递到平台进行集中处理，使物联网能从容应对各种复杂的环境。目前，物联网网络传输层都是基于现有通信网和互联网建立的，包括各种无线网、有线网、接入网和核心网，主要实现感知识别层数据和控制信息的双向传递、路由和控制。通过对有线传输系统和无线传输系统的综合使用，结合 ZigBee、蓝牙、Wi-Fi、Sigfox、LoRa 等技术实现以数据为中心的数据管理和处理，也就是实现对数据的存储、查询、挖掘、分析以及针对不同应用的数据决策和分析。

电信运营商对物联网网络识别层定位为提供整个物联网数据传输通道及面向行业应用的业务服务，具体包括了两大方面：面向感知识别层的网络接入服务平台；面向行业应用的物联网管理及服务平台。网络接入服务平台主要依托当前移动蜂窝接入网络，包括 2G/3G/4G/5G，CIoT 是电信运营商针对物联网量身定制的专用网络，可实现不同速率、时延和可靠性要求的物联网业务数据的汇聚和传输，同时基于物联网专用网元向行业应用提供专网服务。物联网管理及服务平台包括连接服务管理和业务应用服务管理，连接服务管理主要基于物联网支撑管理平台提供 SIM 和设备的管理、运营、计费等功能，通过集成支撑管理平台和业务开放平台对行业应用服务提供 API 开放管理和数据管理服务。

1.2.3　平台应用层

平台应用层可以理解为物联网的数据平台和业务平台：数据平台作为所有物联网终端数据的集合点，负责数据的统一存储、分析，通过标准的 API 接口提供给业务平台做数据调用；业务平台基于数据平台的原始数据实现各种业务逻辑，对外呈现的是服务。

平台应用层包括各行业应用解决方案和服务端口、应用基础设施/中间件和各种物联网应用。为物联网业务提供信息处理、计算等通用基础服务、能力及资源调用接口，实现物联网在众多领域的应用。逻辑实体上包括数据存储和处理部件、应用服务部件等；物理实体上包括云端数据服务器、终端应用程序等。平台应用层直接面向物联网用户，为用户提供丰富的服务功能，用户通过智能终端在平台应用层定制所需的服务，例如，查询信息、监控信息、控制信息等。

平台应用层位于物联网 3 层结构中的最顶层，其功能为"处理"，即通过云计算平台进行信息处理。平台应用层与感知识别层，是物联网的显著特征和核心所在，平台应用层可以对感知识别层采集的数据进行计算、处理和知识挖掘，从而实现对物理世界的实时控制、精确管理和科学决策。

平台应用层的核心功能主要有两个方面：一是"数据"，应用层需要完成数据的管理和数据的处理；二是"应用"，仅仅管理和处理数据还是远远不够的，必须将这些数据与各行业的应用相结合。例如，在智能电网中的远程电力抄表应用中，安置于用户家中的读表器就是感知识别层中的传感器，这些传感器在收集到用户用电的信息后，通过网络发送并汇总到发电厂的处理器上，该处理器及其对应工作就属于平台应用层，它将完成对用户用电信息的分析，并自动采取相关措施。

从结构上划分，物联网的平台应用层包括以下三个部分。

- **物联网中间件**：物联网中间件是一种独立的系统软件或服务程序，中间件将各种可以公用的能力统一封装提供给物联网应用使用。

- **物联网应用**：物联网应用就是用户直接使用的各种应用，如智能操控、安防、电力抄表、远程医疗、智能农业等。

- **云计算**：云计算可以助力物联网海量数据的存储和分析。依据云计算的服务类型可以将云分为基础架构即服务（Infrastructure-as-a-Service，IaaS）、平台即服务（Platform-as-a-Service，PaaS）、软件即服务（Software-as-a-Service，SaaS）。

●●1.3　无线接入技术

无线接入技术处于网络层，是连接感知识别层收集数据的关键环节，也是物联网整个产业发展的热点。

物联网无线接入技术种类众多，短距和长距无线通信技术。短距无线技术包括 ZigBee、Wi-Fi、蓝牙、Z-Wave 等。长距无线技术分为两类：包括工作于未授权频段的 LoRa、SigFox 等技术；工作于授权频段下传统的 2G/3G/4G 蜂窝技术及其 3GPP 支持的 LTE 演进技术，如 LTE-eMTC、NB-IoT 等。近两年受到业界关注的低功耗广域网络（Low-Power Wide-Area Network，LPWAN）既包括广域非授权频谱技术 LoRa 和 SigFox，也包括授权频谱技术的 LTE eMTC 和 NB-IoT 等。物联网无线接入技术如图 1-4 所示。

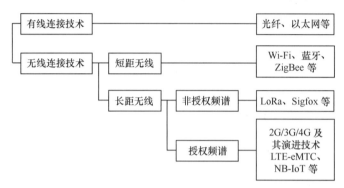

图1-4　物联网无线接入技术

各类无线接入技术基于各自的技术特征，如图 1-5 所示。各类无线接入技术提供不同的接入能力，适合于应用在不同场景，如图 1-6 所示。

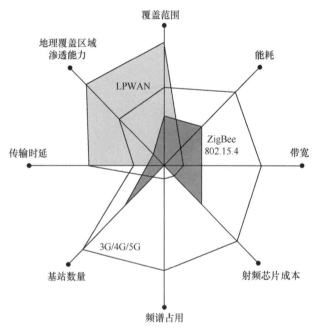

图1-5　各类无线接入技术性能比较

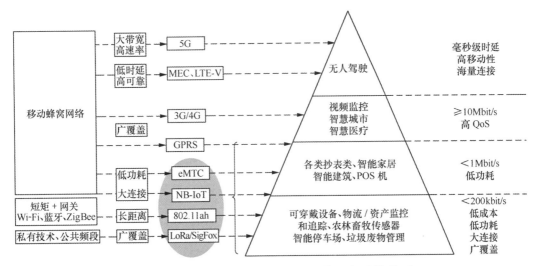

图1-6　各类无线接入技术和物联网应用的关系

●● 1.4　非蜂窝制式的 LPWAN

LPWAN 是面向物联网中远距离和低功耗的通信需求而演变出的一种物联网通信技术。LPWAN 的技术特点包括传输距离远、节点功耗低、网络结构简单、运行维护成本低。LPWAN 填补了现有无线通信技术的空白，为物联网的更大规模发展奠定了坚实的基础。

如今，物联网领域的无线通信技术选择之多已经超乎想象。在一个平台上，不仅联网设备高速增长，同时，还对电池寿命和低数据速率提出了更高的要求。于是，LPWAN 被视为支撑这一需求的核心要素。在 LPWAN 领域相继出现了多种无线通信的创新技术，这一领域的竞争愈演愈烈。物联网的世界不可能仅有一个标准，短距离与长距离多种通信技术共存是最合理和最能解决问题的手段。物联网应用需要考虑许多因素，如节点成本、网络成本、电池寿命、数据传输速率、时延、移动性、网络覆盖范围和部署类型等。

LPWAN 技术又分为两大类。

（1）工作在非授权频谱的非蜂窝技术，包括 LoRa、SigFox 等。

（2）工作在授权频谱的蜂窝物联网技术，包括第三代合作伙伴计划（3rd Generation Partnership Project，3GPP）组织定义的 NB-IoT、eMTC 国际标准。

以下对非蜂窝 LPWAN 技术做个简要介绍。

1.4.1　SigFox

2009 年，法国公司 SigFox 展示了自己的超窄带（Ultra Narrow Band，UNB）技术，被业界视为是 LPWAN 领域最早的开拓者。UNB 技术每秒只能处理 10 ～ 1000 bit 的数据，传输功耗水平非常低，却能支持成千上万的连接。

SigFox 无线链路使用未授权的 ISM（Industrial Scientific Medical）射频频段。具体频率根据各个国家的法规有所不同，在欧洲广泛使用 868 MHz，在美国使用 915 MHz。SigFox 网络中单元的密度，在农村地区大约为 30 ～ 50 km，在城市中常有更多的障碍物和噪声影响，单元密度可能减少到 3 ～ 10 km。SigFox 的 UNB 技术使用标准的二进制相移键控（Binary Phase Shift Keying，BPSK）的无线传输方式，采用非常窄的频谱改变无线载波相位对数据进行编码。

SigFox 公司不仅是标准的制定者，同时也是网络运营者和云平台提供商，目标是与合作伙伴建造一个覆盖全球的 IoT 网络，独立于现有电信运营商的移动蜂窝网络。目前，SigFox 在欧洲已经部署了不少网络。

1.4.2 LoRa

LoRa（Long Range）是美国 Semtech 公司推广的一种超远距离无线传输方案。2013 年 8 月，Semtech 公司发布了一种基于 1 GHz 以下的超长距低功耗数据传输技术的芯片，接受灵敏度为 -148 dBm，与业界其他先进水平的 Sub-GHz 芯片相比，最高的接收灵敏度改善了 20 dB 以上，这确保了网络连接的可靠性。LoRa 使用线性调频扩频调制技术，工作在非授权频段，数据传输速率为 0.3 kbit/s ～ 37.5 kbit/s。LoRa 还采用了自适应速率（Adaptive Data Rate，ADR）方案来控制速率和终端设备的发射功率，从而最大化终端设备的续航能力。

LoRa 与 Sigfox 最大的不同之处在于 LoRa 是技术提供商，不是网络运营商，谁都可以购买和运行 LoRa 设备，LoRa 联盟也鼓励电信运营商部署 LoRa 网络。

1.4.3 Weightless

Weightless 是由一个非营利全球标准组织 Weightless 特别兴趣小组（Weightless Special Interest Group，Weightless SIG）提出的技术。与 LoRa、SigFox 类似，Weightless 也是一种专为物联网设计的无线技术。Weightless 既可以工作在 Sub-GHz 免授权频段，也可以工作在授权频段，其通信距离可以达到 10 km。Weightless 有 Weightless-N、Weightless-P 和 Weightless-W 三个不同的开放标准：如果考虑成本，可选择单向通信的 Weightless-N；如果考虑高性能，可选择双向通信 Weightless-P；如果当地 TV 空白频段可用，可选择 Weightless-W。

1.4.4 RPMA

随机相位多址接入技术（Random Phase Multiple Access，RPMA）是由美国 Ingenu 公司开发的。RPMA 技术工作在 2.4 GHz 免授权频段，支持全双工通信，这点是比 SigFox

和 LoRa 有优势的地方：SigFox 采用的是单向传输，LoRa 采用的是半双工的通信方式。Ingenu 为开发人员提供了收发器模组，可以连接到 RPMA 网络，这个网络是由 Ingenu 公司及其合作伙伴在全球范围内建立的网络，这与 SigFox 比较类似。RPMA 网络将来自终端节点的信息转发至使用者的 IT 系统，RPMA 也可适用于想要搭建私有网络的客户人群。

●● 1.5 蜂窝物联网

不同于以往 2G/3G/4G 兼带提供物联网连接功能，CIoT 是基于移动通信网络的专门开发的物联网技术标准体系，主要有 NB-IoT 技术、eMTC 技术以及将来的 5G 海量机器类通信（massive Machine Type of Communication，mMTC）技术。NB-IoT 和 eMTC 面向不同的应用场景，具有互补性。NB-IoT 侧重在低成本、广覆盖、大连接和长续航，而 eMTC 满足语音通话、中带宽速率、移动性的物联网应用需求。NB-IoT 和 eMTC 都是面向 5G 的 mMTC 场景的初级阶段，是未来走向 5G 物联网的基础。

根据物联网垂直应用领域的发展需求，全球各大电信运营商倾向于支持 3GPP 所提出的 NB-IoT 技术。由于其使用授权频段，并且可以在现有的蜂窝网络上快速部署 NB-IoT，对运营商而言，可以节省部署成本并快速整合现有的 LTE 网络，是全球大多数电信运营商的中意之选。

1.5.1 NB-IoT

NB-IoT 是 NB-CIoT（华为、Vodafone、高通、Neul 联合提出）和 NB-LTE（爱立信、诺基亚）的合体，也被称为 Cat-NB1。基于蜂窝的 NB-IoT 成为万物互联网络的一个重要分支，只消耗 200 kHz 的带宽，可直接部署于 GSM 网络、UMTS 网络或 LTE 网络，以降低部署成本，实现平滑升级。

NB-IoT 聚焦于低功耗广覆盖（LPWAN）的物联网市场，是一种可在全球范围内广泛应用的新兴技术，具有覆盖广、连接多、速率低、成本低、功耗低、架构优等特点，既克服了传统物联网技术碎片化、局部应用、难以规模应用的缺点，又解决了传统移动 2G/3G/4G 技术用于物联网功耗大、成本高、系统容量限制的问题。NB-IoT 使用授权频段，可采取带内、保护带或独立载波三种部署方式，与现有网络共存。

NB-IoT 具有以下特点。

- 频谱窄，只消耗 200 kHz 的带宽。
- 终端发射窄带信号提升了信号的功率谱密度，提升了信号的覆盖增益，提高了频谱的利用效率。
- 相同的数据包重复传输也可获得更好的覆盖增益。
- 降低了终端的激活比，降低了终端基带的复杂度。
- NB-IoT 具备广覆盖、海量连接、更低功耗、更低芯片成本的四大优势。

- NB-IoT 基于现有蜂窝网络的技术，可以通过升级现网来快速支持行业市场需求，成为 GSM/UMTS/LTE 网络上的第四种模式。

NB-IoT 具有与其他的非蜂窝低功耗广覆盖（Low Power Wide Area，LPWA）技术 LoRa、Sigfox 没有的优势。

- 可以重用现网资源，支持广覆盖。
- 标准化技术，支持切换，移动性好。
- 产业链丰富。
- 20 dB+ 增益（vs GSM）。
- 授权频段，抗干扰性好。

1.5.2　eMTC

eMTC 在 3GPP R13 中命名是 LTE-M（LTE-Machine-to-Machine），它是基于 LTE 演进的物联网技术，在 R12 中被称为 Low-Cost MTC，在 R13 中被称为 LTE enhanced MTC（eMTC），即 Cat-M1，旨在基于现有的 LTE 载波满足物联网设备的需求。

eMTC 作为窄带蜂窝物联网主流网络制式标准之一，与非蜂窝物联网相比同样具备了 LPWAN 基本的功耗低、海量连接、覆盖广、成本低、专用频段干扰小的能力。

1. 功耗低

终端续航时间长，目前 2G 终端待机时长仅 20 天左右，在一些 LPWA 典型应用如抄表类业务中，2G 模块显然无法符合特殊地点如深井、烟囱等无法更换电池的应用要求。而 eMTC 的耗电仅为 2G Modem 的 1%，终端待机时间理论上可达 10 年。

2. 海量连接

满足"大连接"应用需求，现在针对非物联网应用设计的网络无法满足同时接入海量终端的需求，而 eMTC 可支持每小区超过 1 万个终端。

3. 覆盖广

eMTC 比 LTE 增强 15 dB（可多穿一堵墙），比 GPRS 增强了 11 dB，信号可覆盖至地下 2～3 层。

4. 成本低

目前，智能家居应用主流通信技术是 Wi-Fi，Wi-Fi 模块虽然本身价格较低，已经降到 10 元以内了，但支持 Wi-Fi 的物联网设备通常还需无线路由器或无线 AP 做网络接入、或只能做局域网通信。2G 通信模块一般在 20 元以上，而 4G 通信模块则要 150 元以上，相比之下，eMTC 终端有望通过产业链交叉补贴，不断降低成本。

5. 专用频段干扰小

相对非蜂窝物联网技术，eMTC 基于授权频段传输，干扰小，安全性较好，能够确保信号的可靠传输。

1.5.3　二者关系

蜂窝物联网 CIoT 的两种制式 eMTC 与 NB-IoT，应该选择哪种网络制式，业内一直争论不休。其实双方各有技术优势，同时又有合作的基础，很多时候比拼的是谁的模组芯片成本下降得更快，谁的商用化程度更高，以及谁的网络建设更完善。

2017 年 6 月，在 3GPP 第 76 次全会上，业界就移动物联网技术（包括 NB-IoT 和 eMTC）Rel.15 演进方向达成了相关共识：**不再新增系统带宽低于 1.4 MHz 的 eMTC 终端类型；不再新增系统带宽高于 200 kHz 的 NB-IoT 终端类型。**

3GPP 的这一决议推动了 CIoT 的有序发展，使 eMTC 与 NB-IoT 彻底划分开了应用界限，转为了混合组网、差异化互补的合作关系，二者在技术和应用上的主要区别如下。

1. 从技术层面看两者的关系

NB-IoT 和 eMTC（即 LTE-M）作为 CIoT 的两种主要承载技术，同属 3GPP 标准内的 LPWA 技术，两者的标准化进程、产业发展、实际应用等也几乎是齐头并进的，两者有很多相似之处。NB-IoT 与 eMTC 技术特点及参数差异对比，见表 1-1。

表1-1　NB-IoT和eMTC技术特点及参数差异

技术制式	NB-IoT	eMTC
工作制式	FDD	FDD，TDD
部署方式	LTE 带内，LTE 保护带，独立	LTE 带内
双工	半双工	半双工 / 全双工
频段	授权频段，NB-band:1、3、5、8、12、13、17、19、20、26、28	授权频段，同 LTE
天线个数	1/2（RxD）	1/2（RxD）
传输带宽	180 kHz	1.08 MHz
系统带宽	200 kHz	1.4 MHz
发射功率	23 dBm/20 dBm	23 dBm/20 dBm
上行覆盖	增益：20+ dB	增益：15+ dB
下行覆盖（MCL）	164 dB（stand-alone）	155.7 dB

（续表）

技术制式	NB-IoT	eMTC
峰值速率	UL: 250 kbit/s（multi-tone）/ 20 kbit/s（single-tone） DL: <250 kbit/s	UL: 1 Mbit/s（FD）/375 kbit/s（HD） DL: 1 Mbit/s（FD）/300 kbit/s（HD）
子载波带宽	UL: 单载波 15/3.75 kHz 多载波: 15 kHz DL: 15 kHz	UL: 15 kHz DL: 15 kHz
TTI	1 ms	1 ms/8 ms
调制	BPSK, QPSK	QPSK, 16 QAM
多址	下行: OFDMA 上行: SC-FDMA	下行: OFDMA 上行: SC-FDMA
支持移动速度	较低速度	<120 km/h
移动性	小区重选，不支持连续态切换	小区重选、小区切换
数据传输	必选支持 CP 方案，可选支持 UP 方案	LTE 方式，必选支持覆盖增强模式 CEMODEA，可选支持 CEMODEB
安全	双向鉴权、加密	双向鉴权、加密
时延	秒级	100 毫秒级
语音	不支持	支持
小区容量	目标容量 50k/Cell	目标容量 50 k/Cell
定位	将来支持（R14, E-CID/UTDOA/ OTDOA，目标 <50 m）	标准已支持（约 50 m）
功耗	PSM, eDRX	PSM, eDRX
电池寿命	>10 年	5 ~ 10 年
芯片成本	目标 <1 美元（比 eMTC 更低）	目标 1 ~ 2 美元
模组成本	目标 2 ~ 5 美元	相比 NB-IoT 略高
标准引入版本	R13, 2016	R13, 2016

在峰值速率上，NB-IoT 对数据速率支持较差，只为 200 kbit/s，而 eMTC 能够达到 1 Mbit/s；在移动性来看，NB-IoT 由于无法实现自动的小区切换，因此几乎不具备移动性，eMTC 在移动性上表现更好；在语音上，NB-IoT 不支持语音传输，而 eMTC 支持语音传输；在终端成本上，NB-IoT 由于模组、芯片制式统一，现已降至 5 美元左右，但是 eMTC 目前的价格仍然偏高，且下降缓慢；在小区容量上，eMTC 没有进行过定向优化，难以满足超大容量的连接需求；在覆盖程度上，NB-IoT 覆盖半径比 eMTC 大 30%，eMTC 覆盖较 NB-IoT 差 9 dB 左右。NB-IoT 在覆盖、成本等方面性能更优，最符合 LPWA 类业务需求，但难以满足中高移动性、中高速率、语音等业务需求。eMTC 在覆盖、成本方面弱于 NB-IoT，优势是峰值速率、移动性、语音能力适用于其他对峰值速率、移动性有要求的业务。因此，NB-IoT 与 eMTC 既相互竞争，又相互补充。

2. 从应用场景看两者的混合组网

从双方的技术特征可以看出，NB-IoT 在覆盖、功耗、成本、连接数等方面具有优势，通常使用在追求更低成本、更广覆盖和长续航的静态场景下；eMTC 其在覆盖及模组成本方面目前弱于 NB-IoT，但在峰值速率、移动性、语音能力方面存在优势，更适合应用在有语音通话、高带宽速率以及有移动需求的场景下。在真实的市场使用场景中，双方可以形成互补关系。

有预测数据显示，NB-IoT 由于其低成本、广覆盖的特征，连接数量与 eMTC 相比是 8:2 的关系。但相对来说，eMTC 网络下的应用场景更加丰富，应用与人的关系更加直接，eMTC 网络环境下用户的 ARPU 值会更高。NB-IoT 与 eMTC 混合组网的解决方案应用场景将更加丰富，如图 1-7 所示。

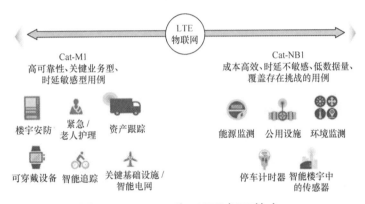

图1-7　NB-IoT和eMTC相互补充

NB-IoT 技术应用涉及静态场景，如智能抄表、智能开关、智能井盖等。但 NB-IoT/eMTC 混合组网后，将涉及更多交互协同类的物联网应用，如产品全流程管理、智能泊车、融资租赁、智慧大棚、动物溯源、林业数据采集、远程健康、智能路灯、空气监测、智能家庭等，因此，NB-IoT 与 eMTC 同步推进可满足解决多场景的综合需求。

NB-IoT 与 eMTC 由于应用场景的不同，运营商会选择将两者协同，共同做大产业链，不断拉动消费升级，为 B 端厂商提供更多不受技术限制的应用场景，让 C 端用户提升体验，激发用户的刚性需求，并为 5G 与各行业的融合发展打下基础，这才是未来 NB-IoT 与 eMTC 的融合发展之路。

●●1.6　5G 和物联网

移动通信网络从 2G 到 4G 都是面向人的连接，5G 将扩充到人与物和物与物的连接，可以说 5G 和物联网是密不可分的。5G 定义了 eMMB（增强移动宽带）、uRLLC（超可靠低时延通信）、mMTC（海量机器类通信）3 种业务场景：eMMB 对应的是 3D/ 超高清视频、

VR/AR 等大数据量、流媒体业务，其下载速率可达到 1 Gbit/s，峰值速率可以达到 20 Gbit/s 以上；mMTC 对应的是大规模物联网业务，5G 的目标是在一平方千米内要做到 100 万个传感器的数据能够联网；uRLLC 支撑的是无人驾驶、车联网、工业自动化等需要低时延和高可靠连接的业务。mMTC 和 uRLLC 都是为了满足物物互联需求而设计的，eMMB 更多的是与人的体验有关，但其 VR 和 AR 的应用也与物联网紧密结合，VR/AR 借助头盔中的陀螺仪和运动传感器可跟踪头和手及身体的位置，头盔中显示的内容可以随使用者的视角或手势操控而做相应变化，用户通过感官能更好地融入界面中，加速互动并做出更好的判断，动画、声音、视频等实时仿真也可被纳入到虚拟场景中，交互性、情景化、现实性和逼真的沉浸度使用户有置身虚拟世界的体验。满足上述场景的应用面临最大的挑战就是如何完美达到高带宽、大连接和低时延及高可靠性，对于物联网应用还要关注低功耗和低成本。

5G 和物联网是什么关系？物联网是一个较为宽泛的应用，接入方式可以使 Wi-Fi、蓝牙、移动网络，移动网络又包括 2G/3G/4G/5G，5G 网络是物联网的接入方式之一。5G 网络的设计更符合物联网所需要的基本特性，不仅体现在高带宽、低时延的"增项能力"，更具有低能耗、大连接、深度覆盖的低成本优势。寄托千亿链接的 NB-IoT，也是 5G 的网络标准之一，5G 的发展必会推动物联网的发展。

●● 1.7 物联网平台

当前物联网产业已经度过了企业自由生长为主的早期阶段，巨头企业围绕产业生态主导权展开竞争，加强战略性布局，加速推动产业整合。在物联网"碎片化"的发展阶段，企业之间的竞争主要在特定产业环节针对产品技术、价格和质量以"点对点"的形式展开，如围绕同类终端设备的制造商之间的竞争、围绕同类网络服务的运营商之间的竞争、围绕同类应用的软件开发商之间的竞争。当前，面向芯片、操作系统、网络服务、物联网平台和应用开发等关键环节，以 IBM、苹果、GE、亚马逊、谷歌、华为、阿里等为代表的各大巨头企业积极开展跨环节的链式布局，产业竞争已转变为生态链之间跨行业、跨环节的综合整合能力的竞争，未来，巨头企业将进一步发挥产业整合的能力，依托关键环节布局打造生态核心，聚合中下游中小企业形成产业阵营价值竞争的格局。

物联网平台是产业生态链构建的核心要素：一方面，面对碎片化的物联网市场格局，构建开放共享、合作共赢的产业生态已成为产业界共识；另一方面，包括终端侧芯片、传感器、操作系统和边缘计算，网络侧的低功率广域网连接和短距离连接，应用侧的物联网平台和应用，以及作为共性基础的标准体系和开源社区等，构建物联网产业生态的关键环节和基础要素已经完备且不断发展成熟。在产业价值不断向软件和基于数据的服务转移的大趋势下，物联网平台凭借其对产业链上下游企业整合，促进开放应用发展的关键作用，成为产业生态构建的核心要素。当前，IT软件服务商、垂直行业、互联网企业、电信领域四大阵营均围绕物联网平台，依托各自优势，从不同切入点展开产业生态建设。

（1）电信领域：以移动、联通、电信、华为、新华三为代表的电信运营商和电信设备商。

（2）互联网领域：阿里、腾讯、百度、小米等。

（3）IT软件服务领域：IBM、微软、PTC等。

（4）垂直行业领域主要分为以下两个部分：

- 以三一重工、GE、西门子等为代表的工业类企业；
- 以基本立子、普奥、涂鸦智能、寄云科技等为代表的创业企业。

各类物联网平台，见表1-2。

表1-2　各类物联网平台

领域	企业名称	平台名称
电信领域	中国移动	OneNET
		CCMP
	中国联通	联通物联网平台 2.0
	中国电信	中国电信
	中通服	CCS 物联网开放平台
	沃达丰	GDSP
	Verizon	Verizon Thing Space IoT Platform
	华为	Ocean connect
	新华三	绿洲平台
	中兴	Thingx Cloud
	思科	Jasper
	爱立信	DCP
	诺基亚	IMPACT
互联网领域	百度	天工物联网平台
	阿里	Link 物联网平台
	腾讯	QQ 物联
	谷歌	Android Things
	亚马逊	AWS IoT
	小米	小米开放平台
IT 软件服务领域	IBM	IBM Watson IoT Platform
	微软	Microsoft Azure
	Oracle	Oracle IoT Cloud Service
	PTC	Thing Worx
	SAP	Leonardo

（续表）

领域	企业名称	平台名称
垂直行业领域	西门子	Mind Sphere
	GE	Predix
	徐工集团	Xrea
	博世	Bosch IoT Suite 2.0
	施耐德	Ecostruxure
	霍尼韦尔	Movilizer
	ABB	Ability
	研华	Wise Cloud
	海尔	海尔 U+
		COSMO Plat
	航天云网	INDICS
	联想	联想全球智联平台
	树根互联	根云
	机智云	机智云
	艾拉物联	Ayla IoT Platform
	基本立子	立子云
	普奥	普奥云
	智物联	Mixlinker
	智云奇点	Able Cloud
	远景能源	EnOS 能源物联网平台
	涂鸦智能	涂鸦智能
	云智易	云智易物联云平台
	上海庆科	Fog Cloud
	小葱智能	小葱智能物联网平台
	寄云科技	NeuSeer 工业互联网平台
	my Devices	Cayenne
	中兴 CLAA	MSP 多业务统一平台
	粒聚科技	LETSIOT 平台
	物联智慧	Kalay 云

　　电信运营商发挥连接优势，立足通信管道构建生态。得益于广阔的网络覆盖与生产或认证提供连接能力的物联网通信模块，电信运营商以 M2M 应用为核心着手布局物联网平台生态。开放平台能力成为电信运营商构建生态的一个主要策略，美国 Verizon 推出 Thing Space 平台，通过简易自助式服务界面面向开发者提供诸多免费的 APIs 和与配套件捆绑的硬件，简化物联网应用的开发和部署。美国 AT&T 向合作伙伴提供 M2X、Flow、Connection Kite 等平台服务，开放网络、存储、测试、认证等能力。中国移动从 2014 年就

推出自主研发的 One NET 平台，向合作伙伴提供开放的 API、应用开发模板、组态工具软件等能力，帮助合作伙伴降低应用开发和部署成本，打造开放、共赢的物联网生态系统。2017 年，中国移动又发布自主研发的全球最大规模的物联网连接管理平台 CCMP 3.0 版本，该平台是由中国移动历时 5 年自主研发、逐步演进而来的新一代物联网连接管理平台。全新的 CCMP 3.0 主要提供业务运营能力、应用集成能力、国际业务拓展能力、NB-IoT 能力和安全防护能力。其中，业务运营、应用集成和安全防护三个能力是在 2.0 版本的基础上进行了完全的内核更新，演变成全新的业务能力；国际业务拓展和 NB-IoT 两大能力是新上线的，为企业客户拓展跨国业务以及更丰富的物联网业务场景提供了新的可能。中国电信物联网开放平台于 2012 年推出，现在支持超过 25 家电信运营商和超过 2000 家企业用户，并且成为爱立信 IoT 加速器平台的一部分。该平台由连接管理、应用使能和垂直服务三大板块构成，全球化、安全可信的端到端服务贯穿始终。该平台具备三大优势：一是全球连接、一点服务；二是开放创新、安全可信；三是数据感知、智能决策。中国电信将依托物联网开放平台，借鉴行业经验，整合内部资源，联合全球合作伙伴，打造产业核心竞争力，共创商业价值。

此外，聚合行业应用的领军企业，促进终端、网络和平台的协同发展成为电信运营商构建生态的另一个主要策略。AT&T 瞄准车联网、智慧城市、家庭连接、商业连接、智能设备和智慧医疗六大应用领域，成立车联网研究室，先后与 Maersk 船舶公司、红牛、BD 医疗、Otis 电梯和 SunPower 太阳能等公司建立合作关系。Verizon 收购 Sensity Systems 物联网创业公司加强物联网业务，力图掌控和驱动城市、大学和场馆等数字化转型。中国移动发布"物联网开放平台 One NET 全球合作伙伴招募计划"，商用 18 个月实现物联卡用户数突破 2000 万。

●●1.8 面临的挑战

传感技术、通信网络、云计算等技术的突破促进了物联网产业的发展壮大，但在物联网领域也存在着一系列瓶颈与问题，主要体现在以下 6 个方面。

1. 硬件

由于物联网应用场景的不同，传感器的种类众多，作用也各不相同，在很多细分场景存在着成本与规模的问题。硬件部分所需要的半导体材料、生物技术、芯片技术、封装工艺等技术更新换代会受到限制，固有的硬件设备网络化和智能化程度以及安全设计不足。

2. 标准兼容

物联网终端设备的千差万别，通信协议的差异，不同的应用场景需求，导致物联网领域的各类标准不一致，包括硬件协议、数据模型标准、网络协议、传感器标准、设备连接标准、平台兼容性、第三方应用接口、服务接口等。各类标准不一致会导致资源浪费、设备的互联互通上存在各类问题。

3. 数据存储

目前，物联网设备采集信息后的数据存储在中心服务器（云服务）上，但随着联网设备数量的几何级数增加，数据的传输和存储成本、存取效率、性能稳定性等会面临巨大的考验。

4. 数据分析

目前，只是简单地处理和服务设备联网管理、运行状态等方面的数据，缺乏对数据的深度挖掘和价值运用，这方面也会受制于人工智能和大数据技术的发展。

5. 行业应用场景

目前，基于物联网的行业应用场景尚处于初期，智能设备联网后并未通过智能化改善人们的生活及遇到的问题，消费者意愿不强烈，缺乏成熟的商业模式。

6. 安全性

物联网领域在智慧城市、交通、能源、金融、家居、医疗等方面都有具体的应用场景，在这些场景中，各种不同类型的设备连接数量和数据传输量都会超过历史最高值，其执行环境又各不相同，传统的网络安全防御面临着巨大挑战。安全问题表现在两个方面：一方面是机器被攻击或篡改后对系统安全、个人生命安全的影响；另一方面是数据泄露问题，物联网领域一旦产生安全问题，危害是不可估量的。

参考文献

[1] 张鸿涛. 物联网关键技术及系统应用 [M]. 北京：机械工业出版社，2017.

[2] 张开生. 物联网技术及应用 [M]. 北京：清华大学出版社，2016.

[3] 李晓妍. 万物互联 [M]. 北京：人民邮电出版社，2016.

[4] 陈志刚. 从 MWCS2017 看 IoT 平台的现状和趋势. 中国电信业，2017，7.

[5] 王一鸣. 物联网平台的四类玩家 [J]. 人民邮电，2017，10.

[6] 邢宇龙，张力方，胡云. 移动蜂窝物联网演进方案研究 [J]. 邮电设计技术，2016，11.

[7] 陈毅雯，张平，鄢勤. 基于 LTE-M 蜂窝物联网技术的应用试点探讨 [J]. 邮电设计技术，2016，5.

[8] 苏雷，陈刚，彭丽. 基于蜂窝网络的物联网解决方案研究 [J]. 电信工程技术与标准化，2017，5.

[9] 邵建，童恩. 蜂窝物联网的关键技术及部署策略的研究与应用 [J]. 移动通信，2016，12.

[10] 钱小聪，穆明鑫. NB-IoT 的标准化、技术特点和产业发展 [J]. 信息化研究，2016，10.

[11] 张万春，陆婷，高音. NB-IoT 系统现状与发展 [J]. 中兴通信技术，2017，23（1）：10-14.

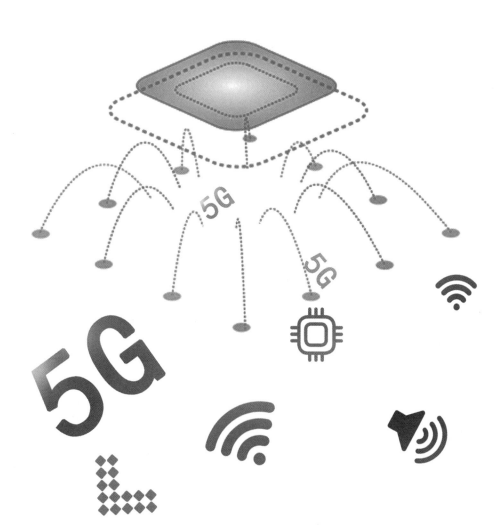

非蜂窝物联网技术及应用

chapter 2

第二章

导读

　　物联网通信包含了几乎现在的所有通信技术，包括有线通信和无线通信。非蜂窝网络的短距离无线通信网络已成为最基本的接入手段。物联网智能物件之间相互通信，在不同的环境下，可以选择不同的通信技术。然而，在网络通信的背后，这些不同类型的通信网络有着许多相似的工作原理。其中，宽带卫星通信、蜂窝式无线网络、移动 IP、WLAN、ZigBee、UWB、蓝牙、WiMAX 等都是 21 世纪热门的无线通信技术应用。本章首先简单地介绍了无线通信技术、无线通信网络以及智能物件通信模式；然后重点讨论与物联网密切相关的无线通信网络，主要包括无线个域网（Wireless Person Area Network，WPAN）、无线局域网（WLAN）和无线城域网（MWLAN）等非蜂窝组网技术以及相应的标准（IEEE802.15.4、IEEE802.11 和 IEEE802.16）。

什么是非蜂窝物联网	定义	非蜂窝短距离通信技术是指通信距离短，覆盖范围一般在几十米或上百米之内；发射功率较低，一般小于100mW且无中心化基站；工作频率多为免付费、免授权的全球通用的工业、科学、医学频段
	组网方式	非蜂窝物联网的无线接入技术，能通过无线的方式实现与有线接入技术相当的数据传输速率和通信质量，有些宽带无线接入技术还能支持用户终端构成小规模的Ad hoc网络。按网络规模可分为无线个域网、无线局域网、无线城域网、无线广域网等无线网络

非蜂窝与蜂窝技术差异 → 网络结构简单 + 频段免授权 + 通信距离短 + 使用成本低

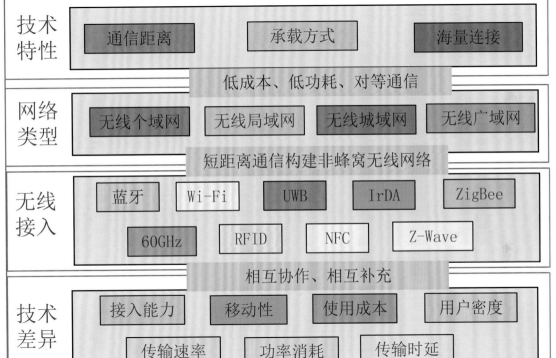

非蜂窝物联网	技术特性	通信距离 承载方式 海量连接
		低成本、低功耗、对等通信
	网络类型	无线个域网 无线局域网 无线城域网 无线广域网
		短距离通信构建非蜂窝无线网络
	无线接入	蓝牙 Wi-Fi UWB IrDA ZigBee 60GHz RFID NFC Z-Wave
		相互协作、相互补充
	技术差异	接入能力 移动性 使用成本 用户密度 传输速率 功率消耗 传输时延

短距离无线通信技术	高速	高速短距离无线通信最高数据速率大于100Mbit/s，通信距离小于10m，典型技术有高速超宽带、Wi-Fi等	组建局域网络
	低速	低速短距离无线通信的最低数据速率小于1Mbit/s，通信距离小于100m，典型技术有ZigBee、Bluetooth等	
	应用场景	它们都有其立足的特点，或基于传输速度、距离、耗电量的特殊要求；或着眼于功能的扩充性；或符合某些单一应用和特别要求；或建立竞争技术的差异化等。但是没有一种技术可以完美到足以满足所有用户的要求	

●● 2.1 非蜂窝短距离通信

物联网通信构成了物物互联的基础，是物联网从专业领域的应用系统发展成为大规模泛在信息化网络的关键。

由于物联网对通信的强烈需求，物联网通信包含了几乎现有的所有通信技术，包括有线和无线通信。物联网虽然用到大量的有线通信技术，然而考虑到物联网的泛在化特征，要求物联网设备的广泛互联和接入，最能体现该特征的是无线通信技术。无线通信技术的发展使大量的物以及与物相关的电子设备能够接入到数字世界，且能够适应现实世界的运动性。本章重点介绍无线通信技术，包括蜂窝移动通信网络、非蜂窝短距离接入技术等。

到目前为止，学术界和工程界对非蜂窝短距离无线通信并无严格的定义。一般来说，非蜂窝短距离通信技术的主要特点：通信距离短，覆盖范围一般在几十米或上百米；无线发射器的发射功率较低，一般小于 100mW；工作频率多为免付费、免申请的全球通用的工业、科学、医学 ISM 频段。短距离无线通信的范围很广，一般意义上讲，只要通信收发双方通过无线电波传输信息，并且传输距离限制在较短的范围内，通常是几十米以内，就可以称为非蜂窝短距离无线通信。

低成本、低功耗和对等通信是短距离无线通信技术的三个重要特征和优势。首先，低成本是短距离无线通信的客观要求，因为各种通信终端的产销量都很大，要提供终端间的直通能力，没有足够低的成本是很难被推广的；其次，低功耗是相对其他无线通信技术而言的一个特点，这与其通信距离短这个先天特点密切相关，由于传播距离近，遇到障碍物的几率也小，发射功率普遍都很低，通常在毫瓦量级；最后，对等通信是非蜂窝短距离无线通信的重要特征，有别于基于基础设施的无线通信技术，终端之间的对等通信无需网络设备中转，因此空中设计和高层协议都相对比较简单，无线资源的管理通常采用竞争的方式。

各种类型的近距离无线通信技术分别具有不同的优缺点，适用于不同的物联网应用场景。例如，ZigBee 技术和 Bluetooth 都可以用来实现智能家居，而新涌现出来的 60 GHz 无线通信技术都可以在 10m 范围内传输无压缩的高清视频数据，因此根据不同的需要在不同的场景下可以使用不同的技术，而这也为物联网的实现提供了更多的选择，我们对各种典型短距离无线通信技术应用做了一个比较，如图 2-1 所示。

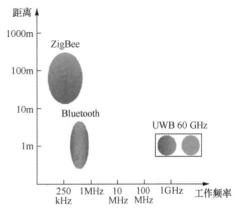

图2-1 非蜂窝短距离通信技术应用比较

随着电子技术的发展和各种便携式个人通信设备及家用电器等消费类电子产品的增加，人们对于各种消费类电子产品之间及其与其他设备之间的信息交互有了强烈的需求。对于使用便携设备并需要从事移动性工作的人们，希望通过一个小型的、短距离的无线网络为移动的商业用户提供各种服务，实现在任何时候、任何地点与任何人进行通信并获取信息的个人通信，促使以蓝牙、Wi-Fi、超宽带（UWB）、ZigBee、NFC 等技术为代表的非蜂窝短距离无线通信技术应运而生。而物联网中"无处不在"的概念也与此契合，因此随着短距离无线通信技术的发展，物联网的普及之路将变得更加清晰。物联网短距离无线通信主要关注建立局部范围内临时性的物联网通信，不追求广域范围内的连续覆盖。

近年来，IoT 发展迅速，世界万物都可以通过互联网相互连接，包括一些高速业务（如视频类业务等）和一些低速数据业务且支持每小区超过 5 万用户的海量连接。据不完全统计，低速数据业务占 IoT 业务的 67% 以上，这些低速率业务需要有良好的蜂窝技术来支持，这意味着低速率广域网技术拥有巨大的需求空间。在 IoT 不断发展的同时，IoT 通信技术也日趋成熟，其中广域通信技术发展尤其明显。电信运营商借助公众移动通信网大规模建设 NB-IoT 物联网，形成一张与公众蜂窝移动通信网相媲美的物联网。事实上，除了电信运营商，设备厂商也在积极推进物联网新品、模组技术的发展。国内主流厂家已经推出的面向物联网应用的低功耗蓝牙芯片集成了 GPS/BD 功能的基带、射频和 PMU 三合一双模芯片，具有 Wi-Fi/Bluetooth/FM/GPS/BD 多模连接性射频单芯片解决方案。高通也已经推出了搭载全新的 Qualcomm Snapdragon Wear 1200 平台的可穿戴设备，该平台将为可穿戴设备行业带来 LTE Cat M1（eMTC）和 Cat NB-1（NB-IoT）连接。此外，高通还对外展示了基于 LTE eMTC 的智能水表以及搭载高通物理网芯片的单车。

●●2.2 非蜂窝物联网的系统架构

物联网的价值在于让物体也拥有了"智慧"，从而实现人与物、物与物之间的沟通，物联网的特征在于感知、互联和智能的叠加。由于物联网对通信的强烈需求，物联网通信包含了现有的通信技术。然而考虑到物联网的泛在化特征，要求物联网设备的广泛互联和接入，最能体现该特征的是无线通信技术。物联网已成为目前 IT 业的新兴领域，不同的视角对物联网概念的看法不同，所涉及的关键技术也不相同。可以确定的是，物联网技术涵盖了从信息获取、传输、存储、处理直至应用的全过程，在材料、器件、软件、网络、系统各个方面都要有所创新才能会促进其发展。国际电信联盟报告提出，物联网主要需要 4 项关键性应用技术：①标签物品的 RFID 技术；②感知事物的传感网络技术（Sensor Technologies）；③思考事物的智能技术（Smart Technologies）；④微缩事物的纳米技术（Nano Technologies）。

物联网设备分为一般的嵌入式系统和传感器两类，其中，短距离非蜂窝无线通信技术目前主要包含嵌入式系统的电子设备之间的互连，无线传感器网络主要用于传感器之间的互连。在承载网上有多种技术可供物联网作为核心承载网络选择使用，可以是公共通信网（如 3G/4G 移动通信网），或者 SDH/MSTP 技术、PTN 技术、光传送网（OTN），或者互联网、移动互联网、企业专用网、卫星通信等，在物联网体系结构中，蜂窝网络与非蜂窝网络是指在网络层采用何种网络制式传输信息，非蜂窝物联网体系架构如图 2-2 所示。

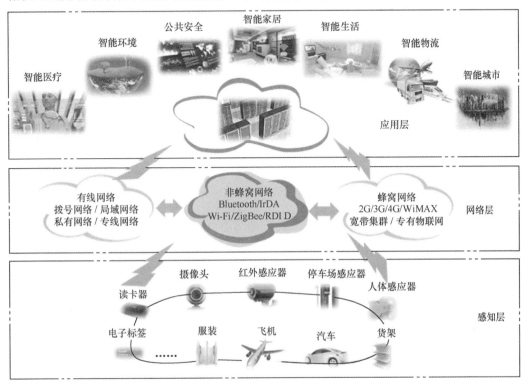

图2-2　非蜂窝物联网体系架构

●●2.3　非蜂窝无线传感器网络

无线传感器网络（Wireless Sensor Network，WSN）是由部署在监测区域内的大量微型传感器节点组成的。节点之间通过无线通信方式形成多跳自组织网络系统，它是当前在国际上备受关注、涉及多学科的前沿研究领域，综合传感器技术、嵌入式计算机技术、现代网络及无线通信技术、分布式信息处理技术等，其目的是协作地感知、采集和处理网络覆盖区域中感知对象的信息（如光强、温度、湿度、噪声、震动和有害气体浓度等物理现象），并以无线的方式发送出去，通过无线网络最终发送给观察者。传感器、感知对象和观察者构成了传感器网络的 3 个要素。如果说 Internet 构成了逻辑上的世界，改变人与人之间的沟通方式，那么无线传感器网络就是将逻辑上的信息世界与客观中的物理世界融合在一起，改变人类与自然界的交互方式，也是物联网的基本组成部分。人们可以通过传感器网络直接感知客观世界，极大地扩展了现有网络的功能和人类认识世界的能力。无线传感器网络作为人类一项新兴的技术，越来越受到学术界和工程界的关注，其在军事侦察、环境监测、医疗护理、空间探索、智能家居、工业控制和其他商业应用领域展现出了广阔的应用前景，被认为是对 21 世纪产生巨大影响的技术之一。

无线传感器网络除了具有 AD-hoc 网络的移动性、自组织性等特征以外，还具有很多其他鲜明的特点。这些特点向我们提出了一系列的挑战性问题。

1. 动态性网络

无线传感器具有很强的网络动态性，能量、环境等问题会使传感器节点死亡，或者新节点随时加入网络中会使整个网络的拓扑结构发生动态变化，这就要求无线传感器网络系统要能够适应这种变化，使网络具有可调整性和可重构性。

2. 硬件资源有限

由于受价格、体积和功耗的限制，节点在通信能力、计算能力和内存空间等方面比普通的计算机要弱很多。节点的通信距离一般在几十米到几百米之间，因此，节点只能与它的相邻节点直接通信，如果希望与其射频覆盖范围之外的节点进行通信，则需要通过中间节点进行路由转接，这样每个节点既可以是信息的发起者，也可以是信息的转发者。另外，由于节点的计算能力受限，而传统 Internet 上成熟的协议和算法对无线传感器网络而言开销太大，难以使用，必须重新设计简单有效的协议。

3. 能量受限

网络节点由电池供电，电池的容量一般不是很大。其特殊的应用领域决定了在使用过程中不能经常给电池充电或更换电池，一旦电池能量用完，这个节点也就失去了作用。因此，在设计传感器网络过程中，使用任何技术和协议都要以节能为前提。因此，如何在网络工作过程中节省能源、最大化网络的生命周期是无线传感器网络的重要研究课题之一。

4. 大规模网络

为了对一个区域执行高密度的监测感知任务，往往有成千上万甚至更多的传感器节点被投放到该区域，甚至无法为单个节点分配统一的物理地址。传感器节点只有分布得非常密集，才能够减少监测盲区，提高监测的精确性。此外，大量的冗余节点，使系统具有很强的容错性，但这也要求中心节点提高数据融合的能力。因此，无线传感器网络主要不是依靠单个设备能力的提升，而是通过大规模、冗余的嵌入式设备的协同工作来提高系统的可靠性和工作质量。

5. 以数据为中心

在无线传感器网络中，人们只关心某个区域的某个观测指标，而不会去关心某个节点的观测数据，这就是无线传感器网络以数据为中心的特点。而传统网络传送的数据是和节点的物理地址联系起来的。以数据为中心的特点要求无线传感器网络能够脱离传统网络的寻址过程，快速有效地组织起各个节点的感知信息并融合提取出有用的信息直接传送给用户。

6. 广播方式通信

无线传感器网络中节点数目庞大，使其在组网和通信时不可能像 Ad-hoc 网络那样采用点对点的通信，而需采用广播方式以加快信息传播的范围和速度，并可以节省电力。

7. 无人值守

传感器的应用是与物理世界紧密联系的，传感器节点往往密集分布于需要被监控的物理环境中。由于规模巨大，不可能人工"照顾"每个节点，网络系统往往在无人值守的状态下工作。每个节点只能依靠自带或自主获取的能源（电池、太阳能）供电，因此，能源受限是阻碍无线传感器网络发展及应用的最重要瓶颈之一。

8. 易受物理环境影响

无线传感器网络与其所在的物理环境密切相关，并随着环境的变化而不断变化，这些时变因素严重地影响了系统的性能。低能耗的无线通信易受环境因素的影响，外界激励变化导致的网络负载和运动规模的动态变化，随着能量的消耗，系统工作状态的变化都要求无线传感网络系统具有动态环境变化的适应性。

无线传感器网络结构如图 2-3 所示，传感器网络系统通常包括传感器节点、汇聚节点和管理节点。大量传感器节点随机部署在检测区域内部或附近，能够通过自组织方式构成网络。传感器节点检测到的数据沿着其他传感器节点逐跳传输，在传输过程中，检测数据可能是被多个节点处理，经过多跳路由后到汇聚节点，最后通过互联网或卫星到达管理节点。用户通过管理节点对传感器网络进行配置和管理，发布检测任务并收集检测数据。

传感器节点的处理能力、存储能力和通信能力相对较弱，通过携带能量有限的电池供电。从网络功能上看，每个传感器节点兼顾传统

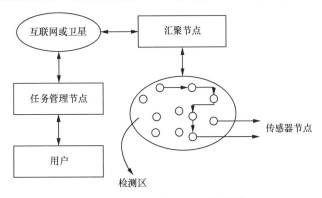

图2-3　无线传感器网络结构

网络节点的终端和路由器双重功能，除了进行本地信息收集和数据处理外，还要对其他节点转发来的数据进行存储、管理和融合，同时与其他节点协作完成一些特定的任务。

汇聚节点的处理能力、存储能力和通信能力相对较强，它连接传感器网络与 Internet 等外部网络，实现两种协议栈之间的通信协议转换，同时发布管理节点的检测任务，并把收集的数据转发到外部网络。汇聚节点既可以是一个具有增强功能的传感器节点，有足够的能量供给更多的内存与计算资源，也可以是没有检测功能仅带有无线通信接口的特殊网关设备。

●●2.4　非蜂窝无线接入技术类型

随着无线通信技术发展，宽带无线接入技术能通过无线的方式，以与有线接入技术相当的数据传输速率和通信质量接入核心网络，有些宽带无线接入技术还能支持用户终端构成小规模的 Ad-hoc 网络。因此，宽带无线接入技术在高速 Internet 接入、信息家电联网、移动办公、救灾、空间探索等领域具有非常广阔的应用空间。国际电子电气工程师协会（IEEE）成立无线局域网标准 IEEE 802.11 迅速发展了这个系统标准，并在家庭、中小企业、商业领域等方面取得了成功的应用。1999 年，IEEE 成立了 802.16 工作组开始研究建立一个全球统一的宽带无线城域网（Wireless Metropolitan Area Network，WMAN）技术规范。虽然宽带无线接入技术的标准化历史不长，但发展却非常迅速，已经制定或正在制订的 IEEE 802.11、IEEE 802.15、IEEE 802.16、IEEE 802.20、IEEE 802.22 等宽带无线接入标准集覆盖无线个域网（Wireless Person Area Network，WPAN）、无线局域网（WLAN）、无线城域网（WMAN）、无线广域网（Wireless Wide Area Network，WWAN）等无线网络，宽带无线接入技术在无线通信领域的地位越来越重要。IEEE 802 无线标准体系如图 2-4 所示。

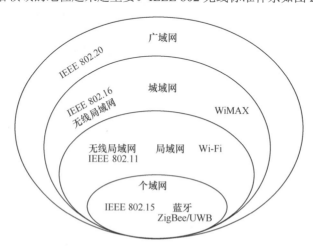

图2-4　IEEE 802无线标准体系

IEEE 802 无线接入技术特征，见表 2-1。

表2-1　IEEE 802无线接入技术特征

标准系列	工作频段	传输速率	覆盖距离	网络运用	主要特性及应用
802.20x	≤ 3.5 GHz	16 Mbit/s/ 40 Mbit/s	1～15 km	WWAN	点对多点的无线连接，用于高速移动的无线接入，移动中用户的接入速率可达 1 Mbit/s，面向全球覆盖
802.16x	2-11/11-66 GHz	70 Mbit/s	1～50 km	WMAN	点对多点无线连接，支持基站间的漫游与切换，可用于：①WLAN 业务接入；②无线 DSL，面向城域覆盖；③移动通信基站回程链路及企业接入网
802.11x	2.4/5 GHz	1～54/ 600 Mbit/s	100m	WLAN	点对多点无线接入，支持 AP 间切换，用于企业 WLAN、PWLAN、家庭 /SOHO 无线网关
802.15x	2.4 GHz/3.1～10.6 GHz	0.25/1～55/ 110 Mbit/s	10～75m/ 10m	WPAN	点对多点短距离连接，工作在个人操作环境，用于家庭及办公室的高速数据网络，802.15.4 工作在低速率家庭网络

2.4.1　无线个域网

WPAN 是为了实现活动半径小、业务类型丰富、面向特定群体实现无线无缝连接而提出的新兴无线通信网络技术。WPAN 能有效解决"最后几米电缆"的问题，将无线联网进行到底。

WPAN 是一种与无线广域网（WWAN）、无线城域网（WMAN）、无线局域网（WLAN）并列但覆盖范围相对较小的无线网络。在网络构成上，WPAN 位于整个网络链的末端，用于实现同一地点终端与终端间的连接，如连接手机和蓝牙耳机等。WPAN 所覆盖的范围一定在 10m 半径以内，必须运行于许可的无线频段。WPAN 设备具有价格便宜、体积小、易操作和低功耗等优点。

WPAN 被定位于短距离无线通信技术，但根据不同的应用场合又分为高速 WPAN（HR-WPAN）和低速 WPAN（LR-WPAN）两种。发展高速 WPAN 是为了连接消费者下一代便携式的电器和通信设备，支持各种高速率的多媒体应用，包括高质量声像配送、多兆字节音乐和图像文档等。这些多媒体设备之间的对等连接要提供 20 Mbit/s 以上的数据速率，以及在确定的带宽内提供一定的服务质量（Quality of Service，QoS）。高速率 WPAN 在宽带无线移动通信网络中占有一席之地，发展低速率 WPAN 是因为我们在日常生活中并不是都需要高速应用。在家庭、工厂与仓库自动化控制，消防队员操作指挥，货单自动更新，库存实时跟踪，以及在游戏和互动式玩具等方面都可以开展许多低速应用。有许多低速应用比高速应用对我们的生活更为重要，甚至能够挽救我们的生命。例如，当你忘记关掉煤气灶或者睡前忘记锁门的时候，有了低速 WPAN 就可以使你获救或免于财产损失。

从网络构成上看，WPAN 位于整个网络架构的底层，用于很小范围内的终端与终端之间的连接，即点到点的短距离连接。WPAN 是基于计算机通信的专用网，工作在个人操作环境，把需要相互通信的装置构成一个网络，且无需任何中央管理装置及软件。用于无线个域网的通信技术有很多，如蓝牙（Bluetooth）、超宽带（UWB）、红外（IrDA）、HomeRF、ZigBee 等。

2.4.2 无线局域网

基于 IEEE802.11 标准的无线局域网允许在局域网络环境中使用未授权的 2.4 GHz 或 5.3 GHz 射频波段进行无线连接。它们应用广泛，从家庭到企业再到 Internet 接入热点。

- **大楼之间**。大楼之间构建网络的连接，取代专线，简单又便宜。
- **餐馆及零售**。餐饮服务业可利用无线局域网，直接从餐桌即可输入并传送客人的点菜内容至厨房、柜台。零售商促销时，可使用无线局域网产品设置临时收银柜台。
- **医疗**。使用具有无线局域网功能的笔记本电脑取得实时信息，医护人员可借此避免对伤患救治的迟延、不必要的纸上作业、单循环的迟延及误诊等，提升照顾伤患的品质。
- **企业**。当企业内的员工使用无线局域网时，不管他们在办公室的任何一个角落，有无线局域网的地方就能随意地收发电子邮件、分享档案及上网。
- **仓储管理**。通过无线网络的应用，一般仓储人员能立即将最新的资料输入计算机仓储系统。
- **货柜集散场**。一般货柜集散场的桥式起重车可以在调动货柜时，将实时信息传回办公室，以便于按步骤执行相关作业。
- **监视系统**。主控站一般位于远方，由于布线困难，可以通过无线网络将远方被监控现场的影像传回主控站。
- **展示会场**。如一般的电子展、计算机展，由于网络需求极高，而且布线又会让会场显得凌乱，因此无线网络是最佳的选择。

无线局域网具有以下优点。

（1）灵活性和移动性

在有线网络中，网络设备的安装位置受网络限制，而无线局域网在无线网络覆盖的任何一个位置都可以接入网络。无线局域网另外的一个优点在于移动性，连接到无线局域网的用户可以移动且能同时保持与网络的连接。

（2）安装便捷

无线局域网可以免去或最大限度地减少网络布线的工作量，一般只要安装一个或多个接入点设备就可以建立覆盖整个区域的无线局域网。

（3）易于网络规划和调整

对于有线网络来说，办公地点或网络拓扑的改变意味着重新建网。重新布线是一个昂贵、费时、浪费和琐碎的过程，无线局域网可以减少或避免以上情况发生。

（4）**故障定位容易**

有线网络一旦出现物理故障，尤其是由于线路连接不良而造成的网络中断，往往很难查明，而且检修线路需要付出很大的代价，无线网络则很容易定位故障，只需更换故障设备即可恢复网络连接。

（5）**易于扩展**

无线局域网有多种配置方式，可以很快地从只有几个用户的小型局域网扩展到上千用户的大型网络，并且能提供节点间漫游等有线网络无法实现的特性。

由于无线网络有上述诸多优点，因此其发展十分迅速。近年来，无线局域网已在企业、医院、商店、工厂和学校得到了广泛的运用。无线局域网能够给用户带来便捷和实用的同时，也存在一些缺陷，无线局域网的不足之处主要体现在以下 3 个方面。

（1）**性能**

无线局域网依靠无线电波传输，这些无线电波通过无线电波发射装置发射，而建筑物、车辆、树木和其他障碍物都能阻碍电磁波的传输，所以会影响网络的性能。

（2）**速率**

无线信道的传输速率比有线信道的传输速率低得多。目前，无线局域网单频段最大传输速率为 150 Mbit/s，只适合个人终端和小规模的网络运用。

（3）**安全性**

从本质上讲，无线电波是不要求建立物理连接通道的，无线信号也是发散的。从理论上讲，无线电波广播范围内的任何信号很容易被监听，造成通信信息的泄露。

由于无线局域网需要支持高速、突发的数据业务，在室内使用还需要解决多径衰落以及各子网间串扰等问题。具体来说，无线局域网必须实现以下技术要求。

（1）**可靠性**

无线局域网的系统分组丢失率应在 5% ～ 10%，误码率应在 8% ～ 10%。

（2）**兼容性**

对于室内使用的无线局域网，应可能与其现在使用的有线局域网在网络操作系统和网络软件上相互兼容。

（3）**数据速率**

为满足局域网业务量的需要，无线局域网数据传输速率应该在 1 Mbit/s 以上。

（4）**通信保密**

由于数据通过无线介质在空中传播，无线局域网必须在不同层次采取有效的措施以提高通信保密和数据的安全性能。

（5）移动性

支持全移动网络或半移动网络。

（6）节能管理

当无数据收发时，发射机处于休眠状态，当有数据收发时再激活发射机，节省电力消耗。

（7）小型化、低价格

这是无线局域网得以普及的关键。

（8）电磁环境

无线局域网应考虑电磁辐射对人体和周边环境的影响。

2.4.3　无线城域网

WMAN 是以无线方式构建的城域网，提供面向互联网的高速连接。无线城域网的推出是为了满足日益增长的宽带无线接入（Broadband Wireless Access，BWA）市场需求。无线城域网一般是通过 Wi-Fi 来实现布网的，可以使用无线网卡搜索无线信号实现上网，在热点地区的速率最高可达到 54 Mbit/s。

多年来，虽然 801.11x 技术一直与许多其他专有技术一起被用于 BWA，并获得很大成功，但由于 WLAN 的总体设计及其提供的特点并不能很好地适用于室外的 BWA 应用。当其用于室外时，在带宽和用户数方面将受到限制，同时还存在着通信距离等其他的一些问题。基于上述情况，IEEE 决定制定一种新的、更复杂的全球标准，这个标准应能同时解决物理层环境（室外射频传输）和 QoS 两个方面的问题，以满足 BWA 和"最后一千米"接入市场的需要。

IEEE 802.16 是为了制订 WMAN 标准而组建的工作组，于 1999 年成立，主要负责开发 2 GHz ～ 66 GHz 频带的无线接入系统空中接口的物理层和 MAC 层规范。IEEE 802.16 工作组于 2001 年 12 月通过最早的 IEEE 802.16 标准，2003 年 4 月，发布了修正和扩展后的 IEEE 802.16a，该标准工作频段为 2 GHz ～ 11 GHz，在 MAC 层提供了 QoS 保证机制，支持语音和视频实时性业务。2004 年 7 月，通过 IEEE 802.16d，详细规定 2 GHz ～ 66 GHz 频段的空口物理层和 MAC 层，该协议是相对成熟的产品，目前，各大厂商都是基于该标准开发产品的。2005 年 12 月，IEEE 正式批准 802.16e 标准，该标准在 2 GHz ～ 6 GHz 频段上，支持终端车载速率下的移动宽带接入。

2001 年，业界主要的无线宽带接入厂商和芯片制造商成立了非营利工业贸易联盟组织（Worldwide interoperability for Microwave Access，WiMAX）。该联盟对基于 IEEE 802.16 标准和 ETSI Hiper MAN 标准的宽带无线接入产品进行兼容性、互操作性的测试和认证，发放 WiMAX 认证标志，致力于在 IEEE802.16 标准基础上的需求分析、应用推广、网络架构完善等后续研究工作，促进 IEEE 802.16 无线接入产业的成熟和发展。

协议规定了 MAC 层和 PHY 层的规范，MAC 层独立于 PHY 层，并且支持多种不同的

PHY 层。IEEE 802.16 协议结构如图 2-5 所示。

现从以下几个方面比较 IEEE 802.16 与 IEEE 802.11。

（1）**覆盖**

802.16 标准是为在各种传播环境（包括视距、近视距和非视距）中获得最优性能而设计的，即使在链路状况最差的情况下也能提供可靠的性能。正交频分复用（Orthogonal Frequency Division Multipleting，OFDM）波形在 2～40 km 的通信

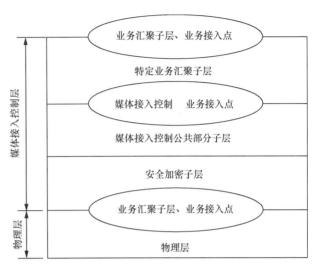

图2-5 IEEE 802.16协议结构

范围内支持高频谱效率（bit/s/Hz），在一定的带宽内速率可高达 70 Mbit/s。可采用先进的网络拓扑（网状网）和天线技术（波束成形、STC、天线分集）进一步改善覆盖。这些先进技术也可以用来提高频谱效率、容量和复用，以及每个射频信道的平均吞吐量与峰值吞吐量。此外，不是所有的 OFDM 都是相同的，为 BWA 设计的 OFDM 具有支持较长距离传输和处理多径或反射的能力。

相反，WLAN 和 802.11 系统的核心不是采用基本的 CDMA，而是使用设计不相同的 OFDM。它们的设计要求是低功耗，因此必然限制了通信距离。WLAN 中的 OFDM 是按照系统覆盖数十米或几百米设计的，而 802.16 是被设计成高功率，OFDM 可覆盖数十千米的。

（2）**可扩展性**

在物理层，802.16 支持灵活的射频信道带宽和信道复用（频率复用），当网络扩展时，可作为增加小区容量的一种手段。此标准还支持发射自动功率控制和信道质量测试，可以作为物理层附加工具来支持小区规划和部署，以及频谱的有效使用。当用户数增加时，运营商可以通过扇区化和小区分裂来重新分配频谱。还有，此标准对多信道带宽的支持使设备制造商能够提供一种手段，以适应各国政府对频谱使用和分配的独特管制办法，这是世界各地的运营商都面临的一个问题。IEEE 802.16 标准规定的信道带宽为 1.75 MHz～20 MHz，在这中间还可以有许多选择。但是基于 Wi-Fi 的产品要求每条信道至少为 20 MHz（802.11b 中规定在 2.4 GHz 频段为 22 MHz），并规定只能工作在不需要牌照的频段上，包括 2.4 GHz ISM、5 GHz ISM 和 5 GHz UNII。

在 MAC 层，802.11 的基础是载波侦听多路访问 / 冲突避免（Carrier Sense Maltiple Access with Collision Avoidance，CSMA/CA），基本上是一个无线以太网协议，其扩展能力较差，类似于以太网。当用户增加时，吞吐量就明显减小，而 802.16 标准中的 MAC 层却

能在一个射频信道内从一个扩展到数百个用户，这是 802.11MAC 不可能做到的。

（3）服务质量

802.16 的 MAC 层是靠同意 / 请求协议来接入媒体的，它支持不同的服务水平（如专用于企业的 T1/E1 用和用于住宅的尽力而为服务）。此协议在下行链路采用 TDM 数据流，在上行链路采用 TDMA，通过集中调度来支持对时延敏感的业务，如语音和视频等。由于确保了无碰撞数据的接入，802.16 的 MAC 层改善了系统总吞吐量和宽带效率，并确保数据时延受到控制（相反，CSMA/CA 没有这种保证）。TDM/TDMA 接入技术还使支持多播和广播业务变得容易。WLAN 采用 CSMA/CA，无法提供 802.16 系统的 QoS。

2.4.4 无线广域网

WWAN 是采用无线网络把物理距离极为分散的局域网（LAN）连接起来的通信方式。WWAN 连接的地理范围较大，常常是一个国家或一个洲，其目的是为了让分布较远的各局域网互连，它的结构分为末端系统（两端的用户集合）和通信系统（中间链路）两部分。IEEE 802.20 是 WWAN 的重要标准。IEEE 802.20 是由 IEEE 802.16 工作组于 2002 年 3 月提出的，并为此成立专门的工作小组，这个小组于 2002 年 9 月独立为 IEEE 802.20 工作组。802.20 是为了实现高速移动环境下的高速率数据传输，以弥补 IEEE 802.1X 协议族在移动性上的劣势，它可以有效解决移动性与传输速率相互矛盾的问题，是一种适用于高速移动环境下的宽带无线接入系统空中接口规范。

IEEE 802.20 标准在物理层技术上以 OFDM 和多输入多输出（Multiple-Input Multiple-Output，MIMO）为核心，充分挖掘时域、频域和空间域的资源，大大提高了频谱效率。在设计理念上，基于分组数据的纯 IP 架构适应突发性数据业务的性能优于 3G 技术，与 3.5 G 性能相当，在实现与部署成本上有较大的优势。IEEE 802.20 能够满足移动通信市场上高移动性和高吞吐量的需求，具有性能好、效率高、低成本和部署灵活等特点。其设计理念符合下一代通信技术的发展方向，因而是一种非常有前景的技术。目前，IEEE 802.20 系统技术标准仍有待完善，产品市场还没有成熟，产业链有待完善。

室外无线网桥设备在各行各业具有广泛的应用，例如，税务系统采用无线网桥设备可实现各个税务点、税收部门和税务局的无线联网；电力系统采用无线网桥设备可将分布于不同地区的各个变电站、电厂和电力局连接起来，实现信息交流和办公自动化；教育系统可以通过无线接入设备在学生宿舍、图书馆和教学楼建立网络连接。无线网络建设可以不受山川、河流、街道等复杂地形的限制，并且具有灵活机动、周期短和建设成本低的优势，政府机构和各类大企业可以通过无线网络将分布于两个或两个以上建筑物或分支机构连接起来。无线网络特别适用于地形复杂、网络布线成本高、分布较分散、施工困难的分支机构的网络连接，可以用较短的施工周期和较少的成本建立可靠的网络连接。

毫无疑问，无线通信是通信领域发展最快的技术，同时通信发展越来越呈现传输宽带化、业务多样化的趋势，而当以光通信为基础的核心网已经具备超高速、超容量的特点时，接入网建设就成为电信网必须解决的瓶颈。

宽带无线接入以其组网灵活迅速、升级方便等特点受到业界的青睐，但还存在尚未建立切实可行的赢利模式等诸多问题。近年来，Wi-Fi、WiMAX 等宽带无线接入技术具有接入速率高、系统费用低等优点，成为现有 LTE 网络室内覆盖和容量热点的有效补充。移动宽带的发展无非就是两条路径：一条从室外走向室内；另一条从室内走向室外。前者的技术代言人是 LTE，后者的代言人是 Wi-Fi。目前，LTE 和 Wi-Fi 殊途同归终将融合在一起。最新关于 LTE-U（LTE 和 Wi-Fi 融合技术）的消息捷报频传，先是高通面世 LTE-U 网络，后是阿朗整合 Wi-Fi 与 LTE 上传速度提升 50 倍。事实上，不仅是高通和阿朗，各大厂商都在力推 LTE 和 Wi-Fi 融合之路。

●● 2.5 非蜂窝物联网与蜂窝物联网的技术对比

蜂窝物联网与非蜂窝物联网的主要区别在于应用场景上，无线网络技术主要应用于个人区域网、无线局域网/城域网、3G/4G 移动通信网。在市场方面，目前，GSM 技术仍在全球移动通信市场占据优势地位；数据厂商比较青睐 Wi-Fi、WiMAX、移动宽带无线接入（Mobile Broadband Wireless Access，MBWA）通信技术，传统电信运营商倾向使用移动通信网络技术。Wi-Fi、WiMAX、MBWA 和 3G/4G 在高速无线数据通信领域扮演着重要角色，都具有很好的应用前景，它们彼此互补，既在局部有竞争、融合，又不可相互替代。

从竞争的角度来看，Wi-Fi 主要被定位在室内或小范围内的热点覆盖，提供宽带无线数据业务，并结合 VoIP 提供语音业务；3G/4G 所提供的数据业务主要是在室内低移动速度的环境下，而在高速移动时以语音业务为主。因此，两者在室内数据业务方面存在明显的竞争。WiMAX 已由固定无线演进为移动无线，并结合 VoIP 解决了语音接入问题。WBMA 与 3G/4G 两者存在较多的相似点，导致它们之间有较大的竞争。

从融合的角度来看，在技术方面，Wi-Fi、WiMAX、MBWA 仅定义了空中接口的物理层和 MAC 层，4G 技术作为一个完整的网络已经商用。在业务方面，Wi-Fi、WiMAX、WBMA 主要是提供具有一定移动特性的宽带数据业务，4G 是为语音业务和数据业务共同设计的。双方的侧重点不同，在一定程度上它们需要互相协作、互相补充。未来的无线通信网络将是多个现有网络系统的融合发展，为用户提供全接入的网络传输系统。未来终端的趋势是小型化、多媒体化、网络化、个性化，并将计算、娱乐、通信等功能集于一身，移动终端将会面向不同的无线接入网络。这些接入网络覆盖不同的区域，具有不同的技术参数，可以提供不同的业务能力，相互补充、协同工作，实现用户在无线环境中的无缝漫游。

移动通信网络是一个广域的通信网络，需要基站和核心网来支持与维护移动终端间的通信。海量的物与物连接会占据宝贵的频谱资源和信道容量，不同的场景下需要的带宽资源差异很大，因此需要具有低功耗的短距离无线通信技术以及无线传感器网络技术来建立局部范围内的物联网，再通过网关等特定设备接入互联网或广域核心网，成为名副其实的物联网。

非蜂窝通信系统最大的优势是占用免费频谱资源且能提供灵活的无线接入系统的容量。目前，无线接入技术都需要占用一定的频谱带宽，就像汽车要行驶就需要有路一样，而无线频谱带宽就是无线通信中的道路宽度，具有商业价值和排他性。在一般情况下，各国 / 各地区的无线频谱都受到诸如无线电管理委员会等组织的管理，国外有一种比较通用的做法是将无线频谱资源拿出来拍卖，电信运营商花重金购买使用权。这种类型的无线频谱叫做授权频谱，因此用户使用某运营商的服务，实际上就是使用运营商花费重金购买的无线频谱来进行通信，而非蜂窝系统往往是解决局部区域内的通信需求，使用一些不用花钱的非授权频段，这类频谱在符合无线电管理委员会的要求下使用（比如发射功率的限制），这是不收费的，且任何个人团体都能使用，即工业、科学、医疗 ISM 频段。目前，主要的 ISM 频段就是 2.4 GHz ～ 2.4835 GHz 和 5.725 GHz ～ 5.850 GHz。ISM 频段全球可用，但法规和频率范围有所不同，免授权的频谱仍处于管制中，事实上，ISM 开放与自由有赖于严格的发射功率和工作周期（传送数据所需要的时间）才能降低设备间的干扰，针对广域网（WAN）类型使用 ISM 频段时受区域位置、发射功率、工作周期和高度干扰的影响，排除了很多应用的机会，只能在小范围内短距离内传输，非蜂窝类技术由于非授权频段室外干扰不可控，未针对连片组网优化、组网性能待验证等因素，不适合运营商全网部署，且无法得到国家法律法规的保护。因此，早期物联网运用模式主要将服务器托付于运营商，利用运营商网络覆盖广泛、资金充足等特点实施管理。在这个过程中，运营商需要付出设备成本、管理成本及维护成本，物联网用户的所有应用都需要通过运营商的网络传递信息，并且运用对象存储在运营商的服务器上。但现有蜂窝系统是基于人与人通信的特定而设计的，利用传统蜂窝网络承载物联网用户将占用运营商宝贵的信道资源，用户的 ARPU 值低，网络资源利用率不高，并不适合大规模的产业运用，严重阻碍了物联网的发展。非蜂窝物联网技术应运而生，在无线接入层采用局域网技术将极大地缓解公众蜂窝系统的容量问题。目前的 M2M 通信仍在不断发展，但其主要特点基本不变，表 2-2 总结了传统物联网和非蜂窝专有物联网通信系统的特点。

从表 2-2 中可以看出，M2M 的显著特点是设备数量大、移动性低，对通信及时性要求不高，且 90% 以上的设备位置是固定的。另外，M2M 业务峰值负载远大于平均负载，M2M 业务在网络中的数据负载周期性变化具有显著的特征，如图 2-6 所示，以一个 M2M 中心服务器瞬时负载为例，在 24 小时数据采集周期内，M2M 的峰值负载远大于一天的平均负载。

表2-2　传统蜂窝物联网与非蜂窝专有物联网的特性对比

特点	传统蜂窝物联网	非蜂窝专有物联网
网络接入能力	受限制，容量小	不受限制，易扩容
移动性	支持	有限支持
成本	高	低
小区内用户数	几十上百	成百上千
传输速率	高	低
功率消耗	一般较高	较低
传输时延	低	高

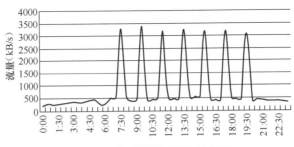

图2-6　物联网数据传输特性

　　物联网数据流的高峰均值比给系统设计和规划带来很大的困难，当大量的物联网终端接入蜂窝网络后，一方面，过多的信令开销导致信道资源利用率降低，能量消耗巨大。例如，在蜂窝网络中，传输数据时需要在接入网络中建立数据承载，数据承载的建立和释放过程需要超过 20 次握手信息的交互，而且不包含常用 TCP 的握手、确认和释放，由于现实中大多数设备是用电池来供电的，一些设备一经部署就会在几年甚至几十年内不允许有任何人的干预，这类设备对能量消耗要求特别高。另一方面，当海量设备向蜂窝系统发起连接时，在当前的蜂窝网络架构下会引起拥塞，导致小区内用户接入基站的成功率低，如果以峰值流量去设计系统，会带来系统资源的极大浪费。因此，在传统蜂窝系统中，为了不影响 H2H 业务通常有两种解决方案：一种是采用局域物联网采集数据，再通过公众蜂窝系统集中发送；另外一种是针对即时性要求不高的物联网应用，可将数据采集发送时间设置在蜂窝系统空闲时段传送，这种方法极大地限制了物联网的应用环境。为了支持海量连接、业务的峰均值高的 M2M 业务且低成本的特点，2015 年，3GPP 在专用物联网技术性能方面提出了五大改进目标：提升室内信号覆盖；支持海量低流量设备连接；减小设备复杂性；提高能源效率；降低时延。这些改进可以解决物联网应用的一些普遍需求：终端的硬件成本要求非常便宜，使用电池供电要求能多至 10 年，大量终端的接入，能够广泛部署在室内甚至地下室等人们不常去的位置等，针对物联网的应用特征而提出改进意见，而非蜂窝物联网的低成本、低功耗、便携性和对等通信，在短距离无线通信技术中发挥着重要作用。

●●2.6　非蜂窝短距离无线通信技术

当今，无线通信在人们的生活中扮演着越来越重要的角色，低功耗、微型化是用户对当前无线通信产品，尤其是便携式产品的强烈追求，因此，作为无线通信技术的一个重要分支——短距离无线通信技术正逐渐引起越来越广泛的关注。

短距离无线通信的技术范围很广，低成本、低功耗和对等通信是短距离无线通信技术的 3 个重要特征和优势。

按数据传输速率分，短距离无线通信技术一般分为高速短距离无线通信技术和低速短距离无线通信技术。高速短距离无线通信最高数据速率大于 100 Mbit/s，通信距离小于 10 m，典型技术有高速超宽带（Ultra Wide Band，UWB）等。低速短距离无线通信的最低数据速率小于 1 Mbit/s，通信距离小于 100 m，典型技术有 ZigBee、Bluetooth 等。目前，比较受关注的短距离无线通信技术包括蓝牙、802.11（Wi-Fi）、ZigBee、红外（IrDA）、UWB、近场通信（Near Field Communication，NFC）等，它们都有其立足的特点：基于传输速度、距离、耗电量的特殊要求；着眼于功能的扩充性；符合某些单一应用和特别要求；建立竞争技术的差异化等，但是没有一种技术可以完美到足以满足所有的要求。

短距离无线通信技术以其丰富的技术种类和优越的技术特点，满足了物物互连的应用需求，逐渐成为物联网架构体系的主要支撑技术。同时，物联网的发展也为短距离无线通信技术的发展提供了丰富的应用场景，极大地促进了短距离无线通信技术与行业应用的融合。

2.6.1　Bluetooth

Bluetooth（蓝牙）是一种无线数据与语音通信的开放性全球规范，它以低成本的短距离无线连接为基础，可为固定的或移动的终端设备（如掌上电脑、笔记本电脑和手机等）提供廉价的接入服务。其实质是为固定终端或移动终端之间的通信环境建立通用的近距离无线接口，将通信技术与计算机技术结合起来，使各种设备在没有电线或电缆相互连接的情况下，能在近距离范围内实现相互通信或操作。其传输频段为全球通用的 2.4 GHz ISM 频段，可提供 1 Mbit/s 的传输速率和 10 m 的传输距离。

蓝牙技术诞生于 1994 年，爱立信当时决定开发一种低功耗、低成本的无线接口，以建立手机及附件间的通信，该技术还陆续获得 PC 行业巨头的支持。1998 年 5 月，爱立信联合诺基亚、英特尔、IBM、东芝一起成立了蓝牙 SIG 负责蓝牙技术标准的制定、产品测试，并协调各国蓝牙技术的具体应用。3COM、朗讯、微软和摩托罗拉也很快加盟到 SIG，与 SIG 的 5 个创始公司一同成为 SIG 的 9 个倡导者和发起者。自推出蓝牙规范 1.0 版本后，蓝牙技术的推广与应用得到了迅猛发展。截止目前，SIG 的成员已经超过了 2500 家，几乎覆盖了全球各个行业，包括通信厂商、网络厂商、外设厂商、芯片厂商、软件厂商等，甚至消费类电器厂商和汽车制造商也加入 SIG。

蓝牙协议的标准版本为 IEEE 802.15.1，基于蓝牙规范 V1.1 实现，后者可构建到现行许多蓝牙设备中。新版 IEEE 802.15.1a 基于等同于蓝牙规范 V1.2 标准，具备一定的 QoS 特性，并完整保持后向兼容性。IEEE 802.15.1a 的物理层中采用先进的扩频跳频技术，提供 10 Mbit/s 的数据速率。另外，在 MAC 层中改进了与 802.11 系统的共存性，并提供增强的语音处理能力、更快速的建立连接能力、增强的服务品质，以提高无线蓝牙安全性的匿名模式。

从目前的应用情况来看，由于蓝牙体积小、功率低，其应用已不局限于计算机外设，几乎可以被集成到任何数字设备中，特别是那些对数据传输速率要求不高的移动设备和便携设备。蓝牙技术特点可以归纳为以下几点。

（1）全球范围内适用

蓝牙工作在 2.4 GHz 的 ISM 频段，全球大多数国家 ISM 频段的范围是 2.4 GHz ～ 2.4835 GHz，使用该频段无需向各国的无线电管理部门申请许可证。

（2）可同时传输语音和数据

蓝牙采用电路交换和分组交换技术，支持异步数据信道、三路语音信道，以及异步数据与同步语音同时传输的信道。每个语音信道的数据速率为 64 kbit/s，语音信号编码采用脉冲编码调制（PCM）或连续可变斜率增量调制（CVSD）方法。当采用非对称信道传输数据时，速率最高为 721 kbit/s，反向为 57.6 kbit/s；当采用对称信道传输数据时，速率最高为 342.6 kbit/s。蓝牙有两种链路类型：异步无连接（Asynchronous Connection-Less，ACL）链路和同步面向连接（Synchronous Connection-Oriented，SCO）链路。

（3）可以建立临时性的对等连接（Ad-hoc Connection）

根据蓝牙设备在网络中的角色，可分为主设备（Master）与从设备（Slave）。主设备是组网连接时主动发起连接请求的蓝牙设备，几个蓝牙设备连接组成一个皮网（Piconet，又名微微网）时，其中一个主设备和一个从设备组成点对点的通信连接。通过时分复用技术，一个蓝牙设备可以同时与几个不同的皮网保持同步，具体来说，就是该设备按照一定的时间顺序参与不同皮网的通信，即某一个时刻参与一个皮网的通信，下一时刻参与另外一个皮网的通信。

（4）具有很强的抗干扰能力

工作在 ISM 频段的无线电设备有很多种，如家用微波炉、无线局域网 WLAN 和 HomeRF 等产品。为了很好地抵抗来自这些设备的干扰，蓝牙采用了跳频（Frequency Hopping）方式来扩展频谱（Spread Spectrum），将 2.402 GHz ～ 2.48 GHz 频段分成 79 个频点，相邻频点间隔 1 MHz。蓝牙设备在某个频点发送数据之后，再跳到另外一个频点发送，而频点的排列顺序是伪随机的，每秒频率改变 1600 次，每个频率持续 625 微秒。

（5）蓝牙模块体积很小，便于集成

由于个人移动设备的体积较小，嵌入其内置的蓝牙模块体积就应该更小，如超低功耗射频专业厂商 Nordic semiconductor 的蓝牙 4.0 模块 PTR5518，体积约为 15 mm×15 mm×2 mm。

（6）低功耗

蓝牙设备在通信连接的状态下有 4 种工作模式：激活（Active）模式、呼吸（Sniff）模式、保持（Hold）模式和休眠（Park）模式。Active 模式是正常的工作状态，另外 3 种模式是为了节能所规定的低功耗模式。

（7）开放的接口标准

SIG 为了推广蓝牙技术的应用，全部公开蓝牙的技术标准，这样全世界范围内的任何单位和个人都可以进行蓝牙产品的开发，只要最终通过 SIG 的蓝牙产品兼容性测试就可以推向市场。

（8）成本低

随着市场需求的扩大，各个供应商纷纷推出自己的蓝牙芯片和模块，蓝牙产品价格飞速下降。

蓝牙技术遭遇的最大障碍是价格过于昂贵，其他突出问题表现在芯片大小和价格难以下降、抗干扰能力不强、传输距离太短、信息安全问题等。这就使许多用户不愿意花大价钱购买这种无线设备。因此，业内专家认为蓝牙的市场前景取决于蓝牙的价格和基于蓝牙的应用是否能达到一定的规模。

2.6.2　Wi-Fi

Wi-Fi 技术与蓝牙技术一样，同属于在办公室和家庭中使用的短距离无线技术，使用的是 2.4 GHz 附近的频段。目前，Wi-Fi 可使用的标准有两个，分别是 IEEE 802.11a 和 IEEE 802.11b。该技术由于有着自身的优点，因此受到厂商的青睐。

（1）无线电波的覆盖范围广

基于蓝牙技术的电波覆盖范围非常小，半径大约只有 15 m，而 Wi-Fi 的覆盖半径可达 100 m。

（2）传输速率快

虽然由 Wi-Fi 传输的无线通信质量不是很好，数据安全性比蓝牙差一些，但传输速率非常快（如 IEEE 801.11ac 支持 8 路数据流，数据传输速率甚至可达 867 Mbit/s），符合市场上消费者和信息化的需求。

（3）厂商进入该领域的门坎比较低

厂商只要在机场、车站、咖啡店、图书馆等人员较密集的地方设置"热点"，并通过高速线路将 Internet 接入上述场所。这样"热点"所发射的电波可以达到距接入点半径数十米至 100 米的地方，用户只要将支持 WLAN 的笔记本电脑、IPAD、智能手机拿到该区域内，即可高速接入 Internet。也就是说，厂商不用耗费资金进行网络布线，节省了大量的成本。

Wi-Fi 是以太网的无线扩展，理论上只要用户位于一个接入点四周的一定区域内就能以最高约 11 Mbit/s 的速率接入 Web，但实际上，如果有多个用户同时通过一个"热点"接入，带宽将被多个用户分享，Wi-Fi 的连接速率一般只有几百 kbit/s。虽然 Wi-Fi 信号不受墙体阻隔，但在建筑物内的有效传输距离小于户外的有效传输距离。

Wi-Fi 未来最具潜力的应用将主要在 SoHo、家庭无线网络，以及不便安装电缆的建筑物或场所。Wi-Fi 技术可将 Wi-Fi 与基于 XML 或 Java 的 Web 的服务融合起来，大幅度减少企业的成本。例如，企业选择在每层楼或每个部门配备 802.11b 的接入点，而不是采用电缆线把整幢建筑物连接起来，这样可以节省大量铺设电缆所需花费的资金。

根据国际消费电子产品的发展趋势判断，802.11g 将有可能被大多数无线网络产品制造商选择作为产品标准。当前在各地如火如荼展开的"无线城市"的建设，强调将 Wi-Fi 技术与 3G、LTE 等蜂窝通信技术融合互补，通过 WLAN 有效补充宏网络的数据业务，为电信运营商创造一种新的营利运营模式；同时，也为 Wi-Fi 带来了新的巨大市场增长空间。

2.6.3 IrDA

红外数据协会（Infrared Data Association，IrDA）成立于 1993 年，起初采用 IrDA 标准的无线设备仅能在 1m 范围内以 115.2 kbit/s 的速率传输数据，很快发展到 4 Mbit/s 快速红外线（Fast Infrared，FIR）以及 16 Mbit/s 非常迅速红外线（Very Fast Infrared，VFIR）的速率。

IrDA 是一种利用红外线进行点对点通信的技术，是一个实现无线个域网（Wireless Personal Area Network，WPAN）的技术。目前，它的软 / 硬件技术都很成熟，在小型移动设备如掌上电脑（Personal Digital Assistant，PDA）、手机上广泛应用。事实上，当今每个出厂的 PDA 及许多手机、笔记本电脑、打印机等产品都支持 IrDA。

IrDA 具有以下 4 项优点。

（1）无须专门申请特定频率的使用执照，在当前频率资源匮乏、频道使用费增加的背景下，这一点是非常重要的。

（2）具有移动通信设备所必需的体积小、功率低、连接方便、简单易用的特点，与同类技术相比，耗电量也是最低的。

（3）传输速率在适合于家庭和办公室使用的微微网（Piconet）中是最高的，由于采用点到点的连接，数据传输所受到的干扰较少，速率可达 16 Mbit/s。

（4）红外线发射角度较小（30°以内），传输安全性高。

除了在技术上有自己的特点外，IrDA 的市场优势也是十分明显的。在成本上，红外线 LED 及接收器等组件比一般的 RF 组件便宜。此外，IrDA 接收角度也可从传统的 30°扩展到 120°。这样，在台式计算机上采用功耗低、体积小、移动余度较大的含有 IrDA 接口的键盘、鼠标就有了基本的技术保障。同时，由于 Internet 的迅猛发展和图形文件逐渐增多，

IrDA 的高速率传输优势在扫描仪和数码相机等图形处理设备中更可大显身手。

但是，IrDA 也的确有不尽如人意的地方。第一，IrDA 是一种视距传输技术，也就是说两个具有 IrDA 端口的设备之间如果传输数据，中间就不能有阻挡物，这在两个设备之间是容易实现的，但在多个电子设备间就必须彼此调整位置和角度等，而蓝牙就没有此限制，且不受墙壁的阻隔。第二，IrDA 设备中的核心部件——红外线 LED 不是一种十分耐用的器件，对于不经常使用的扫描仪、数码相机等设备虽然游刃有余，但如果经常用装配的 IrDA 端口手机上网，可能很快就不堪重负了。

总之，对于要求传输速率高、使用次数少、移动范围小、代价比较低的设备，如打印机、扫描仪、数码相机等，IrDA 技术是首选。

2.6.4 ZigBee

ZigBee 主要应用在短距离范围之内并且数据传输速率不高的各种电子设备之间 ZigBee 联盟成立于 2001 年 8 月。2002 年下半年，Invensys、Mitsubishi、摩托罗拉和飞利浦半导体公司四大巨头共同宣布加盟 ZigBee 联盟，研发名为 ZigBee 的下一代无线通信标准。到目前为止，该联盟已有包括芯片、IT、电信和工业控制领域内约 500 多家世界著名企业会员。ZigBee 联盟负责制定网络层、安全层和 API（应用编程接口）层协议。2004 年 12 月 14 日，ZigBee 联盟发布了第一个 ZigBee 技术规范。ZigBee 的物理层和 MAC 层由 IEEE 802.15.4 标准定义，IEEE 802.15.4 定义了两个物理层标准，分别对应于 2.4 GHz 频段和 868/915 MHz 频段。两者均基于直接序列扩频（Dinect Sequence Spread Spectrum，DSSS），物理层数据包格式相同，区别在于工作频率、调制技术、扩频码长度和传输速率等，见表 2-3。

表2-3 IEEE 802.15.4定义的两个物理层标准

工作频段（MHz）	频段（MHz）	数据速率 /kbit/s	调制方式
868/915	868 ～ 868.6	20	BPSK
	902 ～ 928	40	BPSK
2450	2400 ～ 2483.5	50	O-QPSK

ZigBee 可以说是蓝牙的同族兄弟。与蓝牙相比，ZigBee 更简单、速率更慢、功率及费用也更低。它的基本速率是 250 kbit/s，当速率降到 28 kbit/s 时，传输范围可扩大到 134m，并获得更高的可靠性。另外，它可与 254 个节点连网。可以比蓝牙更好地支持游戏、消费电子、仪器和家庭自动化应用。此外，人们期望能在工业监控、传感器网络、家庭监控、安全系统和玩具等领域拓展 ZigBee 的应用。

ZigBee 具有以下 6 个特点。

（1）数据传输速率低，只有 20 kbit/s ～ 250 kbit/s，主要是在低速率传输中应用。

（2）功耗低。在低耗电待机模式下，两节普通 5 号电池可使用 6 个月以上，这就是

ZigBee 的支持者一直引以为豪的独特优势。

（3）成本低。因为 ZigBee 数据传输速率低、协议简单，所以大大降低了成本。

（4）网络容量大。每个 ZigBee 网络最多可支持 255 个设备，也就是说每个 ZigBee 设备可以与另外 254 台设备相连。

（5）有效范围小。有效覆盖范围在 10 ~ 75 m，具体依据实际发射功率的大小和各种不同的应用模式而定，基本上能够覆盖普通的家庭或办公室环境。

（6）工作频段灵活。使用的频段分别为 2.4 GHz、868 MHz（欧洲）及 915 MHz（美国），而且这些频段均是免执照频段。

ZigBee 的目标市场主要有 PC 外设（鼠标、键盘、游戏操控杆）、消费类电子设备（TV、VCR、CD、VCD、DVD 等设备上的遥控装置）、家庭内智能控制（照明、煤气计量控制及报警等）、玩具（电子宠物）、医护（监视器和传感器）、工控（监视器、传感器和自动控制设备）等非常广阔的领域。

2.6.5　RFID

RFID 是一种非接触式的自动识别技术，其基本原理是利用射频信号及其空间耦合（电感或电磁耦合）的传输特性，实现对静止或移动物品的自动识别。射频识别常称为感应式电子芯片或近接卡、感应卡、非接触卡、电子标签、电子条码等。一个简单的 RFID 系统由阅读器（Reader）、应答器（Transponder）和电子标签（Tag）组成，其原理是由阅读器发射特定频率的无线电能量给应答器，用以驱动应答器电路，读取应答器内部的 ID 码。应答器的形式有卡、纽扣、标签等多种类型，电子标签具有免用电池、免接触、不怕脏污，且芯片密码世界唯一，无法复制，具有安全性高、寿命长等特点。所以 RFID 标签可以贴在或安装在不同的物品上，由安装在不同地理位置的阅读器读取存储于标签中的数据，自动识别物品。RFID 的应用非常广泛，目前，典型的应用有动物芯片、汽车芯片防盗器、门禁管制、生产线自动化、物料管理、校园一卡通等。

RFID 技术的主要特点是通过电磁耦合方式来传送识别信息，不受空间限制，可快速地跟踪物体和交换数据。与同期或早期的接触式识别技术相比，RFID 还具有如下特点。

（1）数据的读写功能。只要通过 RFID 阅读器，不需要接触即可直接读取射频卡内的数据信息到数据库存内，且一次可处理多个标签，也可以把处理的数据状态写入电子标签。

（2）电子标签的小型化和多样化。RFID 在读取上并不受尺寸大小与形状的限制，不需要为了读取精确度而配合纸张的固定尺寸和印刷品质。此外，RFID 电子标签更可向小型化发展，便于嵌到不同的物品内，因此可以更加灵活地控制物品的生产和加工，特别是在生产线上的应用。

（3）耐环境性。RFID 最突出的特点是可以非接触读写（读写距离可以从十厘米至几十米），可识别高速运动的物体，抗恶劣环境，且对水、油和药品等物质具有较强的抗污性。

RFID 可以在黑暗或脏污的环境之中读取数据。

（4）可重复使用。由于 RFID 为电子数据，可以反复读写，因此可以回收标签重复使用，提高利用率，降低电子污染。

（5）穿透性。RFID 即使被纸张、木材和塑料等非金属、非透明材质包裹，也可以穿透，但是它不能穿过铁质等金属物体。

（6）数据的记忆容量大。数据容量会随着记忆规格的发展而扩大，未来物品所需携带的数据量会越来越大，对卷标扩充容量的需求也会增加，RFID 将不会受到限制。

（7）系统安全性。将产品数据从中央计算机中转存到标签上将为系统提供安全保障，大大提高系统的安全性。在射频标签中，可以通过校验或循环冗余校验的方法保证数据的存储。

2.6.6　NFC

NFC 是由飞利浦、诺基亚和索尼公司主推的一种类似于 RFID 的短距离无线通信技术标准。与 RFID 不同的是，NFC 采用了双向的识别和连接，工作频率为 13.65 MHz，工作距离在 20 cm 以内。

NFC 最初仅仅是 RFID 和网络技术的合并，但现在已发展成无线连接一种技术，能快速自动地建立无线网络，为蜂窝设备、蓝牙设备、Wi-Fi 设备提供一个"虚拟连接"，使电子设备可以在短距离范围内通信。NFC 的短距离交互大大简化了整个认证识别的过程，使电子设备间互相访问更直接、更安全和更清楚，不用再听到各种电子杂音。

NFC 通过在单一设备上组合所有设备身份识别应用和服务，帮忙解决记忆多个密码的麻烦，同时也保证了数据的安全。有了 NFC，可实现多个设备如数码相机、PDA、机顶盒、电脑、手机等之间的无线互连、彼此交换数据或服务。

此外，NFC 还可以将其他类型无线通信（如 Wi-Fi 和蓝牙）"加速"，实现更快和更远的数据传输，每个电子设备都有自己的专用应用菜单，而 NFC 可以创建快速安全的连接而无须在众多接口的菜单中选择。与蓝牙不同的是，NFC 的作用距离进一步缩短且不像蓝牙那样需要有对应的加密设备。

同样，构建 Wi-Fi 网络需要多台具有无线网卡的计算机、打印机和其他设备，除此之外，还得有一定技术的专业人员才能完成这一工作。而 NFC 被置入接入点之后，只要将其中两个接入点靠近就可以实现交流，比配置 Wi-Fi 的连接容易。

与其他短距离通信技术相比，NFC 具有鲜明的特点，主要体现在以下几个方面。

（1）距离近、能耗低。NFC 是一种能够提供安全、快捷通信的无线连接技术，但由于 NFC 采取了独特的信号衰减技术，其他通信技术的传输范围可达几米，甚至几百米，而 NFC 通信距离不超过 20 cm。由于传输距离近，能耗相对较低。

（2）NFC 更具安全性。NFC 是一种近距离连接的技术，提供各种设备间距较近的通信。与其他连接方式相比，NFC 是一种私密的通信方式，加上其距离近、射频范围小的特点，更加安全。

（3）NFC 与现有非接触智能卡技术兼容。NFC 标准目前已经成为越来越多主要厂商支持的正式标准，很多非接触智能卡都能够与 NFC 技术相兼容。

（4）传输速率较低。NFC 标准规定了 3 种传输速率，最高仅为 424 kbit/s，传输速率相对较低，不适合诸如音频 / 视频流等需要较高带宽的应用。

NFC 具有 3 种应用类型。

（1）设备连接。除了无线局域网，NFC 也可以简化蓝牙连接。例如，笔记本电脑用户如果想在机场上网，他只需要走近一个 Wi-Fi 热点即可实现。

（2）实时预订。例如，海报或展览信息背后贴有特定芯片，利用含 NFC 协议的手机或 PDA 就能取得详细信息，或者立即联机使用信用卡购买票券，而且这些芯片无须独立的能源。

（3）移动商务。飞利浦的 Mifare 技术支持了世界上几个大型交通系统及在银行业为用户提供 VISA 卡等各种服务。索尼的 FeliCa 非接触智能卡技术产品在中国的香港和深圳以及新加坡、日本的市场占有率非常高，主要应用在交通及金融机构。

总而言之，这项新技术正在改写无线网络连接的游戏规则，但 NFC 的目标并非是完全取代蓝牙、Wi-Fi 等其他无线技术，而是在不同的场合、不同的领域起到相互补充的作用。

2.6.7　UWB

UWB 技术是一种无线载波通信技术，它不采用正弦载波，而是利用纳秒级的非正弦波窄脉冲传输数据，因此其所占的频谱范围很宽。UWB 可在非常宽的带宽上传输信号，美国 FCC 对 UWB 的规定为：3.1 GHz ～ 10.6 GHz 频段中占用 500 MHz 以上带宽。由于 UWB 可以利用低功耗、低复杂度的发射 / 接收机实现高速数据传输，在近年来得到了迅速发展。它在非常宽的频谱范围内采用低功率脉冲传送数据而不会对常规窄带无线通信系统造成大的干扰，并可充分利用频谱资源。

UWB 技术具有系统复杂度低、发射信号功率谱密度低、对信道衰落不敏感、低截获能力、定位精度高等优点，尤其适用于室内等密集多径场所的高速无线接入，非常适于建立一个高效的 WLAN 或 WPAN。UWB 主要应用在小范围、高分辨率，能够穿透墙壁、地面和身体的雷达和图像系统中，除此之外，这种技术适用于对速率要求非常高（大于 100 Mbit/s）的 WLAN 或 WPAN。

UWB 最具特色的应用是视频消费娱乐方面的 WPAN。在现有的无线通信方式中，802.11b 和蓝牙的速率太慢，不适合传输视频数据；54 Mbit/s 速率的 802.11a 标准可以处理视频数据，但费用昂贵。而 UWB 可在 10 m 范围内，支持高达 110 Mbit/s 的数据传输速率，不需要压缩数据，可以快速、简单、经济地完成视频数据的处理。具有一定的相容性和高速、低成本、低功耗的优点使 UWB 较适合家庭无线消费市场的需求，如将视频信号从机顶盒无线传送到数字电视等家庭场合。当然，UWB 未来前途还要取决于各种无线方案的技术发展、成本、用户使用习惯和市场成熟度等多方面的因素。

2.6.8 60 GHz

随着高清晰度电视（High Definition Television，HDTV）的广泛应用，如高清机顶盒、蓝光 DVD 播放机、个人手持设备与个人电脑之间的海量数据交互，以及无线显示等应用都对无线高速传输提出了更高的要求。这些远远超过了目前无线通信系统所提供的传输能力，因此，必须研究新的无线通信技术满足这些场景的运用。60 GHz 豪米波技术为这种高速传输提供了有效的手段，与我们熟知的 802.11n（工作在 2.4 GHz 和 5 GHz 频段）和 802.11ac（工作在 5 GHz 频段）技术标准不同的是，802.11ad 是工作在 60 GHz 频段，而选择 60 GHz 频段的好处就是带宽大且无干扰，60 GHz 技术可以轻松达到 7 Gbit/s 的传输速率。此外，60 GHz 技术还在容量、功耗和时延方面有着其他技术标准无法比拟的优势，特别在时延方面，其时延通常仅有 10 μs，堪比有线的时延。

正是因为在速率和时延方面的优势，60 GHz 技术在 4K 时代实现了高速发展；同时随着虚拟现实技术的兴起，60 GHz 技术前景更加被看好，因为它们都需要高带宽和低时延的支持。随着物联网的兴起，其应用场景也变得更加广阔。除了配备平板电视和蓝光播放机外，手机、摄像机、数码相机、上网笔记本电脑和计算机、汽车防撞雷达和卫星通信等方面也将是 60 GHz 无线传输技术的应用平台。无线 UWB、蓝牙等无线连接方案也在考虑使用 60 GHz 无线传输技术作为载体。毫米波无线通信系统的研发可为大容量的无线传输提供一个可行的技术途径，可以极大地缓解目前 60 GHz 以下频段拥挤的问题，成为拓展未来无线通信系统的重要发展方向。

当然，60 GHz 技术也有自己的"软肋"。我们知道，频段越高，穿越物体的能力就越差，工作在 5 GHz 频段的 802.11ac，相比工作在 2.4 GHz 频段的 802.11n 已经可以看出差异，因此工作在 60 GHz 频段的 802.11ad 基本不具备"穿墙"能力。

2.6.9 Z-Wave

Z-Wave 是一种新兴的，基于射频的，低成本、低功耗、高可靠、适于网络的短距离无线通信技术，其工作频段为 868.42 MHz（欧洲）/908.42 MHz（美国），采用 FSK（BFSK/GFSK）调制方式，数据传输速率为 9.6 kbit/s，信号的有效覆盖范围在室内是 30cm，室外可超过 100m，适合于窄带应用场合。随着通信距离的增大，设备的复杂度、功耗及系统成本通常都会增加，而相对于现有的各种无线通信技术，Z-Wave 将是最低功耗和最低成本的技术，有力地推动着低速率 WPAN 的发展。

Z-Wave 用于住宅、照明商业控制，以及状态读取应用，如抄表、照明及家电控制、供热通风与空气调节、接入控制、防盗及火灾检测等。Z-Wave 可将任何独立的设备转换为智能网络设备，实现控制和无线监测。在最初设计 Z-Wave 时，就定位于智能家居无线控制领域。采用小数据格式传输，40 kbit/s 的传输速率足以应付，早期甚至使用 9.6 kbit/s 的速率传输。与同类的其他无线技术相比，拥有相对较低的传输频率、相对较远的传输距离和一定的价格优势。

Z-Wave 最初是由丹麦 Zensys 公司提出的，目前，Z-Wave 联盟已经有 160 多家国际知名公司，基本覆盖全球各个国家和地区。尤其是思科与英特尔的加入，强化了 Z-Wave 在家庭自动化领域的地位。就市场占用率来说，Z-Wave 在欧美的普及率比较高。在 2011 年，美国国际消费电子展（CES）上，wintop 已经推出基于互联网远程控制的产品，如远程控制、远程照明控制等。随着 Z-Wave 联盟的不断扩大，该技术的应用也将不仅仅局限于智能家居方面，在酒店控制系统、工业自动化、农业自动化等多个领域，都有 Z-Wave 无线网络的身影。从 2001 年第一代 Z-Wave 芯片发展到 2016 年已经到了第五代芯片。Z-Wave 在第三代的时候，已定义了 AES128 bit 加密通信，达到了银行的加密级别。到了第五代的芯片，已经用硬件实现了加密功能，也就是说，Z-Wave 设备提供的加密功能是免费的，不需要用户开发，这个将会非常方便。Z-Wave 自组网络中，每个设备都可以和别的设备协调工作，不需要控制器做协调。因此，网络不依赖第三方，故障几率也会相对小一些。

此外，还有其他短距离无线通信技术，如 HomeRF、无线 1394、可见光通信、Ad-hoc（自组织网络）技术等，这里就不一一介绍了。

2.6.10 本小节小结

技术的发展在于用户的需求，上述各种非蜂窝短距离无线通信技术都能满足用户一定的需求，在某个领域有其相关的应用，这些技术是蜂窝物联网的有效补充。

蓝牙主要应用于短距离的电子设备直接的组网或点对点信息传输，如耳机、计算机、手机等。蓝牙节能性好，在数据流量不大的场合完全可以替代有线网络技术。它问世的时间最早，目前已用于手机（如蓝牙耳机）等设备，但是存在兼容性的问题，例如，不少蓝牙耳机与部分电话之间无法正常通信。另外，连接两台蓝牙设备的操作过程比较复杂，妨碍了它的推广和应用。ZigBee 技术受到摩托罗拉、Honeywell、三星、ABB 和松下电气等企业的支持，这种技术的特点是连接设备的操作十分简便，通常只需按一个键，用户无须懂得专门的知识。ZigBee 能耗极低，可用于灯具、火警报警器和暖气系统等。例如，汽车内的灯光系统、扬声器、车载电话只需通过一枚 ZigBee 芯片，就可以由仪表盘全部控制。它的另外一个特点是只要有一两个产品就能使用，而不像其他无线技术需要很多设备组成网络才能使用。一旦 ZigBee 开始应用于消费类电子设备和 PC 外围设备，一个不可避免的问题是它将如何与蓝牙等其他无线通信技术共存。

Wi-Fi 提供一种接入互联网的标准，可以看成是互联网的无线延伸。由于其热点覆盖、低移动性和高速数据传输的特点，Wi-Fi 更适于小型办公场所或家庭网络。Wi-Fi 可以作为高速有线接入技术的补充，逐渐也会成为蜂窝移动通信的补充。现在，OFDM、MIMO、智能天线和软件无线电等都开始应用到无线局域网中以提升 Wi-Fi 的性能，比如 802.11n 采用 MIMO 与 OFDM 相结合，成倍提高数据速率。另外，天线及传输技术的改进使无线局域网的传输距离大大增加，可达到几千米。

UWB 应用在家庭娱乐短距离通信传输，直接传输大数据量的宽带视频数据流。当需要从 USB 传出视频数据或从数码相机向电脑传输数码照片时，这种技术特别合适。但这种技术使用范围只有几米，竞争力相对较弱。作为下一代高速无线数据传输技术的有力候选者，UWB 出现之初曾引起业界的广泛关注，以该技术为基础的 Wireless USB 等接口被认为可以很快普及。不过，由于欧洲、美国和日本对于 UWB 的严格管制，以及 UWB 标准的争端，UWB 的普及之路已变得比较复杂。从 2008 年开始，多家从事 UWB 研究的公司已经相继倒闭或合并，英特尔等大公司也放弃了推进 UWB 的努力。与之相反，60 GHz 无线传输技术的数据传输速率和传输距离都超过 UWB，在业界的支持方面显示出令人乐观的前景。甚至有分析师认为，在不久的将来，UWB 技术将在消费类电子领域销声匿迹，而 60 GHz 将进入快速发展期。

NFC 将 RFID 和互联网技术融合，可满足用户包括移动支付与交易、对等式通信及移动中信息访问在内的多种应用。NFC 技术的出现正是为了解决蓝牙技术存在的操作问题。用户在使用时，只要两台设备相距几厘米以内，NFC 芯片就会完成自动识别和连接，完全不用人为操作。支持这项技术的企业有索尼、诺基亚、飞利浦等。鉴于 WXQ 技术安全性能好，VISA 信用卡公司有意将其应用于无线支付系统。NFC 作为一种新兴技术，它的目标并非完全取代蓝牙、Wi-Fi 等其他无线技术，而是在不同的场合、不同的领域起到相互补充的作用。NFC 作为一种面向消费者的交易机制，比其他通信更可靠且简单的多。NFC 面向近距离交易，适用于交换财务信息或敏感的个人信息等重要数据，但是其他通信方式能够弥补 NFC 通信距离不足的缺点，适用于较长距离的数据通信，比如快捷轻型的 NFC 协议可以用于引导两台设备之间的蓝牙配对过程，促进蓝牙的使用。因此，NFC 与其他通信方式互为补充，共同存在。

表 2-4 给出了蓝牙、超带宽、ZigBee 和 WLAN 4 种主要短距离无线通信技术的比较。总的看来，这些流行的短距离无线通信技术各有千秋，这些技术之间存在着相互竞争，但在某些实际应用领域内它们又相互补充，没有一种技术可以完全满足所有的要求。

表2-4　短距离通信技术类型及特性

项目		蓝牙	超带宽	ZigBee	WLAN
技术特点	速率	1 ～ 24 Mbit/s	100 ～ 480 Mbit/s	20 ～ 250 kbit/s	1 ～ 320 Mbit/s
	成本	中	高	低	高
	耗电	二者相当		最省电	最耗电
	距离	10 ～ 100 m	10 m	10 ～ 100 m	30 ～ 100 m

（续表）

项目	蓝牙	超带宽	ZigBee	WLAN
目标应用	控制、声音、PC 外设、移动应用、多媒体应用	移动和多媒体应用	控制、医疗护理、PC 外设、移动应用	家庭 / 企业 / 公众局域网络多媒体应用、移动应用
优势和机会	1）综合手机策略奏效； 2）优异的语音支持能力； 3）在短距离无线技术中居领先地位； 4）可以与 WLAN 技术并存使用	1）应用面极广； 2）芯片成本降低； 3）有机会取代蓝牙	1）优异的成本结构和省电特性； 2）与其他无线技术的市场区分明显	1）应用面极广； 2）成功进入 PC 市场； 3）使用者认知度高； 4）手持式装置和消费性电子市场应用
弱势与威胁	1）不提厂商设备的互通性问题； 2）竞争者实力雄厚，存在被取代的可能性； 3）缺乏"无法被取代"的技术特性和市场应用	1）两大 UWB 方案标准化失败； 2）与 WLAN 技术有部分市场重叠	1）爱立信正制定 Bluetooth Lite 标准； 2）电子控制技术，如 Lon Works 已十分成熟	1）安全性和 QoS 议题； 2）未来高数据传输率和高穿透性超带宽技术

●● 2.7　本章总结

本章首先概要介绍了非蜂窝短距离物联网的概念与发展，并简单地描述了非蜂窝物联网的系统架构和传感器网络；然后介绍了非蜂窝无线接入技术类型，包括无线个域网、无线局域网、无线城域网及无线广域网；最后简要概述并分析了非蜂窝物联网络和公众移动通信物联网各自的技术特点和应用场景。需要指出的是，上述各种短距离无线通信技术都有其立足的特点，或基于传输速度、距离、耗电量的特殊要求，或着眼于功能的扩充性，或符合某些单一应用的特别要求，或建立竞争技术的差异化等。它们互为补充，共同存在，但是没有一种技术可以完全满足所有的要求。

短距离无线通信技术是物联网体系架构中的重要支撑技术，旨在解决近距离设备的连接问题，可以支持动态组网并灵活实现与上层网络的信息交互功能。该技术的定位满足了物联网终端组网、物联网终端网络与电信网络互连互通的要求，这就是非蜂窝短距离无线通信技术在物联网发展背景下，彰显活力的根本原因。

参考文献

[1] 3rd Generation Partnership Project; Technical Specification Group GSM/EDGE Radio Access Network; Cellular System Support for Ultra Low Complexity and Low Throughput Internet of Things, TR 45.820 V1.4.0, PP348.

[2] 董健. 物联网与短距离无线通信技术 [M]. 北京：电子工业出版社，2016．8：P28-39.

[3] 刘化君，刘传清. 物联网技术 [M]. 北京：电子工业出版社，2015．10：P73.

基于蜂窝网的物联网应用

Chapter 3

第三章

导读

　　由于早期通信网络在物联网架构中的缺位，借助公用蜂窝移动通信网络来传递信息，公众移动通信是一个广域的通信网络，需要中心化的基站和核心网来支持与维护移动终端间的通信，在部署范围、应用领域等诸多方面有所局限，终端之间及终端与后台软件之间都难以协同。随着物联网的发展，需要建立起端到端全业务性物联网，通信网将成为物联网的基础承载。本章首先介绍了早期运营商基于 2G、3G 蜂窝移动通信网络承载物联通信需求的解决方案；然后对比分析了专有物联网和传统蜂窝网络的技术差异；最后引出发展专有物联网的必要性。

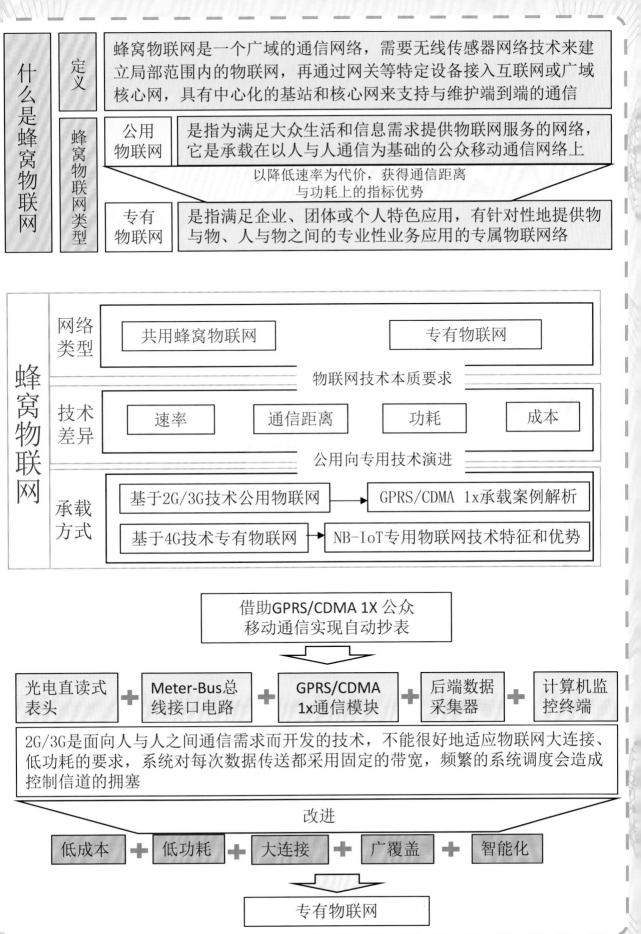

什么是蜂窝物联网

| 定义 | 蜂窝物联网是一个广域的通信网络，需要无线传感器网络技术来建立局部范围内的物联网，再通过网关等特定设备接入互联网或广域核心网，具有中心化的基站和核心网来支持与维护端到端的通信 |

蜂窝物联网类型

| 公用物联网 | 是指为满足大众生活和信息需求提供物联网服务的网络，它是承载在以人与人通信为基础的公众移动通信网络上 |

以降低速率为代价，获得通信距离与功耗上的指标优势

| 专有物联网 | 是指满足企业、团体或个人特色应用，有针对性地提供物与物、人与物之间的专业性业务应用的专属物联网络 |

蜂窝物联网

网络类型
共用蜂窝物联网　　专有物联网

物联网技术本质要求

技术差异
速率　　通信距离　　功耗　　成本

公用向专用技术演进

承载方式
基于2G/3G技术公用物联网 → GPRS/CDMA 1x承载案例解析
基于4G技术专有物联网 → NB-IoT专用物联网技术特征和优势

借助GPRS/CDMA 1X 公众移动通信实现自动抄表

光电直读式表头 ＋ Meter-Bus总线接口电路 ＋ GPRS/CDMA 1x通信模块 ＋ 后端数据采集器 ＋ 计算机监控终端

2G/3G是面向人与人之间通信需求而开发的技术，不能很好地适应物联网大连接、低功耗的要求，系统对每次数据传送都采用固定的带宽，频繁的系统调度会造成控制信道的拥塞

改进

低成本 ＋ 低功耗 ＋ 大连接 ＋ 广覆盖 ＋ 智能化

专有物联网

●●3.1 公用蜂窝物联网和专有物联网的区别

2G、3G、4G蜂窝移动通信网络是一个广域的通信网络，需要基站和核心网来支持与维护移动终端间的通信。在物联网的应用场景中，传感器等物联网设备需要实时交互共享信息，采用对等通信方式，需要具有低功耗的非蜂窝短距离无线通信技术及无线传感器网络技术来建立局部范围内的物联网，再通过网关等特定设备接入互联网或广域核心网，成为名副其实的物联网。

目前，物联网尚处于快速发展期，还谈不上分类，但可以借鉴计算机网络划分专用网和公用网的分类方法，按照接入方式、应用类型等进行简单分类，以便后期的物联网进一步地建设、发展和应用。按照物联网的承载方式不同，可将其分为公用物联网和专用物联网：公用物联网是指为满足大众生活和信息需求提供物联网服务的网络，它承载在公众移动通信网络上；专用物联网是指满足企业、团体或个人特色应用，有针对性地提供专业性业务应用的物联网。专用物联网可以利用公用网络（如计算机互联网）、专网（局域网、企业网络或公用网中的专享资源）等传输数据。

无线通信产品对外展现速率、通信距离和功耗3个重要指标，在没有重大技术突破的情况下，只能根据需要在这3个指标中取舍。专用物联网技术针对目标场景，以降低速率为代价，获得通信距离与功耗上的指标优势。两者的技术特性主要体现在以下几个方面。

（1）**速率**

专有物联网只面向低速率的应用场景。例如，SigFox提供100 bit/s的速率；Augtek最大提供10 kbit/s的速率；NB-IoT最大提供100 kbit/s的速率等。而传统蜂窝物联网面向高速数据需求，暂不论4G的百兆速率，单是2G时代的GPRS就可支持到56 kbit/s，因此在NB-IoT专有物联网未全面部署之前，运营商主要以GPRS、CDMA2000 1x等技术来承载物联网的应用。另外，速率会体现出时延。简单的计算（忽略无线控制等损耗），一个64 Byte的报文，以56 kbit/s速率传输仅需0.009 s，以100 bit/s速率传输需要5.12 s，而在10 bit/s速率下传输需要51.2 s，超低速率不适合用于时延敏感的应用。

（2）**通信距离**

专有蜂窝物联网以降低速率为代价换来低功耗的远距离通信。SigFox宣称覆盖全美国只需要1万台SigFox基站。美国国土面积约为930万平方千米，每台基站覆盖面积约为930平方千米。基站覆盖半径约为20千米。Augtek宣称视距通信距离最远可达90千米。传统蜂窝物联网通常认为距离较近，随着3G、4G的部署，基站覆盖范围越来越小，4G基站只有200～300米，一方面，速率的提升要以缩短通信距离为代价；另一方面，用户移动数据的带宽需求越来越大，即使覆盖距离达到了，但容量不够，也需要加大基站密度。

（3）功耗

Augtek 宣称物联网基站功耗仅为传统蜂窝网基站的 1/300，SigFox 宣称 SigFox 终端通信模块的功耗为 0.1 mW，大大低于传统蜂窝网终端的功耗 500 mW。对应物联网基站，省电即对应着省成本，进而可以取消供电电缆，采用太阳 / 风能等自供电方式，还可以大幅降低部署成本。对于终端模块，省的电费可以忽略不计。在相同的电池条件下，物联网终端可以待机数年，传统蜂窝网终端可能只能待机一个月。传统蜂窝网终端需要大量人力去更换电池，安装太阳能 / 风能等自供电技术，部署供电电缆，都会导致成本增加。在功耗方面，物联网蜂窝网设备占绝对优势，功耗优势最终体现为成本优势。

（4）成本

成本可以从用户成本与运营成本两个角度分析。但从用户角度来看，运营商成本只是中间过程，最终体现为用户成本。用户成本可以分为硬件成本与使用成本，据厂商宣传资料介绍，物联网终端通信模块约为 2 ～ 3 美元，从淘宝网可查询到传统蜂窝网终端 GPRS 模块最低为 28 元人民币，物联网终端价格略占优势。物联网蜂窝网以 SigFox 为例，宣称每个终端每年的服务费能低至 1 美元。数据量限制为每 message（消息）携带 12 字节净载荷，每日限 140 个 message。考虑到封装消耗及 IP 包最小报文为 64 字节，每 message 流量换算到传统蜂窝网数据业务需求按 64 字节计算，一年 365 天总流量为 3.27 MB，单价约为 1.9 元 /MB。

传统蜂窝网以中国移动为例，物联网专号服务费包括通信费、增值服务费和 APN 端口费，无常见的月租费。增值服务费可不选，APN 端口费可以被大量终端均摊，暂不计列这两项。按中国移动公开的报价，最低流量套餐为每月 10 元，数据流量额度为 70 MB，单价为 0.143 元 /MB，单价不到 SigFox 的十分之一。但总价较高，每年最低需要 120 元，约为 SigFox 的 20 倍。物联网蜂窝网流量少，总价低，单价高；传统蜂窝网流量多，总价高，均价低。相当于批发与零售的关系，双方各有所长，用户可按流量需求选择。专有物联网成本构成部分显著小于传统蜂窝网的成本，物联网可以看作是简化了的传统蜂窝网，降低了性能，裁剪了无关特性，获得符合目标场景的性价比。专有物联网与传统蜂窝网网元架构的区别如图 3-1 所示。

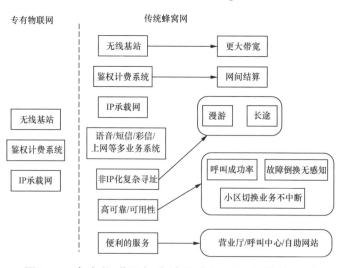

图 3-1　专有物联网与传统蜂窝网网元架构的区别

传统物联网（即现有 2G/3G/4G 网络）虽能基本满足现有的业务需求，但在支持广覆盖、低功耗、低成本、海量连接数等方面与专用物联网存在差距，两者之间的技术指标差异，见表 3-1。

表3-1　传统物联网与专有物联网的技术差异

性能	专有物联网业务要求	传统物联网能力
电池	超低功耗（如终端每天发送一次 200B 报文，5 Wh(额定能量)电池续航 10 年）	终端功耗过高（使用 5 Wh 电池，2G 终端待机大概 2 个月）
连接数	大于 5 万连接 / 每小区	2G/3G 无法满足海量终端连接应用需求
覆盖能力	超强覆盖，相比 GSM 增强 20 dB	典型场景网络覆盖不足，例如，室内的无线抄表、边远地区的环境监控和地下资源监控（4G 规划指标穿透 1 层墙）
超低成本	模组成本低于 5 美元，甚至未来要求低于 2 美元	终端种类多、批量小，开发门槛高，终端模组成本高（2G 约 3 美元，3G 约 18 美元，4G 约 30 美元）
产业链	涉及多学科融合，感知与控制，数据传输，智能处理与应用服务	注重数据传输技术

专有物联网是针对物与物通信特征进行有针对性的技术开发，其实际应用却是针对性极强的对物应用。尽管它涵盖了多个领域与行业，但在应用模式上没有实质性的区别，都是实现优化信息流和物流，提高电子商务效能，是使生产便利、生活方便的一种手段。

●● 3.2　2G/3G 蜂窝系统下的窄带 M2M 技术解决方案

物联网在 2G 时代就已经存在了——利用 GPRS 就可以实现电表、水表等设备的远程监控和数据传输，但 2G、3G、4G 等技术更多的是人类交互通信使用，面向海量连接、低功耗、免维护、低时延、广覆盖等物联网需求，现有传统蜂窝通信技术无能为力，而新兴的 LPWA 通信技术强调"低速率数据传输"和"低功耗"等特点，更加符合物联网的通信需求。

3.2.1　物联网的应用分类

在 2G/3G 时代，物联网的业务主要由传统蜂窝通信系统承载，根据物联网对速率的需求，分为高速率、中速率、低速率物联网：高速率物联网通常指速率大于 1 Mbit/s 的物联网，主要应用场景有车联网、视频监控、远程医疗等，可以采用 4G LTE/LTE-A/LTE-A Pro/LTE-V 和 5G 网络承载；中速率物联网通常指速率大于 200 kbit/s 且小于 1 Mbit/s 的物联网，主要应用场景有可穿戴设备、银行 POS 机、电梯广告推送、车队管理等，可采用 TD-SCDMA/WCDMA/EV-DO 等网络承载；低速率物联网通常指速率小于 200 kbit/s 的物联网，主要应用场景有能源抄表、气象、环保监测、资产标签、智能停车和智能锁等。物联网长距离可采用 GPRS、CDMA 的技术方案，短距离也可采用 Wi-Fi、Bluetooth、ZigBee 等技术。例如，在 2G 时代，合理地将 GSM 的 SMS（短信业务）和 GPRS（通用分组无线业务）用于远程无线水表抄表系统，不但可以有效地实时监控用户用水量，而且成本较低，可靠性高。以无线抄表系统为基础，利用 GSM 短信业务和 GPRS，设计了大多时间采用 GPRS 模式而网络繁忙时采用 SMS 模式的数据传输方案，并通过软件控制自动切换，但这些技术手段都是建立在以人为通信主体的网络体系中，常在线的小包业务必须要保持一个固定带宽的数据承载，使用 2G/3G 技术时，频谱利用率极低，运用部署范围、应用领域等诸多方面有所限制，终端之间及终端与后台软件之间都难以展开协调。

3.2.2 基于 2G/3G 技术解决方案

无线智能抄表业务是物联网中低速物联网运用的典型场景，包含供电、供水、供热、燃气四表合一的远程抄表。无线智能抄表系统是指利用嵌入式系统和无线网络等技术自动读取和处理用户仪表的数据，将用户的水、电、气表等仪表的使用信息传输到管理企业综合处理的系统。它是在有线抄表系统的基础上发展起来的，但由于采用的是无线通信等技术，可以解决有线抄表系统距离受限、组网困难、建设成本和维护成本高、功耗较大等问题。

1. 基于 GPRS 无线网络

在 2G 时代，无线网络的主要选择是 CDMA 和 GPRS，国内商用的无线数据承载网络目前是 GPRS 和 CDMA2000 1x 平台。利用 GSM/GPRS 无线通信网络远程抄表，将用户用水量发送到自来水公司，不但可以解决普通用户水表抄表问题，还可以实时监控用水大户，防止偷水和管道泄漏的发生。目前，无线传输方式主要有利用 GSM 网络和利用 GPRS 网络两种。但是这两种方式都有优缺点，因此，针对不同的使用场合选用不同的网络技术将对系统的性价比产生很大的影响。

整个无线抄表系统包括光电直读式水表表头、Meter-Bus 总线接口电路、GPRS/GSM 模块、微控制器和自来水公司计算机监控终端五大部分，其架构示意如图 3-2 所示。为了降低功耗，本设计中所有的模块不是一直处于工作状态，各个模块在微控制器的指挥下定时工作，即抄表系统的所有模块的工作方式为"长时间休眠，短时间工作"。其中，休眠周期（小时、天、周、月）由管理员用计算机监控终端通过 GPRS 模块发布。微控制器接收 GPRS/GSM 模块收到的指令后，修改抄表周期，同时根据设定的抄表周期通过 Meter-Bus 接口电路控制光电直读水表表头读取当前的水量值，然后再利用 GSM/GPRS 无线网络发给计算机终端，实现定时自动抄表。

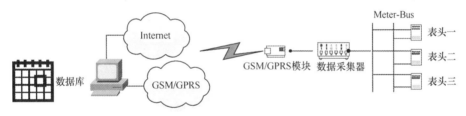

图3-2 2G时代的物联网架构示意

全球移动通信系统（Global System for Mobile Communication，GSM）是第二代无线数字蜂窝移动通信系统的网络标准。它定义了建设该网络及提供服务的各种标准，这些标准由欧洲电信标准化协会（ETSI）掌管。通常使用的频率为 900 MHz、1800 MHz、1900 MHz。GSM 移动通信网具有提供语音业务、传真、短信等通信业务的能力，其中短信功能因覆盖范围广、投入成本低、可靠性高等优点，适合于设计一些无线应用系统和产品，能满足实时性要求不是很高的小数据业务的需要。

通用分组无线服务（General Packet Radio Service，GPRS）是在 GSM 系统基础上发展起来的一种新的承载业务。它突破了 GSM 网络只能提供电路交换的思维方式，通过增加相应的功能实体和对现有的基站系统进行部分改造来实现分组交换。正是因为 GPRS 使用现有的 GSM 无线网络，只是在其基础上增加了一些硬件设备和软件升级，因此，GPRS 的覆盖范围非常广。这种增加硬件设备和软件升级的方法投入相对较小，但得到的用户数据速率却相当可观，可提供 9.05 ～ 171.2 kbit/s 的数据传输速率。由于采用了分组交换技术，所以不需占用专有信道，提高了无线网络的利用率，具有按流量计费、长期在线、传输速度快、入网便捷等优点，同时它支持 TCP/IP，可以实现与 Internet 无缝连接，适应间歇的爆发式数据和偶尔大量数据的传输。

2. 基于 CDMA2000 1x 无线网络

CDMA2000 1x 技术是第三代移动通信系统 IMT-2000 系统的一种模式，它是从 CDMA ONE（IS-95）演进而来的一种第三代移动通信技术。IS-95 标准在 1993 年面世，CDMA2000 的正式标准于 2000 年 3 月通过。标准将 CDMA2000 分为多个阶段来实施，第一阶段称为 CDMA2000 1x。CDMA2000 1x 系统与 GPRS 的主要区别，GPRS 是在 GSM 基础上发展起来的一种分组交换的数据承载和传输方式。CDMA2000 1x 系统在空中接口方面完全向下兼容 IS-95 系统。虽然分组交换比电路交换更适合移动数据业务，但在分组业务下，由于多个移动用户共享一定的无线资源，尽管分组业务可以有较高的峰值业务速率，但用户在数据传送期间内的平均业务速率较低。平均业务速率与峰值业务速率的比值是衡量系统技术的一项重要指标。经过测试，GPRS 的峰值速率为 115.2 kbit/s，CDMA2000 1x 系统峰值速率为 153.6 kbit/s。GPRS 的平均速率可以达到 20 ～ 40 kbit/s，CDMA2000 1x 系统的平均速率为 70 ～ 80 kbit/s。相比较而言，CDMA2000 1x 技术比 GPRS 技术成熟，数据业务的服务质量优于 GPRS。

基于 CDMA2000 1x 的远程自动抄表系统主要包括主站、通信网络、终端设备（带 485 通信接口的分时电表或载波电表）负责计量电量，并响应通信网络设备的通信请求，将采集的数据完整、准确地发送给通信网络设备。通信网络负责利用特定的通信网络将数据及时、完整、准确地发送给主站。主站负责维护整个系统的资产信息，提供权限管理、数据查询等功能，接收并检查数据，审核后将其保存到数据库中，供后期营销系统使用。主站可以包含数据库服务器、通信服务器、Web 应用服务器及客户端，其架构示意如图 3-3 所示。

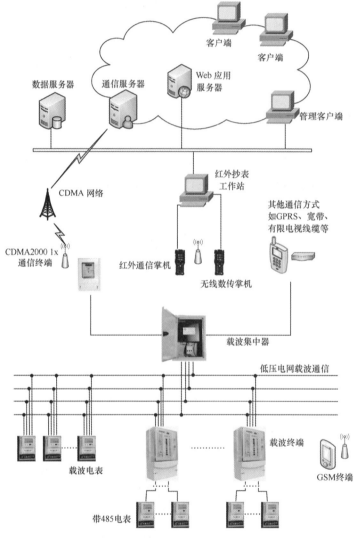

图3-3　2G时期抄表业务典型架构示意

对于比较集中的电表，采用带 485 接口通信接口的分时电表，通过载波采集终端将每个电表的电量数据传给载波集中器。对于安装了载波电表的零散电用户，直接将电量数据传送给载波集中器。载波集中器可以采用多种通信信道和通信服务器通信，如 CDMA、GPRS 等通信方式。同时辅以红外通信，主要是在远程抄表信道发生故障时，提供一个应急通信方式。通信服务器接收到数据后，按照规约解码、审核数据，确定无误后将其存入数据库服务器。数据库服务器中的数据可以提供给营销系统等其他需要使用的信息系统使用。

自动抄表系统的应用软件以 BS 结构形式提供给用户，Web 服务器对用户的需求指令做出响应，提供数据或下发指令。管理客户端可以配置和维护数据库和软件系统，装有浏览器的任意客户端只要能够访问 Web 应用服务器，就可以依据其登录时的用户权限对系统进行操作。如资产管理员可以对电表进行校时，设置时段和费率；而抄表员可以读其分管片区的电表电量并查询电表状态；客户级的登录者只能查阅对外公布的数据。

抄表员通过浏览器将抄表命令发送给 Web 应用服务器，Web 应用服务器将命令字串转发给通信服务器，通信服务器通过 CDMA 公用网络将命令传递到 CDMA2000 1x 通信终端。通信终端和载波集中器之间以串行通信接口相连，载波集中器和载波采集终端或载波电能表以电力载波的方式通信。载波集中器将其通过载波通信方式抄读到电表电量数据，通过 CDMA2000 1x 通信终端发回通信服务器，通信服务器将数据存入数据库服务器。Web 应用服务器中的进程查询数据库服务器中的数据。有返回的电量数据就显示在浏览器上，这样就完成了电表电量的抄读过程。

2G/3G 技术是面向人与人之间的通信，不能很好地适应物联网大连接、低速率的要求，系统对每次数据传送都采用固定的带宽，频繁的系统调度会造成控制信道的拥塞，运用 2G/3G 技术承载物联网，往往需要优化网络的参数，或限制运行时间、部署范围，这极大影响了物联网技术的发展。

●● 3.3 基于 4G 增强型宽带技术解决方案

物联网是今后社会发展的必然趋势。传统的 2G 移动通信技术和现行的 3G 通信技术在面对大带宽、低时延等方面存在不足，无法适应物联网的发展需求。而 4G LTE NB-IoT 技术的出现，很好地解决了物联网对移动通信系统的需求，促进物联网的高速有效开展。

物联网会产生海量的数据信息，对这些信息的处理将成为物联网技术中所需面对的重大挑战之一。传统的计算机处理与服务技术必然会成为制约物联网发展的主要瓶颈之一，为解决该问题，必须发展基于通信网络的云计算技术，应用该技术中强大的数据处理、数据存储、并行处理、数据挖掘等技术为物联网中产生的海量数据信息提供高效支撑。由此可见，当前的物联网发展无论在传感器层面、通信层面、还是信息处理层面均存在诸多限制因素。物联网技术若想得到更好的发展，必须应用先进的信息技术手段解决这些限制因素。在通信层面，4G 技术的成熟及应用使物联网中的海量数据通信成为可能。

最新的 4G LTE NB-IoT 技术，其发展方向是"窄带 5G（Narrow band 5G）"，即工作于较窄 / 很窄物理带宽之上的用于承载物联网业务的第五代移动通信网络或网络切片。而且为了更好地支撑物联网应用，应在以下四大方面进行演进、做出改善：减小设备实现的复杂度；提高内置电池的使用寿命；增强网络覆盖能力；部署更高密度的节点设备。

1. 减小设备实现的复杂度以降低物联网设备的成本

移动物联网的普及、渗透将会给诸多传统 / 垂直行业及应用带来巨大的效益提升。预计将会有很多类型的移动物联网应用具备驱动更高由每个无线连接所产生的收益（Average Revenue Per Connection，ARPC）的潜力，此处的"更高"是相对于如今以智能手机和平板电脑等为消费终端的移动宽带 / 移动互联网业务的每用户收益（Average Revenue Per User，ARPU）值而言。因此，为了能够进行大 / 超大规模的商用部署，大多数的移动物联网应用场景都有着这样的需求：设备的成本要低得多。在仍能满足相关物联网应用需求的前提之下，业界就应该降低 Cat-M1 与 Cat-NB1 移动物联网设备实现的复杂度水平以降低其成本。表 3-2 总结了两种新兴 4G LTE 窄带物联网技术的复杂度差异性。

表3-2　4G技术下的物联网技术差异

	LTE Cat-1 （目前商用）	LTE Cat-M1 （LTE Release 13）	LTE Cat-NB1 （LTE Release 13）
峰值数据率	下行：10 Mbit/s 上行：5 Mbit/s	下行：1 Mbit/s 上行：1 Mbit/s	下行：约 20 kbit/s 上行：约 60 kbit/s
物理带宽	20 MHz	1.4 MHz	200 kHz
发射天线	MIMO	单根天线	单根天线
双工模式	全双工 FDD/TDD	支持半双工 FDD/TDD	半双工 仅支持 FDD
发射功率	23 dBm	20 dBm	20 dBm

（1）峰值数据率方面

Cat-M1 与 Cat-NB1 移动物联网设备都将减小峰值数据率（相对于诸如 Cat-1 等常规的 LTE 设备）。Cat-M1 的上行与下行吞吐均被限制为最高 1 Mbit/s，而 Cat-NB1 的上行与下行峰值数据率均不得超过 10 kbit/s。当降低峰值数据率后，Cat-M1 与 Cat-NB1 移动物联网设备就无须具备较大的计算能力与存储能力。

（2）带宽方面

4G LTE 的载波带宽在 1.4 MHz ～ 20 MHz 内可扩展，含有 6 ～ 100 个资源块。①对于 LTE Cat-M1 移动物联网设备，其载波带宽被限制为 1.4 MHz（构成：1.08 MHz+ 带内的两个用于 6 RBs 的保护带），无须支撑较大的数据率。由于工作带宽减小，就需要相应地增加一个新的控制信道——机器类通信物理下行控制信道（MTC Physical Downlink Control Channel，M-PDCCH），而不能再使用传统的控制信道 PCFICH、PHICH、PDCCH（因为它们不适应窄带机制）。②LTE Cat-NB1 移动物联网设备的载波带宽则被进一步地限制为 1.4 MHz（构成为：1.08 MHz+ 带内的单个用于 RB 的保护带），为此，需要采取能适应窄带工作的 NB-IoT 同步信道、控制信道与数据信道机制。

（3）发射天线方面

为了提高频谱效率，4G LTE 中引入了面向 MIMO 与接收分集的多天线技术。但对于 4G LTE 窄带物联网而言，所需的数据率并不高，但减小实现的复杂度则显得非常重要。因此，Cat-M1 与 Cat-NB1 移动物联网设备中，均只内置单根天线，从而减小了芯片中 RF（射频）前端的实现复杂度。虽然不能进行分集接收降低 RF 性能，但是可以通过其他先进的覆盖增强技术来提高接收端的信号灵敏度。

（4）双工模式方面

由于移动物联网在数据传输方面具备"间歇性"与"延迟/时延非敏感"这两大天然特性，4G LTE 窄带物联网设备就可以通过仅采取半双工通信机制来降低复杂度（在给定的时间段内发送或者接收数据）。其中，LTE Cat-M1 移动物联网设备可支持采取 FDD 及 TDD 的半双工，而 LTE Cat-NB1 移动物联网设备则仅采取 FDD 这种半双工机制。这就使移动物联网设备只需进行简单的射频切换，而不用进行较复杂、成本较大的全双工通信。

（5）发射功率方面

最新的 4G LTE NB-IoT 技术，上行发射功率的最大值被降低至 20 dBm（也就是 100 mW），可以集成 PA（功率放大器），有利于降低设备成本。

（6）与其他方面的简化

在降低最新移动物联网技术的实现复杂度方面，业界还规定，LTE Cat-NB1 移动物联网设备对于语音业务（电路语音或者 VoLTE）、移动性的支持应是受限的，由于不支持移动性，就无须进行频繁的无线链路测量及上报。

2. 提高移动物联网设备的能效，以进一步延长内置电池的使用寿命

很多的移动物联网终端设备均由设备内置的电池供电，同时业界希望充一次电就可以使用尽可能长的时间。由于将被大/超大规模地部署于野外或者环境很危险的地方，因此终端设备的维护就会产生很大的成本，同时安放这些移动设备（如资产跟踪器）的工作量也很大。因此，对于最新的 4G LTE NB-IoT 技术，最值得改善的地方就是"最大化电池的使用寿命"。专有物联网的节能设计如图 3-4 所示。虽然简化设备的实现复杂度可以节能降耗，但是 Cat-M1 与 Cat-NB1 移动物联网设备均可采取这两种全新的节能技术：PSM（低功

耗模式）和 eDRx（扩展型非连续接收）。

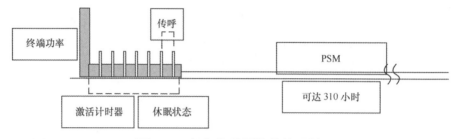

图3-4 专有物联网的节能设计

PSM 是一种新型的低功率模式，可使移动物联网设备的休眠时间更长。如果设备一旦进入 PSM，就将变得不可见。因此，PSM 的最佳应用场景是由移动物联网设备主动发起与 4G/5G 网络的通信。此外，PSM 还可使能更为高效的低功率模式进入 / 退出，移动物联网设备在 PSM 期间仍然可保持在网络中的注册，从而就无须在需要退出 PSM 时以额外的周期来重新建立注册与连接。这些典型的移动物联网应用将可采取 PSM：智能抄表、传感器、周期性地向网络发送传感数据的物联网设备。

eDRx 对于电池使用寿命的优化，是通过把连接模式下的网络数据接收时间扩展至 10.24 s，并将空闲模式下的寻呼监测及追踪区域更新时间扩展至超过 40 min。eDRx 容许网络与移动物联网设备对休眠周期进行同步，虽然这样可减小检查是否有网络消息到来的频次，但是容易增大时延。因此，eDRx 最适合被应用于设备终结型应用（device-terminated applications），适宜的应用场景包括资产跟踪、智能电网等（均可从 eDRx 的更长休眠周期中获益）。

3. 增强网络覆盖能力

如果网络覆盖得到更深度的优化，则很多的移动物联网应用将会从中受益（尤其是部署于那些网络覆盖很困难的地方物联网应用，如智能电表）。研究发现，在很多的移动物联网应用场景之中，如果平衡好上行链路频谱效率及时延，就可在无须提高发射功率的情况下较大程度地增强网络覆盖能力。同时，可延长移动物联网终端电池的使用寿命。可增强移动物联网网络覆盖能力的核心技术具体包括以下几种。

（1）冗余传输

如果以多个连续的子帧（TTI 绑定）来多次发射相同的传送块资源，或者在某段时间内重复地发送相同的数据，这样就可以极大地增强移动物联网终端设备对所接收到的消息进行解码的能力。

（2）PSD（功率谱密度）增强

移动通信基站可通过提高下行发射功率的方式来扩大小区的覆盖范围。同样，移动物联网设备在向网络发送数据时，也可以把所有的发射功率集中在相同的工作频段之上（例如，Cat-M1 的 15 kHz 带宽子载波与 Cat-NB1 的 3.75 kHz 带宽子载波），有效提高发射功率密度。

（3）单载波上行

同样地，Cat-NB1 型移动物联网设备于上行方向可采取单载波调制（每个子载波的物理带宽为 3.75 kHz 或 15 kHz），以进一步增强网络的覆盖能力，与峰值速率做好平衡（最大不能超过 10 kbit/s）。

（4）低阶调制技术

不采用 16 QAM 调制，而是采取 QPSK 这种低阶调制技术，可极大程度地降低 SINR（信号与噪声及干扰之比）阈值，与调制效率做好平衡（每个符号传送更少的数据比特）。

实际测试表明，当采取了上述关键措施之后，Cat-M1 型移动物联网设备的无线链路最大允许损耗可增大至 155.7 dB（比常规 4G LTE 的损耗数据提高了 15 dB），而 Cat-NB1 型移动物联网设备的无线链路最大允许损耗则进一步增大至 164 dB。

4. 优化核心网，提高其对于移动物联网设备的支持效率

近乎"海量"的移动物联网连接数将会给 4G LTE 的核心网能力带来巨大的挑战。而且，移动物联网与移动互联网的最大不同之处在于，前者网络容量并非决定 4G LTE 支撑更多移动物联网设备接入的限制性因素（移动物联网数据流量占整个网络数据流量的比例很小）。但是，由于移动物联网业务的开展，4G LTE 核心网所需要处理的信令数量就增加了很多。大多数的移动物联网终端设备都是非周期性地发送小数据包而非大数据包，因此，4G LTE 核心网就需要面向移动物联网优化信令处理效率、优化资源管理，主要表现在以下 3 个方面。

（1）更高效的信令处理

可以采取一些新的接入控制机制，例如，延长禁止访问（Extended Access Barring，EAB）可在网络发生拥塞时阻止移动物联网终端设备发出网络接入请求消息，避免产生一些不必要的信令。此外，网络也可利用组寻呼及组消息与多个下行设备进行更高效的通信。

（2）增强型资源管理

网络可容许一组具有较大数量的移动物联网设备共享相同的资源，可以合并资源管理以及设备管理。例如，应用在智慧城市的智能水表，可以得到集中配置、控制与计费。

（3）简化型 4G LTE 核心网（EPC-lite）

4G LTE 核心网可以专门面向移动物联网数据进行优化，提高资源的使用效率且可合并使用 MME（移动性管理实体）、S-GW（业务网关）、P-GW（PDN 网关），融合进单个的 EPC-lite（轻便型 4G 分组核心网）之中。通过这样的优化，移动通信运营商就可以在提供移动物联网业务时，降低网络的建设成本与运维成本。

●● 3.4 本章总结

无线通信是利用电磁波信号在自由空间传播的特性进行信息交换的一种通信方式。采用无线通信传输方式取代有线传输方式是区别于传统传感网（有线传感网络）的重要特征，也是无线传感网的优势所在。本章以物联网的典型运用场景（抄表业务）来说明传统 2G/3G 蜂窝物联网如何承载物联网信息，并分析不同制式网络技术的优劣势，提出传统以人与人通信为基础的公众移动通信在承载物与物信息的优势和不足，对比分析了专有物联网的技术特性和运用场景，提出建设专有物联网的必要性。智能物件之间相互通信，在不同的应用和环境下会选择不同的通信与网络技术。无线通信与网络技术仍在迅速发展，未来的发展趋势是各种无线技术互补式发展，各尽所长，向接入多元化、网络一体化、应用综合化的宽带无线网络发展，并逐步实现与宽带固定网络的有机融合。

参考文献

[1] 陈凯，徐菲. 新一代蜂窝物联网热点技术对比解析 [J]. 电信技术，2017（05）.
[2] 李世军，贾兆航. GSM&GPRS 在无线抄表系统中的应用与比较 [J]. 电子设计工程 2011（01）.
[3] 季顺宁. 物联网技术概论 [M]. 北京：机械工业出版社出版，2012. 5：68-69.

CIoT 标准及技术介绍
chapter 4
第四章

导读

　　NB-IoT 和 eMTC(即 LTE-M) 同属 3GPP 标准内的 LPWAN 技术，两者技术均在 Release 13 标准中进行规范。NB-IoT 的网络结构和 LTE 的网络结构相同，但针对 NB-IoT 优化了流程。NB-IoT 只在 180kHz 的带宽上发射，下行有 12 个子载波，子载波间隔是 15kHz ；上行有 12 个或 48 个子载波，子载波间隔分别是 15kHz 和 3.75kHz。NB-IoT 重新定义了物理信道和物理信号，它的突出特点是通过多次重传来增强覆盖。NB-IoT 的下行数据传输进程、上行数据传输进程、随机接入过程和寻呼过程等进行了较大的增强，主要是为适应 NB-IoT 广覆盖、低功耗、长电池寿命的特点。eMTC 是 LTE 协议的裁剪和优化，与 LTE 子帧结构相同，下行 PSS/SSS 及 CRS 与 LTE 一致，取消了 PCFICH、PHICH 信道，兼容 LTE PBCH 但增加重复发送以增强覆盖，MPDCCH 基于 LTE 的 EPDCCH 设计，支持重复发送，PDSCH 采用跨子帧调度；上行 PRACH、PUSCH、PUCCH 与现有 LTE 结构类似，但 PRACH 可配置不同的重复次数，对应 4 个不同的覆盖等级。eMTC 最大调度资源为 6RB(Narrowband 窄带模式下) 用户设备通过支持 1.4MHz 的射频和基带设备，可直接接入现有的 LTE 网络。

	Cat.1	上行峰值速率仅5Mbit/s的终端等级（单流，16QAM），可用于物联网等"低速率"应用	R8
	Cat. 0（MTC）	射频的接收带宽仍为20MHz，但终端的信道带宽降至1.4MHz，不支持MIMO，简化为半双工，峰值速率降低为1Mbit/s，终端复杂度降低为普通LTE终端的40%，初步达到了物联网的成本要求	R12
	Cat M1（eMTC）/ NB-IoT	信道带宽和射频接收带宽均为1.4MHz，终端复杂度进一步降低，同时新增面向远程抄表等更低速率、低成本、长电池寿命等物联网应用的新型终端类型（Cat NB-1），接收带宽仅为200kHz的"窄带物联网（NB-IoT）"标准	R13

NB-IoT

帧结构

NB-IoT的无线帧长是10ms。带宽是200kHz，只在180kHz的带宽（1个RB）上发射。
下行在时域上由10个1ms的子帧组成，每个子帧包含2个0.5ms的时隙，在频域上由12个间隔为15kHz的子载波组成，下行最小的资源分配单位是1个子帧、1个RB。
上行子载波间隔可以是15kHz或3.75kHz，15kHz的帧结构与下行相同，可以为NB-IoT终端分配1、3、6或12个间隔为15kHz的子载波；3.75kHz的无线帧（10ms）由5个长度为2ms的时隙组成，在频域上由48个子载波组成，只能为NB-IoT终端分配1个3.75kHz的子载波。上行最小的资源分配单位是RU

物理信道和信号

类型	信道名称	调制	功能描述
下行物理信道	NPDCCH	QPSK	指示NPDSCH、NPUSCH相关的传输格式、资源分配，可重复多次传输
	NPDSCH	QPSK	用于传输数据块，可重复多次传输
	NPBCH	QPSK	传递NB-IoT接入系统所必需的系统信息，多次重复传输
下行物理信号	NRS	BPSK	下行信道质量测量和信道估计
	NSS	BPSK	用于时间同步，确定小区唯一的Cell ID
上行物理信道	NPUSCH	BPSK、QPSK	用于承载数据和信令，可多次重复传输
	NPRACH	BPSK	用于随机接入，发送随机接入需要的信息，可多次重复传输
上行物理信号	N-DMRS	BPSK	上行信道估计，用于基站的相干检测和解调

eMTC

窄带定义

BL/CE 接收和发送的带宽被称为窄带（NB），是在当前小区带宽中定义的连续6个RB，并且对小区整个带宽的 N B 进行了编号，在PUSCH/PDSCH的调度Grant中，都会指示当前发送/接收使用哪一个Narrowband

过程

- 搜网及系统消息更新过程
- 随机接入过程
- 上下行HARQ流程
- DL/UL SPS流程
- CSI流程

信道

下行

PBCH：兼容LTE系统，周期为40ms，支持 eMTC的小区有字段指示。采用重复发送增强覆盖，每次最多传输重复5次发送

MPDCCH：发送调度信息，基于LTE R11的EPDCCH设计，终端基于DMRS来接收控制信息，支持控制信息预编码和波束赋形等功能

PDSCH：与LTE PDSCH信道基本相同，但增加重复和窄带间跳频，用于提高PDSCH信道覆盖能力和干扰平均化。eMTC终端可在ModeA和ModeB两种模式下工作

PRACH：时频域资源配置沿用LTE，支持format 0，1，2，3。频率占用6个PRB资源，不同重复次数间的发送支持窄带间跳频。不同覆盖等级可以配置不同的PRACH参数

上行

PUCCH：频域资源格式与 LTE 相同，支持跳频和重复发送；不同子帧的 PUCCH 发送 RB 不同

PUSCH：与LTE 一样，但可调度的最大 RB 数限制为 6 个。支持 Mode A 和 Mode B 两种模式。Mode A 支持最多 8 个进程，速率较高，Mode B 覆盖距离更远，最多支持上行 2 个 HARQ 进程

●●4.1 CIoT 标准介绍

LTE 已形成完整的物联网标准序列，可满足覆盖数据率、成本、耗电量从高到低的各种物联网需求。3GPP 一直将物联网作为 LTE 的重要演进方向。

在 LTE 的第一个版本 R8 中，除了有满足宽带多媒体应用的 Cat3、Cat4、Cat5 等终端等级外，也有上行峰值速率仅有 5 Mbit/s 的终端等级 Cat1，可用于物联网等"低速率"应用。在 LTE 发展初期，Cat1 并没有被业界所关注，随着可穿戴设备的逐渐普及，才逐渐被业界重视。由于 Cat1 终端需要使用两根天线，对体积敏感度极高的可穿戴设备来说仍然是"要求过高"，因此在实际商用中一般只配备 1 根天线。

在 R12/R13 中，3GPP 多次针对物联网做进一步优化。首先是在 R12 中增加了新终端等级 Cat0，放弃了对 MIMO 的支持，简化为半双工，峰值速率降低为 1 Mbit/s，终端复杂度降低为普通 LTE 终端的 40%，初步达到了物联网的成本要求。Cat0 终端的信道带宽降至 1.4 MHz，但射频的接收带宽仍为 20 MHz。于是，3GPP 在 R13 中又新增 Cat M1 等级的终端，信道带宽和射频接收带宽均为 1.4 MHz，终端复杂度进一步降低。因此业界普遍认为 Cat0 是个过渡版本，Cat M1 才是真正适用于物联网的终端类型。Cat M1 对应的 LTE 物联网技术也被称为增强型机器类型通信（eMTC）。

3GPP 在 R13 中同时新增面向远程抄表速率更低、成本更低、电池寿命更长等物联网应用的新型终端类型（Cat NB-1）。它的接收带宽是仅为 200 kHz 的"窄带物联网"（NB-IoT）标准。NB-IoT 采用更窄的带宽，上行 3.75 kHz 的单子载波（SingleTone）传输方式，扩展 DRX 周期等特性，进一步降低功耗，提升覆盖率。

3GPP 关于 CIoT 技术的版本信息，见表 4-1。

表4-1　3GPP 关于CIoT技术的版本信息

Category	3GPP Release
Cat1	R8 已发布
Cat0（MTC）	R12 发布
CatM（eMTC）	R13 发布
NB-IoT	R13 与 eMTC 同版本发布

典型的 LTE 物联网终端类型包括 Cat4、Cat1、Cat0、CatM1 和 NB-IoT，这 5 种终端类型可以覆盖数据率、成本、耗电量从高到低的各种物联网需求，形成完整的产品序列，对 ZigBee、Wi-Fi 等现有物联网技术形成有效的竞争。各种 LTE 物联网技术对比情况，见表 4-2。

CAT0 和 CAT M1 的数据有效带宽是相同的（都是 6 个 RB 带宽），在 36.306 协议中定义的一个子帧内上下行最大传输数据量也是相同的。而 CAT0 是按照小区带宽接收的，因此收发过程中不需要接收发送频点的 retuning（重调）。CAT0 是一个过渡协议，是在 CAT M1 没有 release（释放）的时候的过渡标准。

表4-2　各种LTE物联网技术对比

技术指标＼LTE 终端类型	普通 LTE 终端（R8 Cat4）	低等级 LTE 终端（R8 Cat1）	MTC 终端（R12 Cat0）	eMTC 终端（R13 Cat M1）	NB-IoT 终端（R13 Cat NB-1）
下行峰值速率	150 Mbit/s	10 Mbit/s	1 Mbit/s	1 Mbit/s	<250 kbit/s
上行峰值速率	50 Mbit/s	5 Mbit/s	1 Mbit/s	1 Mbit/s	<250 kbit/s:MultiTone 20 ~ 40 kbit/s:SingleTone
天下数量	2	2	1	1	1
双工方式	全双工	全双工	半双工	半双工	半双工
接收带宽	20 MHz	20 MHz	20 MHz	1.4 MHz	200 kHz
发射功率	23 dBm	23 dBm	23 dBm	23/20 dBm	23 dBm
覆盖能力			140.7dB	155.7dB	独立部署可达 164 dB
终端复杂度	100%	80%	40%	20%	<15%

eMTC 是在既有 LTE 技术与架构上进行优化的。采用 LTE 带内部署方式，支持 TDD 和 FDD 两种方式。eMTC 和 LTE 在同一频段内协同工作，由基站统一进行资源分配，共用部分控制信道。因此，运营商可以在已有的 LTE 频段内直接部署 eMTC，无须再分配单独的频谱。

NB-IoT 是针对物联网特性的全新设计，有 LTE 带内、保护带和独立部署 3 种方式，目前只支持 FDD 方式。NB-IoT 更为独立，拥有一套完整的实现方案。NB-IoT 采用 LTE 带内、保护带部署方式时可以和 LTE 共用频谱，采用独立部署方式时，需要单独的频谱资源。3GPP 后续版本中将对 NB-IoT 继续进行功能增强和优化工作，主要内容包括支持定位（E-CID、OTDOA/UTDOA）、支持多播（SC-PTM 模式）、Non-Anchor PRB 增强、移动性、业务连续性、低功率类型 UE 和 TDD 方式。

●●4.2　NB-IoT 技术介绍

4.2.1　NB-IoT 的网络结构

NB-IoT 的网络结构虽然和 4G 网络结构一致，但针对 NB-IoT 优化流程，在结构面上有所增强，NB-IoT 网络的总体结构如图 4-1 所示。

在 NB-IoT 的网络结构中，包括 NB-IoT 终端、E-UTRAN 基站、归属用户签约服务器（HSS）、移动性管理实体（MME）、服务网关（S-GW）和 PDN 网关（P-GW）。计费和策略控制功能（PCRF）在 NB-IoT 架构中不是必需的。为了支持 MTC，NB-IoT 引入了新的网元，包括服务能力开放功能（SCEF）、第三方服务能力服务器（SCS）和第三方应用服务器（AS）。

与 4G 网络相比，在架构上，NB-IoT 网络主要增加了业务能力开放功能（SCEF）以支持控制面优化方案和非 IP 数据传输，相应也引入了新的接口：MME 和 SCEF 之间的 T6 接口、HSS 和 SCEF 之间的 S6t 接口。

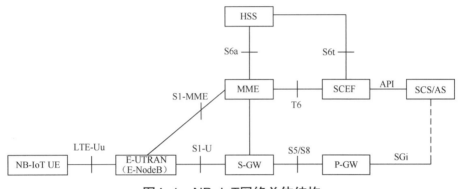

图4-1　NB-IoT网络总体结构

在 NB-IoT 网络中，虽然用户面优化方案没有对 LTE/EPC 协议栈进行修改，但是支持控制面优化方案对协议栈有较大的修改和增强。控制面优化方案包括两种：基于 SGi 接口的控制面优化方案；基于 T6 接口的控制面优化方案。

基于 SGi 接口的控制面优化方案的协议栈如图 4-2 所示。

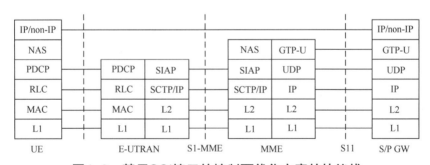

图4-2　基于SGi接口的控制面优化方案的协议栈

从图 4-2 协议栈中可以看出，UE 的 IP 数据 / 非 IP 数据包是封装在 NAS 数据包中的，MME 执行了 NAS 数据包到 GTP-U 数据包的转换。对于上行小数据传输，MME 将 UE 封装在 NAS 数据包中的 IP 数据 / 非 IP 数据包，提取并重新封装在 GTP-U 数据包中，然后发送给 S-GW。对于下行小数据包传输，MME 从 GTP-U 数据包中提取 IP 数据 / 非 IP 数据包，封装在 NAS 数据包中，发送给 UE。

基于 T6 接口的控制面优化方案的协议栈如图 4-3 所示。

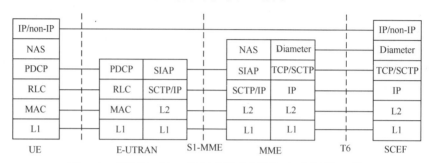

图4-3　基于T6接口的控制面板优化方案的协议栈

从图 4-3 协议栈中可以看出，UE 的 IP 数据 / 非 IP 数据包是封装在 NAS 数据包中的，MME 执行了 NAS 数据包到 Diameter 消息的转换。对于上行小数据传输，MME 将 UE 封装在 NAS 数据包中的 IP 数据 / 非 IP 数据包，提取并重新封装在 Diameter 消息的 AVP 中，然后发送给 SCEF。对于下行小数据包传输，MME 从 Diameter 消息的 AVP 中提取 IP 数据 / 非 IP 数据包，封装在 NAS 数据包中，发送给 UE。

4.2.2　NB-IoT 频谱划分

NB-IoT 的带宽是 200 kHz，更准确的是只在 180 kHz 的带宽上发射，对应着 LTE 网络中的 1 个 RB。NB-IoT 使用的频率在 LTE 的操作频段内，但只是使用了 LTE 的部分 FDD 频段，NB-IoT 的频段定义，见表 4-3。

表4-3　NB-IoT频段定义

频段	上行	下行	模式
1	1920 MHz ～ 1980 MHz	2110 MHz ～ 2170 MHz	FDD
2	1850 MHz ～ 1910 MHz	1930 MHz ～ 1990 MHz	FDD
3	1710 MHz ～ 1785 MHz	1805 MHz ～ 1880 MHz	FDD
5	824 MHz - 849 MHz	869 MHz ～ 894 MHz	FDD
8	880 MHz - 915 MHz	925 MHz ～ 960 MHz	FDD
11	1427.9 MHz ～ 1447.9 MHz	1475.9 MHz ～ 1495.9 MHz	FDD
12	699 MHz ～ 716 MHz	729 MHz ～ 746 MHz	FDD
13	777 MHz ～ 787 MHz	746 MHz ～ 756 MHz	FDD
17	704 MHz ～ 716 MHz	734 MHz ～ 746 MHz	FDD
18	815 MHz ～ 830 MHz	860 MHz ～ 875 MHz	FDD
19	830 MHz ～ 845 MHz	875 MHz ～ 890 MHz	FDD
20	832 MHz ～ 862 MHz	791 MHz ～ 821 MHz	FDD

（续表）

频段	上行	下行	模式
21	1447.9 MHz ～ 1462.9 MHz	1495.9 MHz ～ 1510.9 MHz	FDD
25	1850 MHz ～ 1915 MHz	1930 MHz ～ 1995 MHz	FDD
26	814 MHz ～ 849 MHz	859 MHz ～ 894 MHz	FDD
28	703 MHz ～ 748 MHz	758 MHz ～ 803 MHz	FDD
30	2305 MHz ～ 2315 MHz	2350 MHz ～ 2360 MHz	FDD
31	452.5 MHz ～ 457.5 MHz	462.5 MHz ～ 467.5 MHz	FDD
66	1710 MHz ～ 1780 MHz	2110 MHz ～ 2200 MHz	FDD
70	1695 MHz ～ 1710 MHz	1995 MHz ～ 2020 MHz	FDD

对于 NB-IoT 而言，上、下行载波频率用绝对频点 EARFCN 和相对于 EARFCN 的偏置来表示，EARFCN 的取值范围为 0 ～ 262143，偏置的取值范围为 {-10，-9，-8，-7，-6，-5，-4，-3，-2，-1，0，1，2，3，4，5，6，7，8，9}。下行和上行绝对频点 EARFCN 计算公式分别如下：

$$F_{DL} = F_{DL\_low} + 0.1(N_{DL} - N_{Offs-DL}) + 0.0025 \times (2M_{DL}+1)$$

$$F_{UL} = F_{UL\_low} + 0.1(N_{UL} - N_{Offs-UL}) + 0.0025 \times (2M_{UL})$$

NB-IoT 频段和频点的对应关系，见表 4-4。

表4-4　NB-IoT频段和频点对应关系

NB-IoT	下行			上行		
	F_{DL_low} [MHz]	$N_{Offs-DL}$	N_{DL} 的范围	F_{UL_low} [MHz]	$N_{Offs-UL}$	N_{UL} 的范围
1	2110	0	0 ～ 599	1920	18000	18000 ～ 18599
2	1930	600	600 ～ 1199	1850	18600	18600 ～ 19199
3	1805	1200	1200 ～ 1949	1710	19200	19200 ～ 19949
5	869	2400	2400 ～ 2649	824	20400	20400 ～ 20649
8	925	3450	3450 ～ 3799	880	21450	21450 ～ 21799
11	1475.9	4750	4750 ～ 4949	1427.9	22750	22750 ～ 22949
12	729	5010	5010 ～ 5179	699	23010	23010 ～ 23179
13	746	5180	5180 ～ 5279	777	23180	23180 ～ 23279
17	734	5730	5730 ～ 5849	704	23730	23730 ～ 23849
18	860	5850	5850 ～ 5999	815	23850	23850 ～ 23999
19	875	6000	6000 ～ 6149	830	24000	24000 ～ 24149
20	791	6150	6150 ～ 6449	832	24150	24150 ～ 24449
21	1495.9	6450	6450 ～ 6599	1447.9	24450	24450 ～ 24599
25	1930	8040	8040 ～ 8689	1850	26040	26040 ～ 26689
26	859	8690	8690 ～ 9039	814	26690	26690 ～ 27039
28	758	9210	9210 ～ 9659	703	27210	27210 ～ 27659
30	2350	9770	9770 ～ 9869	2305	27660	27660 ～ 27759

（续表）

NB-IoT	下行			上行		
	F_{DL_low} [MHz]	$N_{Offs-DL}$	N_{DL} 的范围	F_{UL_low} [MHz]	$N_{Offs-UL}$	N_{UL} 的范围
31	462.5	9870	9870 ~ 9919	452.5	27760	27760 ~ 27809
66	2110	66436	66436 ~ 67335	1710	131972	131972 ~ 132671
70	1995	68336	68336 ~ 68585	1695	132972	132972 ~ 133121

NB-IoT 共有 3 种部署模式，分别是独立部署模式、带内部署模式和保护带部署模式，3 种模式的发射带宽，见表 4-5。

表4-5　NB-IoT信道带宽内的发射带宽配置N_{RB}，$N_{tone\ 15\ kHz}$和$N_{tone\ 3.75\ kHz}$

NB-IoT	独立部署模式	带内部署模式	保护带部署模式
信道带宽 [kHz]	200	E-UTRA 信道带宽 >1.4 MHz	E-UTRA 信道带宽 >3 MHz
发射带宽配置 N_{RB}	1	1	1
发射带宽配置 $N_{tone\ 15\ kHz}$	12	12	12
发射带宽配置 $N_{tone\ 3.75\ kHz}$	48	48	48

4.2.3　NB-IoT 无线帧结构

NB-IoT 的下行帧结构为一个长度为 10 ms 的无线帧，1 个无线帧由 10 个长度为 1 ms 的子帧构成，每个子帧由两个长度为 0.5 ms 的时隙构成，每个时隙内含有 7 个 OFDM 符号，时域的基本单位 $T_s=1/(15000\times2048)=32.55$ μs，10 ms 的无线帧共计有 20 个时隙，下行带宽是 1 个 RB，即 180 kHz，子载波间隔是 15 kHz，共有 12 个子载波。下行最小的资源分配单位在时域上是 1 个 ms，在频域上是 1 个 RB。

NB-IoT 的帧结构如图 4-4 所示。

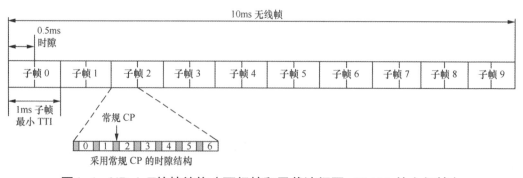

图4-4　NB-IoT的帧结构（下行帧和子载波间隔=15 kHz的上行帧）

NB-IoT 的上行帧结构分为两种，子载波间隔分别是 15 kHz 和 3.75 kHz。子载波间隔 = 15 kHz 的帧结构与 LTE 下行帧结构相同，180 kHz 带宽上共计有 12 个子载波，如图 4-4 所示。

子载波间隔 =3.75 kHz 的帧结构如图 4-5 所示，1 个 10 ms 无线帧由 5 个长度为 2 ms 的时隙组成，180 kHz 带宽上共计有 48 个子载波。

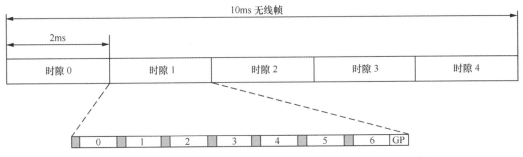

图4-5　NB-IoT帧结构（子载波间隔=3.75 kHz的上行帧）

NB-IoT 的时隙结构与 LTE 类似，每个时隙由一定数量的 OFDM 符号加上相应的循环前缀（CP）组成，OFDM 的符号时间定义为可用符号时间和循环前缀的长度之和。NB-IoT 只有常规 CP，每个时隙内有 7 个 OFDM 符号。

子载波间隔 =15 kHz 的 NB-IoT 的时隙结构如图 4-6 所示，数据部分有 2048 个抽样，OFDM 符号 0 的 CP 长度是 160 个抽样，其他 6 个 OFDM 符号的 CP 长度是 144 个抽样，每个时隙内的第一个 OFDM 符号的 CP 比其余 OFDM 符号的 CP 长，这样做是为了将 0.5 ms 的时隙完全填充。

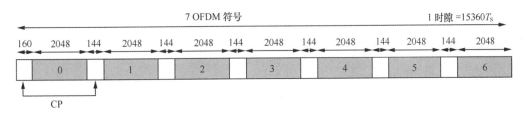

图4-6　NB-IoT的时隙结构（子载波间隔=15 kHz）

子载波间隔 =3.75 kHz 的 NB-IoT 的时隙结构如图 4-7 所示。数据部分有 8192 个抽样，每个 OFDM 符号的 CP 长度是 256 个抽样，最后 2304 的抽样不发射数据，用作保护周期。

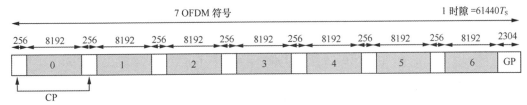

图4-7　NB-IoT的时隙结构（子载波间隔=3.75 kHz）

NB-IoT 在上行引入了资源单元（Resource Unit）这个概念，1 个资源单元在时域上由

$N_{symb}^{UL} N_{slots}^{UL}$ 个连续的 SC-FDMA 符号组成，在频域上由 N_{sc}^{RU} 个连续的子载波组成。N_{sc}^{RU}、N_{slots}^{UL} 和 N_{symb}^{UL} 的组合，见表 4-6。

表4-6　N_{sc}^{RU}、N_{slots}^{UL} 和 N_{symb}^{UL} 的组合

NPUSCH 格式	Δf	N_{sc}^{RU}	N_{slots}^{UL}	N_{symb}^{UL}	RE 数	时长（ms）
1	3.75 kHz	1	16	7	112	32
	15 kHz	1	16		112	8
		3	8		168	4
		6	4		168	2
		12	2		168	1
2	3.75 kHz	1	4		28	8
	15 kHz	1	4		28	2

NPUSCH 格式 1 用于传输上行数据，NPUSCH 格式 2 用于传输上行控制信息。仅支持 $N_{sc}^{RU}=1$ 的模式被称为 SingleTone 模式，另外一种模式被称为 MultiTone 模式，RU 是上行最小的资源分配单位。

4.2.4　NB-IoT 物理信道

NB-IoT 下行由 3 个物理信道和 2 个物理信号组成，3 个物理信道分别是 NPDCCH、NPDSCH 和 NPBCH，2 个物理信号分别是 NRS 和 NSS。

NB-IoT 下行物理信道和物理信号，见表 4-7。

表4-7　NB-IoT 下行物理信道和物理信号

类型	信道名称	调制方式	功能描述
物理信道	NPDCCH	QPSK	窄带物理下行控制信道用于指示 NPDSCH、NPUSCH 相关的传输格式、资源分配等
	NPDSCH	QPSK	窄带物理下行共享信道用于传输数据块
	NPBCH	QPSK	窄带物理广播信道用于传递 NB-IoT 接入系统必需的系统信息，如系统帧号、操作模式，天线数目等
物理信号	NRS	BPSK	窄带参考信号、下行信道质量测量和信道估计用于 NB-IoT 终端的相干检测和解调
	NSS	BPSK	窄带同步信号用于时间同步，确定小区唯一的 Cell ID

NPBCH 信道以 64 个无线帧为周期，经过编码后的符号首先映射在每个帧的子帧 0 上，映射在帧 0 的子帧 0 上的内容在随后的 7 个帧的子帧 0 上重复映射，剩下的符号再映射在帧 8 ～ 15 的子帧 0 上，以此类推。子帧 0 的前面 3 个 OFDM 符号不使用，LTE 的 CRS 信号（天线端口 0 ～ 3）以及 NRS 信号也不使用。NPBCH 信道的结构如图 4-8 所示。NPBCH 信道的作用是传递系统帧号、NB-SIB1 的调度信息、接入限制和操作模式等信息。

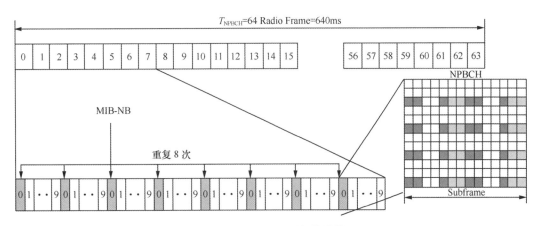

图4-8　NPBCH信道结构

NPDCCH 信道由 1 个或者 2 个 NCCE 组成，每个 NCCE 占用 6 个子载波，NCCE0 占用子载波 0 ～ 5，NCCE1 占用子载波 6 ～ 11。NPDCCH 的搜索空间分为 UE 专用的搜索空间和公共搜索空间。UE 专用搜索空间，占用 1个或 2 个 NCCE，公共搜索空间占用 2 个 NCCE。NPDCCH 结构示意如图 4-9 所示。

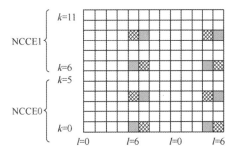

图4-9　NPDCCH结构示意

NPDCCH 与 LTE 的 PDCCH 类似，用于承载下行控制信息 DCI，由于仅支持单端口传输和发射分集方式传输，NB-IoT 系统中 DCI 格式相对于 LTE 系统进行了简化，上行调度授权仅支持一种格式 Format N0，下行调度授权仅支持一种格式 Format N1。另外，对于调度 Paging 消息的下行授权定义了一种新的格式 Format N2，为了简化终端处理流程，减少终端功耗，当没有来自高层的寻呼消息时，可在 Format N2 中直接指示系统消息更新。NB-IoT 支持的 DCI 格式的类型、作用和大小，见表 4-8。

表4-8　NB-IoT支持的类型、作用和大小

DCI 格式	作用	大小（bit）
DCI format N0	调度 NPUSCH 信道	23
DCI format N1	调度 NPDSCH 码字以及由 NPDCCH order 初始化的随机接入过程	23
DCI format N2	调度寻呼信道和直接指示	15

NPDSCH 用于承载 NB-IoT 的下行业务数据，如单播业务数据、寻呼消息、随机接入响应消息以及系统消息等。NPDSCH 资源分配优先级最低，只能占用其他信道 / 信号不用的 RE，即不能占用 NPBCH、NPSS 和 NSSS 子帧，也不能占用 NRS 信号和 LTE 的 CRS（在带内操作模式下）。NB-IoT 的 NPDSCH 与 LTE 的 PDSCH 的主要区别，见表 4-9。

表4-9　NB-IoT的NPDSCH与LTE的PDSCH的主要区别

项目	LTE PDSCH	NB-IoT NPDSCH
调制方式	QPSK、16QAM、64QAM	QPSK
传输模式	有单天线传输、发射分集、SU-MIMO、MU-MIMO、单流波束赋形、双流波束赋形等多达 10 种传输模式	单天线传输和发射分集两种传输模式
PRB 分配方式	可以分配多个 PRB	只能分配 1 个 PRB
与控制信道的时序关系	PDSCH 与 PDCCH 在同一个子帧上传输（SPS 模式除外）	NPDSCH 与 NPDCCH 不在同一个子帧上传输
重复模式	不重复传输，出现差错后重传	重复传输，出现差错后重传
传输块的尺寸	最大为 75376 个比特	最大为 680 个比特

与 LTE 类似，NB-IoT 的同步信号 NSS 由 NPSS 和 NSSS 组成。NPSS 位于每个无线帧的子帧 5，前面 3 个 OFDM 符号预留给 LTE 的 PDCCH 信道，子载波 11 不发射，NPSS 由 $\mu=5$ 的 ZC 序列生成，所有小区的 NPSS 序列都是一样的，用于完成时间和帧同步。NSSS 位于偶数帧的子帧 9，NSSS 序列分成 4 组，每组有 126 个 ZC 序列，共计 504 个序列，对应着 504 个 Cell ID。部署模式为 Inband 时，LTE 的 CRS 参考信号位置不映射 NSS 信号，但是 CRS 位置参与映射过程。

NPSS 和 NSSS 的结构如图 4-10 所示。

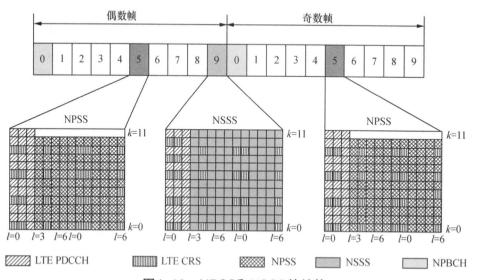

图4-10　NPSS和NSSS的结构

NRS 用于下行信道质量测量和信道估计，NRS 存在于 NPBCH、NPDSCH 和 NPDCCH，NRS 只有单天线端口和两天线端口，没有四天线端口，NRS 参考信号示意如图 4-11 所示。

在 NB-IoT 系统中，终端基于 NRS 信号执行 RSRP/RSRQ 测量，该测量结果主要用于小区选择以及小区重选、上行功率控制等。

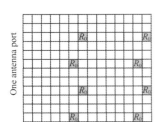

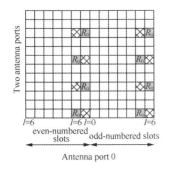

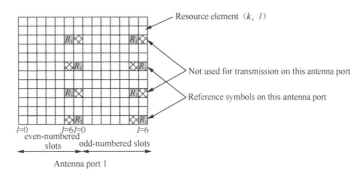

图4-11　NRS参考信号示意

（1）NB-IoT 终端执行上行功率控制，终端根据测量的 RSRP 值推算实际路损，设置上行发射初始功率。

（2）NB-IoT 终端判断所处的覆盖等级，基站侧通过系统消息下发两个 RSRP 门限值，终端根据实际检测的 RSRP 值与网络侧下发的门限值进行比较，进而判断终端所处覆盖等级以及确定 NPRACH 的发送格式。

NB-IoT 上行由 2 个物理信道和 1 个物理信号组成。2 个物理信道分别是 NPUSCH 和 NPRACH。1 个物理信号是 N-DMRS。NB-IoT 上行物理信道和物理信号，见表 4-10。

表4-10　NB-IoT上行物理信道和物理信号

类型	信道名称	调制方式	功能描述
物理信道	NPUSCH	BPSK、QPSK	窄带物理上行共享信道，用于承载数据和信令
	NPRACH	BPSK	窄带物理随机接入信道，用于随机接入，发送随机接入需要的信息
物理信号	N-DMRS	BPSK	窄带解调参考信号，上行信道估计，用于 eNodeB 的相干检测和解调

NPUSCH 有两种格式，分别是 NPUSCH 格式 1 和 NPUSCH 格式 2。NPUSCH 格式 1 用于传输上行数据信息，支持 SingleTone 和 MultiTone 的传输，当子载波间隔为 3.75 kHz 时，只支持 SingleTone 传输；当子载波间隔为 15 kHz 时，支持 SingleTone 和 MultiTone 的传输。SingleTone 传输主要适用于低速率、覆盖增强的场景，可以提供更低实现成本；MultiTone 传输比 SingleTone 传输提供更大速率，也可以支持覆盖增强。

NPUSCH 格式 2 用于传输上行控制信息，NB-IoT 上行控制信息与 LTE 的上行控制信息略有不同。由于 NB-IoT 终端不支持测量报告，因此不用上报 CSI 信息。NB-IoT 使用随机接入就能实现调度请求，因此也不需要额外上报 SR。所以 NB-IoT 上行发送的控制信息只包括 HARQ-ACK 信息。

子载波间隔 =15 kHz 和 3.75 kHz 的 NPUSCH 信道和 N-DMRS 信号分别如图 4-12 和图 4-13 所示。

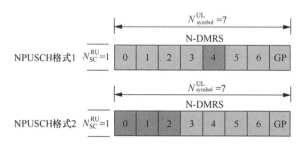

图4-12 子载波间隔=15 kHz的NPUSCH信道和N-DMRS

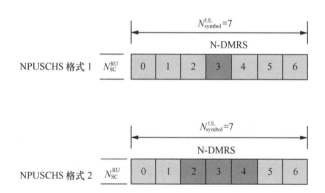

图4-13 子载波间隔=3.75 kHz的NPUSCH信道和N-DMRS

NPRACH 信道由 4 个随机接入符号组构成，每个符号组由 1 个 CP 和 5 个内容一样的符号构成（格式 1 和格式 2 的长度分别是 1.4 ms 和 1.6 ms），随机接入符号组如图 4-14 所示。NPRACH 信道的子载波间隔为 3.75 kHz，在频域上，NPRACH 信道可以分成多组，每组 12 个子载波，UE 每次只能使用单个子载波在一组（12 个）子载波内以符号组为单位跳频传输。

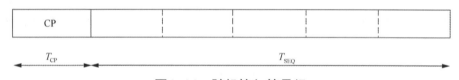

图4-14 随机接入符号组

4.2.5 NB-IoT 物理层过程

NB-IoT 的下行数据传输进程如图 4-15 所示，eNodeB 通过 NPDCCH 信道发送 DCI 格式 N1 的调度消息给 UE，通知 UE 接收下行数据，经过 t_1 时间后，eNodeB 通过 NPDSCH 信道发送下行数据给 UE，UE 接收 NPDSCH 信道并解码下行数据后，经过 t_2 时间，UE 通过格式 2 的 NUPSCH 信道发送 UL A/N 消息给 eNodeB，通知 eNodeB 是否正确接收下行数据，UE 发送 UL A/N 消息后的 t_3 时间内，UE 不监听 NPDCCH 信道，同时下一个 NPDCCH 信道的发送时刻需满足 $\left(10n_{\mathrm{f}}+\lfloor n_{\mathrm{s}}/2\rfloor\right)\bmod T = \alpha_{\mathrm{offset}}\cdot T$，其中，$T = R_{\max}\cdot G$。

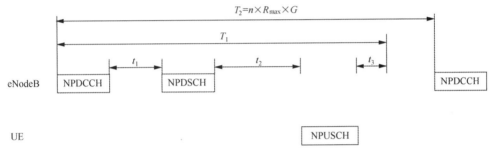

图4-15 NB-IoT下行数据传输进程

NB-IoT 的 1 次下行数据传输进程的持续时间为：

$$T_1 = t_{\mathrm{NPDCCH}} + t_1 + t_{\mathrm{NPDSCH}} + t_2 + t_{\mathrm{NPUSCH2}} + t_3$$

公式（1）

其中，公式（1）中各个参数的定义如下。

t_{NPDCCH}：NPDCCH 的传输时间，NPDCCH 最多使用 $R_{\max}$ 个下行子帧，$R_{\max}$ 共有 12 个取值，取值为集合 {1，2，4，8，16，32，64，128，256，512，1024，2048} 中之一。

t_1：NPDCCH 结束传输到 NPDSCH 开始传输的间隔时间，固定为 4 个下行子帧，即 4 ms。

t_{NPDSCH}：NPDSCH 的传输时间，占用 $N_{\mathrm{SF}}\times N_{\mathrm{Rep}}$ 个下行子帧，其中，N_{SF} 为 1 个 NPDSCH（对应 1 个下行传输块）占用的下行子帧数，取值为 1，2，3，4，5，6，8，10。N_{SF} 由传输的数据块大小和调制方式共同决定，该值越大，信道编码速率越低，编码增益就越大。N_{Rep} 为 NPDSCH 的重复次数，共有 16 个取值，取值为集合 {1，2，4，8，16，32，64，128，192，256，384，512，768，1024，1536，2048} 中之一。

t_2：NPDSCH 传输结束到 NPUSCH 传输开始的间隔时间，上行子载波带宽为 15 kHz 时，占用 12、14、16 或 17 个下行子帧；上行子载波带宽为 3.75 kHz 时，占用 12 或 20 个下行子帧。

t_{NPUSCH2}：格式 2 的 NPUSCH 的传输时间，占用 $N_{\mathrm{Rep}}^{\mathrm{AN}}N_{\mathrm{slots}}^{\mathrm{UL}}$ 个上行时隙，$N_{\mathrm{Rep}}^{\mathrm{AN}}$ 为 NPUSCH 的重复次数，取值为 1，2，4，8，16，32，64，128。$N_{\mathrm{slots}}^{\mathrm{UL}}$ 为上行资源单元（Resource Unit，RU）占用的时隙数，取值为 4。上行子载波带宽为 15 kHz 时，上行时隙长为 0.5ms，

$N_{\text{slots}}^{\text{UL}}$ 个时隙的持续时间为 2ms。上行子载波带宽为 3.75 kHz 时，上行时隙长为 2ms，$N_{\text{slots}}^{\text{UL}}$ 个时隙的持续时间为 8ms。

t_3：UE 发送 NPUSCH 后不监听 NPDCCH 的间隔时间，占用 3 个下行子帧，即 3ms。

$T = R_{\max} \times G$，$R_{\max}$ 的取值见前文，G 的取值为 1.5，2，4，8，16，32，64，单位为 ms。

上述参数中的 $R_{\max}$、N_{Rep}、$N_{\text{Rep}}^{\text{AN}}$ 分别对应 NPDCCH、NPDSCH、格式 2 的 NPUSCH 的重复次数。这些参数的重复次数越多，信道增益越大，覆盖能力越强。

NB-IoT 的上行数据传输进程如图 4-16 所示，eNodeB 通过 NPDCCH 信道发送 DCI 格式 N0 的调度消息给 UE，通知 UE 发送上行数据，经过 t_4 时间后，UE 通过格式 1 的 NPUSCH 信道发送上行数据给 eNodeB，UE 发送 NPUSCH 数据后的 t_5 时间内，不监听 NPDCCH 信道，eNodeB 接收 NPUSCH 信道并解码出上行数据后，在满足 $\left(10n_{\text{f}} + \lfloor n_{\text{s}}/2 \rfloor\right) \bmod T = \alpha_{\text{offset}} \cdot T$ 的时刻，通过 NPDCCH 信道里面的新数据指示信息，通知 UE 发送新的上行数据或重传上行数据。

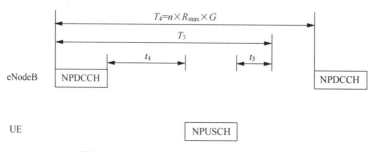

图 4-16　NB-IoT 上行数据传输进程

NB-IoT 的 1 次上行数据传输进程的持续时间为：

$$T_3 = t_{\text{NPDCCH}} + t_4 + t_{\text{NPUSCH1}} + t_5$$

公式（2）

其中，公式（2）中各个参数的含义如下。

t_{NPDCCH}：NPDCCH 的传输时间。

t_4：NPDCCH 结束传输到 NPUSCH 开始传输的间隔时间，占用 8、16、32 或 64 个下行子帧。

$t_{\text{NPUSCH1}} = N_{\text{Rep}} N_{\text{RU}} N_{\text{slots}}^{\text{UL}}$：格式 1 的 NPUSCH 的传输时间，其中，$N_{\text{Rep}}$ 为 NPUSCH 的重复次数，取值为 1，2，4，8，16，32，64，128。N_{RU} 为 NPUSCH（对应 1 个上行传输块）占用的 RU 数，取值为 1，2，3，4，5，6，8，10。$N_{\text{slots}}^{\text{UL}}$ 为上行 RU 占用的时隙数，上行子载波间隔为 15 kHz 时，上行时隙长为 0.5ms，分配给 UE 的上行子载波数为 1、3、6、12 时，$N_{\text{slots}}^{\text{UL}}$ 取值分别为 16、8、4、2，$N_{\text{slots}}^{\text{UL}}$ 个时隙的持续时间分别为 8 ms、4 ms、2 ms、1 ms；上行子载波间隔为 3.75 kHz 时，上行时隙长为 2 ms，$N_{\text{slots}}^{\text{UL}}$ 取值为 16，$N_{\text{slots}}^{\text{UL}}$ 个时隙的持续时间为 32 ms。

t_5：UE 发送 NPUSCH 后不监听 NPDCCH 的间隔时间，固定为 3 个下行子帧，即 3ms。

NB-IoT 的随机接入过程用于以下 3 个场景：场景一，完成 PRB 的锚定；场景二，RRC 重建立过程；场景三，建立 RRC 连接过程。NB-IoT 的随机接入过程如图 4-17 所示。

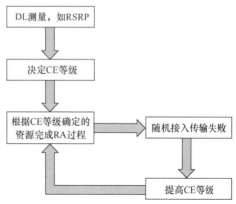

（1）针对每个 CE 等级，提供一组 NPRACH 资源（如时间、频率、随机接入序列、重复次数等），该参数通过 SI 提供。

（2）UE 根据 CE 等级提供的标准和下行测量指标（如 RSRP）来选择 NPRACH 资源。

（3）对于某个 CE 等级，如果 UE 通过基于竞争的随机接入没有成功接入小区，则 UE 在相同的 CE 等级上继续随机接入，如果达到最大尝试次数后还没有接收到随机接入响应消息，则 MAC 层指示 UE 在更高 CE 等级上重新尝试。

图4-17　NB-IoT的随机接入过程

（4）如果 CE 等级达到最大后，仍然没有收到随机接入响应消息，则本次随机接入过程失败。

系统消息中与 NPRACH CE 等级的配置信息，主要包括以下 3 个方面。

（1）NPRACH 重复次数，NPRACH 有 8 种可选的重复次数配置，分别是 1，2，4，8，16，32，64，128。

（2）NPRACH 时域资源，NPRACH 时域资源采用周期配置，有 8 种可选的周期配置，分别为 40，80，160，240，320，640，1280，2560，单位为 ms。

（3）NPRACH 频域资源，通过高层配置的子载波"NPRACH-Num Subcarriers"和子载波偏置量"NPRACH-Subcarrier Offset"确定为 NPRACH 配置的子载波索引，见表 4-11。

表4-11　NPRACH配置的子载波索引表

NPRACH 配置的子载波索引		子载波偏置量						
		0	12	24	36	2	18	34
子载波个数	12	0～11	12～23	24～35	36～47	2～13	18～29	34～45
	24	0～23	12～35	24～47	无效	2～25	18～41	无效
	36	0～35	12～47	无效	无效	2～37	无效	无效
	48	0～47	无效	无效	无效	无效	无效	无效

NB-IoT 的寻呼过程如图 4-18 所示，与 LTE 相比，NB-IoT 新增了 eDRX（extended DRX）寻呼。对于 eDRX 的寻呼，重要的寻呼参数有两个：一个是通过 eDRX 周期长度（T_{eDRX}）来计算 PH（Paging Hyperframes），寻呼起始以一个超帧（Hyperframe=10.24 s）作为基本单位，最大的 T_{eDRX}=10.24×1024=10485.76seconds=2.91 hours；另一个参数是 PTW（Paging Time Window）。MME 将这两个寻呼参数通过 S1 的 Paging 消息下发 eNodeB 辅助

进行寻呼，同时也会通过 Attach/TAU accept（附着 /TAU 接收）消息将这两个参数通知 UE。这两个参数都是与 UE 相关的。PTW 的起始位置就在寻呼超帧（PH）之内，而 PTW 长度也可通过高层消息获知，这样 UE 就可以按照 DRX 的 PO 位置计算 PTW 窗内每个 SFN 的 PO 寻呼位置。为了确保 UE 能够在正确的 PO 收到寻呼，MME 需要在下发 Paging Request 时预留一点点提前量。

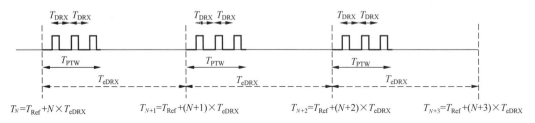

图4-18　NB-IoT的寻呼过程

4.2.6　NB-IoT 增强技术

为了满足更多的应用场景和市场需求，3GPP 在 Rel-14 中对 NB-IoT 进行了一系列增强技术并于 2017 年 6 月完成了核心规范。增强技术增加了定位和多播功能，提供更高的数据速率，在非锚点载波上进行寻呼和随机接入，增强连接态的移动性，支持更低 UE 功率等级。具体的功能描述如下所述。

1. 定位功能

定位服务是物联网诸多业务的基础需求，基于位置信息可以衍生出很多增值服务。NB-IoT 增强技术引入了 OTDOA 和 E-CID 定位技术。终端可以向网络上报其支持的定位技术，包括基于 OTDOA、A-GNSS、E-CID、WLAN 和蓝牙等的定位技术，网络侧可以根据终端的能力和当下的无线环境选择合适的定位技术。

2. 多播功能

为了更有效地支持消息群发、软件升级等功能，NB-IoT 增强技术引入了多播技术。多播技术基于 LTE 的 SC-PTM，终端通过 SC-MTCH 接收群发的业务数据。

3. 数据速率提升

Rel-14 中引入了新的能力等级 UE Category NB2，Cat NB2 UE 支持的最大传输块（Transport Block，TB）上下行都提高到 2536 比特，一个非锚点载波的上下行峰值速率可提高到 140/125 kbit/s。

4. 非锚点载波增强

为了获得更好的负载均衡，Rel-14 中增加了在非锚点载波上进行寻呼和随机接入的功能。这样网络可以更好地支持大连接，减少随机接入冲突的概率。

5. 移动性增强

Rel-14 中 NB-IoT 控制面 CIoT EPS 优化方案引入了 RRC 连接重建和 S1 eNB Relocation Indication 流程。RRC 连接重建时，原基站可以通过 S1 eNB Relocation Indication 流程把没有下发的 NAS 数据还给 MME，MME 再通过新基站下发给 UE。用户面 CIoT EPS 优化方案在无线链路失败时，使用 LTE 原有切换流程中的数据前转功能。

6. 更低 UE 功率等级

Rel-14 在原有 23/20 dBm 功率等级的基础上，引入了 14 dBm 的 UE 功率等级。这样可以满足一些不需要极端覆盖条件，但是需要小容量电池的应用场景。

Rel-15 在 2017 年 3 月立项，对功耗时延进一步增强。Rel-15 的特性是主要设计了新的机制，在保持低功耗的同时，网络能够主动叫醒设备。例如，在燃气管燃气泄漏的场景下，网络后台通过传感器监测到燃气泄漏，需要通过网络自动关掉燃气管道中的阀门，如果说物联网终端设备一直在休眠就无法实现。Rel-15 通过对功耗、时间进一步优化，实现主动叫醒终端完成特定动作。另外，还有一些性能的增强，例如，通信增强，即网络同步，测量等方面的优化，TDD 等。

Rel-15 中对 NB-IoT 基站定位将会支持 UTDOA 方式、支持 TDD、移动性进一步增强、支持 QoS，明确 NB-IoT 将不会支持 200 kHz 以上的带宽。对于 eMTC 基站定位将会支持 UTDOA 方式、更多的连接数量、64QAM，同样，eMTC 将不会支持 1.4 MHz 以下的带宽。

Rel-16 版本将在 2019 年年底完成，其中，关于蜂窝物联网增加关键研究点：5G 网络增强支持蜂窝物联网（Cellular IoT Support and Evolution for the 5G System，CIoT_5G），将进一步提升蜂窝物联网的功能和性能，更好地连接万物，赋能万物。

●● 4.3 eMTC 技术介绍

eMTC 基于蜂窝网络进行部署，其用户设备通过支持 1.4 MHz 的射频和基带带宽，可以直接接入现有的 LTE 网络。

4.3.1 eMTC 窄带（NB）定义

eMTC 是 LTE 的演进功能，频域结构及帧结构与 LTE 保持一致，在 TDD 及 FDD LTE

1.4 MHz ～ 20 MHz 系统带宽上都有定义，但无论在哪种带宽下工作，eMTC 的最大调度为 6RB，3GPP 定义将 LTE 系统宽带划分为一系列 6 个 RB 的窄带（NB）。

　　BL/CE 接收和发送的带宽被称为窄带（Narrowband），是在当前小区带宽中定义的连续 6 个 RB，并且对小区整个带宽的 NB 进行了编号，在 PUSCH/PDSCH 的调度 Grant 中，都会指示当前发送 / 接收使用哪一个 Narrowband。系统带宽下的 NB 数如下。

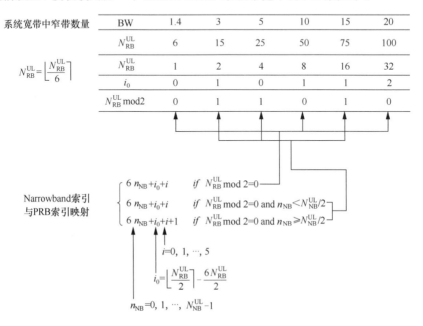

系统宽带中窄带数量	BW	1.4	3	5	10	15	20
	N_{RB}^{UL}	6	15	25	50	75	100
$N_{RB}^{UL}=\left\lfloor\dfrac{N_{RB}^{UL}}{6}\right\rfloor$	N_{RB}^{UL}	1	2	4	8	16	32
	i_0	0	1	0	1	1	2
	$N_{RB}^{UL}\bmod 2$	0	1	1	0	1	0

Narrowband索引 与PRB索引映射
$$\begin{cases} 6\,n_{NB}+i_0+i & if\ N_{RB}^{UL}\bmod 2=0 \\ 6\,n_{NB}+i_0+i & if\ N_{RB}^{UL}\bmod 2=0\ and\ n_{NB}<N_{NB}^{UL}/2 \\ 6\,n_{NB}+i_0+i+1 & if\ N_{RB}^{UL}\bmod 2=0\ and\ n_{NB}\geq N_{NB}^{UL}/2 \end{cases}$$

$i=0,\ 1,\ \cdots,\ 5$

$i_0=\left\lfloor\dfrac{N_{RB}^{UL}}{2}\right\rfloor-\dfrac{6N_{RB}^{UL}}{2}$

$n_{NB}=0,\ 1,\ \cdots,\ N_{NB}^{UL}-1$

　　基于以上映射原理，eMTC 窄带划分方式如图 4-19 所示。

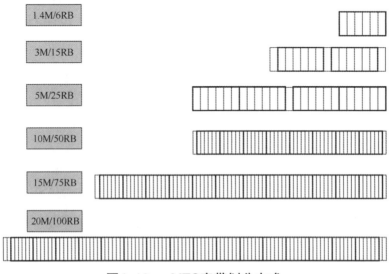

图4-19　eMTC窄带划分方式

4.3.2 eMTC 物理信道

eMTC 的子帧结构与 LTE 相同，与 LTE 相比，eMTC 下行 PSS/SSS 及 CRS 与 LTE 一致，同时取消了 PCFICH、PHICH 信道，兼容 LTE PBCH，增加重复发送以增强覆盖。MPDCCH 基于 LTE 的 EPDCCH 设计，支持重复发送，PDSCH 采用跨子帧调度。上行 PRACH、PUSCH、PUCCH 与现有 LTE 结构类似。

eMTC 最多可定义 4 个覆盖等级，每个覆盖等级 PRACH 可配置不同的重复次数。eMTC 根据重复次数的不同，分为 Mode A 及 Mode B，Mode A 无重复或重复次数较少，Mode B 重复次数较多。

1. PBCH 信道

eMTC PBCH 完全兼容 LTE 系统，周期为 40 ms，支持 eMTC 的小区有字段指示。采用重复发送增强覆盖，每次最多传输重复 5 次发送。

eMTC PBCH 发送方式如图 4-20 所示。

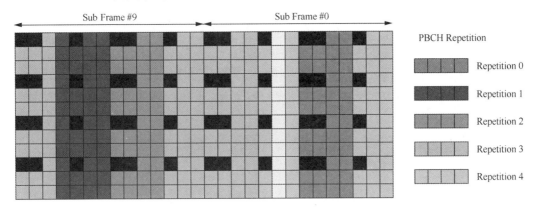

图4-20　eMTC PBCH发送方式

当 LTE 系统带宽为 1.4 MHz 时，PBCH 不支持重复发送，即无覆盖增强功能。

2. MPDCCH 信道

MTC 物理下行控制信道（MTC Physical Downlink Control Channel，MPDCCH）用于发送调度信息，基于 LTE R11 的 EPDCCH 设计，终端基于 DMRS 来接收控制信息，支持控制信息预编码和波束赋形等功能。MPDCCH 固定使用 QPSK 调制，其资源格式如图 4-21 所示。

（1）资源映射

一个 EPDCCH 传输一个或多个增强控制信道资源（Enhanced Control Channel Element，ECCE），每个 ECCE 由多个增强资源单元组（Enhanced Resource Element Group，EREGG）组成。MPDCCH 的链路自适应（即使用不同码率）是通过调整一个 MPDCCH 使用的

ECCE 数（即聚合等级）来实现的，聚合等级为 {1，2，4，8，16，32}。

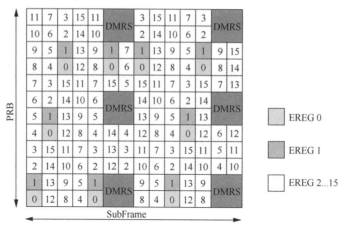

图4-21　eMTC MPDCCH资源格式

（2）重复次数

每个 MPDCCH 需要传输 N_{rep}^{MPDCCH} 次，重复数由高层参数 mpdcch-NumRepetition- r13 和 MPDCCH 携带的 DCI 信息中的 DCI Subframe repetition number 共同决定。在 repetition 传输中，根据高层配置，可以 enable freq hopping。

MPDCCH 的 Scrambling 中使用了 N_{acc} 参数，这个在 N_{acc} 个连续子帧内，使用相同的扰码，即 UE 可以在 Demod 前进行合并来提高性能。这个 N_{acc} 根据 CE ModeA/B 和 FDD/TDD 有不同的取值。

MPDCCH 重复传输的起始子帧不是任意位置的，是根据高层配置参数计算出来的。

MPDCCH 最大重复次数 R_{max} 可配，取值范围为 1，2，4，8，16，32，64，128，256。

3. PDSCH 信道

eMTC PDSCH 与 LTE PDSCH 信道基本相同，但增加了重复和窄带间跳频，用于提高 PDSCH 信道覆盖能力和干扰平均化。eMTC 终端可在 ModeA 和 ModeB 两种模式下工作。

PDSCH 需要重传 $N_{rep}^{PDSCH} \geqslant 1$ 个有效 BL/CE 子帧。根据 DCI format 6-1A/6-1B 里面的 Repetition Number 以及 pdsch-max Num Repetition CE ModeA/B 共同决定 PDSCH 的重传子帧数。

Paging/Direct indication 的重传是根据 DCI format 6-2 里面的 Repetition Number 以及 pdsch-max Num Repetition CE ModeB 决定。

在 Mode A 模式下，上行和下行 HARQ 进程数最大为 8，在该模式下，PDSCH 重复次数为 {1，4，16，32}。

在 Mode B 模式下，上行和下行 HARQ 进程数最大为 2，在该模式下，PDSCH 重复次数为 {4，16，64，128，256，512，1024，2048 }。

4. PRACH 信道

eMTC 的 PRACH 的时频域资源配置沿用 LTE 的设计，支持 format 0，1，2，3。频率占用 6 个 PRB 资源，不同重复次数之间的发送支持窄带间跳频。针对覆盖等级 0，1，2，3，系统配置了 4 套 RA 参数，每个覆盖等级可以配置不同的 PRACH 参数。UE 根据当前测量到的 RSRP 和相关门限决定当前的覆盖等级，并选择相应的 RA 参数。

PRACH 信道通过重复获得覆盖增强，重复次数可以是 {1，2，4，8，16，32，64，128，256}。

（1）PRACH 发送频率资源

PRACH 固定占用连续的 6 个 RB 发送。

对于 FDD，第一个发送 PRACH 的 PRB 是 $n_{PRB}^{RA} = n_{PRB\,offset}^{RA}$。其中，$n_{PRB\,offset}^{RA}$ 的计算如下。

如果 PRACH frequency Hopping is disabled（prach-Hopping Config）

$$n_{PRB\,offset}^{RA} = \bar{n}_{PRB\,offset}^{RA};$$

如果 PRACH frequency Hopping is enabled，并且 PRACH Configuration index 对应的 PRACH 发送资源可以在任何无线帧（如 PRACH Configuration Index 3 ~ 14），则：

$$n_{PRB\,offset}^{RA} = \begin{cases} \bar{n}_{PRB\,offset}^{RA} & \text{if } n_f \bmod 2 = 0 \\ \left(\bar{n}_{PRB\,offset}^{RA} + f_{PRB,hop}^{PRACH}\right) \bmod N_{RB}^{UL} & \text{if } n_f \bmod 2 = 1 \end{cases}$$

否则（如 PRACH Configuration Index 0，1，2）：

$$n_{PRB\,offset}^{RA} = \begin{cases} \bar{n}_{PRB\,offset}^{RA} & \text{if } \left\lfloor \dfrac{n_f \bmod 4}{2} \right\rfloor = 0 \\ \left(\bar{n}_{PRB\,offset}^{RA} + f_{PRB,hop}^{PRACH}\right) \bmod N_{RB}^{UL} & \text{if } \left\lfloor \dfrac{n_f \bmod 4}{2} \right\rfloor = 1 \end{cases}$$

对于 TDD，第一个发送 PRACH 的 PRB 是：

$$n_{PRB}^{RA} = \begin{cases} n_{PRB\,offset}^{RA} + 6\left\lfloor \dfrac{f_{RA}}{2} \right\rfloor, & \text{if } f_{RA} \bmod 2 = 0 \\ N_{RB}^{UL} - 6 - n_{PRB\,offset}^{RA} - 6\left\lfloor \dfrac{f_{RA}}{2} \right\rfloor, & \text{otherwise} \end{cases} \quad \text{for preamble format 0-3}$$

$$n_{PRB}^{RA} = \begin{cases} 6f_{RA}, & \text{if } \left((n_f \bmod 2) \times (2 - N_{SP}) + t_{RA}^{(1)}\right) \bmod 2 = 0 \\ N_{RB}^{UL} - 6(f_{RA} + 1), & \text{otherwise} \end{cases} \quad \text{for preamble format 4}$$

$t_{RA}^{(1)}$=0.1 指示随机接入资源是位于前半帧还是后半帧中。N_{SP} 是当前无线帧内 DL to UL 转换点的编号。

（2）PRACH 发送时域资源

一个 preamble 发送根据参数 num Repetition Per Preamble Attempt（N_{rep}^{PRACH}）重复多次；

PRACH format 4 因为只在 Up PTS 上发送，所以不支持重复发送。

在 PRACH-Config 里面针对每个 CE-level 分别配置了参数 N_{start}^{PRACH} 和参数 N_{rep}^{PRACH} 用于计算可用的 PRACH 起始帧号。具体计算方法如下。

将 1024 个无线帧内的所有可用于 Legacy UE 发送 PRACH 的子帧进行绝对值编号，编号从 0 到最大。

如果高层没有配置 N_{start}^{PRACH}，则可用于 BL/CE UE 发送 PRACH 的绝对子帧编号是 jN_{rep}^{PRACH}，$j = 0，1，2 \cdots$。

如果高层配置了 N_{start}^{PRACH}，则可用于 BL/CE UE 发送 PRACH 的绝对子帧编号是 $jN_{rep}^{PRACH} + N_{rep}^{PRACH}$，$j = 0，1，2 \cdots$。

实际发送 PRACH 时的 j 是多少，应该是选择一个距离当前 SFN/TTI 最近的 j。

如果距离当前 SFN/TTI 最近的满足上述公式计算得到的子帧编号 $n_{sf}^{abs} > 1024 - N_{rep}^{PRACH}$，则该子帧不能使用，要跳到下一个 1024 无线帧去。

5. PUCCH 信道

PUCCH 频域资源格式与 LTE 相同，支持跳频和重复发送。

PUCCH 重传子帧数根据高层配置参数 pucch-Num Repetition CE-Msg4-Level0/1/2/3 或 pucch-Num Repetition CE-format1/2-r13 设置。不同子帧的 PUCCH 发送 RB 不同。

Mode A 支持 PUCCH 上发送 HARQ-ACK/NACK、SR、CSI，即支持 PUCCH format 1/1a/2/2a，支持的重复次数为 1，2，4，8；Mode B 不支持 CSI 反馈，即仅支持 PUCCH format 1/1a，支持的重复次数为 4，8，16，32。

6. PUSCH 信道

PUSCH 与 LTE 一样，但可调度的最大 RB 数限制为 6 个。支持 Mode A 和 Mode B 两种模式，Mode A 重复次数可以是 8，16，32，最多支持 8 个进程，速率较高；Mode B 覆盖距离更远，重复次数可以是 192，256，384，512，768，1024，1536，2048，最多支持上行 2 个 HARQ 进程。

4.3.3　eMTC 典型流程

1. 搜网及系统消息更新

（1）ICS

PSS/SSS 设计没有改变，但需要增加非相干累加长度以对抗更低的信噪比（-15dB 以下），同时协议中的同步要求时间也会放宽。因此 BL/CE 的 Cell ID 和原小区的 Cell ID 相同。

（2）MIB

MIB 调度基本上和 Legacy UE 相同，也是占用中心的 6 个 RB，Legacy UE 的 MIB 在 40 ms 内的每个子帧 0 的 TTI0 的 slot1 的前 4 个 OS 上传输。

BL/CE UE 的 MIB 会对每个子帧的数据再重传 3 ～ 5 次，用于提高极低信噪比下的接收性能。FDD 的重传在前一个无线帧的子帧 9 和当前子帧；TDD 的重传在当前子帧和当前无线帧的子帧 5。重传的时候，不只是对应 Symbol 上的数据重传，其中包含的 CRS 也要全部重传。如果该 RE 本身已经是 CRS 位置，则不需要被重传 Symbol 的 CRS 取代。

（3）SIB1-BR

BL/CE 的 MIB 除了重传情况和传统小区有区别，其他的调度以及内容都还是复用传统小区的。但 BL/CE 的 SIB1 和 SIBx 则完全从原小区的调度中独立出来了，BL/CE 定义了单独的 SIB1-BR 以取代 SIB1（SIB1-BR 的消息结构和 SIB1 是相同的）。

SIB1-BR 携带的信息用于评估该 UE 是否被允许驻留在该小区，并且 SIB1-BR 包含其他 SIBx 的调度信息。

① SIB1-BR 接收子帧描述

SIB1-BR 按照 80 ms 调度周期调度，在周期内会安排多次重传，重传次数以及 SIB1-BR 的传输块大小都由 MIB 里面携带的信息 scheduling Info SIB1-BR 指示。

每个 SIB1-BR 的 80 ms 周期从满足条件 $n_f \bmod 8=0$ 无线帧 n_f 开始。在 80 ms 内重传次数，可通过查表得到，为 $N_{PDSCH}^{SIB1-BR}$ 次。$N_{PDSCH}^{SIB1-BR}$ 可以取的值为 0，4，8，16，如果配置是 0，表示 SIB1-BR 没有被传输，不需要接收。

可用于 SIB1-BR 传输的帧号和子帧号列表，分别见表 4-12 和表 4-13。

表4-12　用于SIB1-BR（$N_{RB}^{DL} \leq 15$）传输的帧号和子帧号集

$N_{PDSCH}^{SIB1-BR}$	$N_{ID}^{Cell} \bmod 2$	Frame structure type 1		Frame structure type 2	
		$n_f \bmod 2$	n_{sf}	$n_f \bmod 2$	n_{sf}
4	0	0	4	1	5
	1	1	4	1	5

表4-13　用于SIB1-BR（$N_{RB}^{DL} > 15$）传输的帧号和子帧号集

$N_{PDSCH}^{SIB1-BR}$	$N_{ID}^{Cell} \bmod 2$	Frame structure type 1		Frame structure type 2	
		$n_f \bmod 2$	n_{sf}	$n_f \bmod 2$	n_{sf}
4	0	0	4	1	5
	1	1	4	1	0
8	0	0, 1	4	0, 1	5
	1	0, 1	9	0, 1	0
16	0	0, 1	4, 9	0, 1	0, 5
	1	0, 1	0, 9	0, 1	0, 5

② SIB1-BR 接收 Narrowband 描述

SIB1-BR 传输的 Narrowband 在整个系统带宽内跳频。跳频算法如下。

a. 设系统带宽内的所有 Narrowbands 集合为 $\{s_j\}$，如果当前系统带宽 $N_{RB}^{DL}>15$，则 $\{s_j\}$ 需要排除与中间 72 个子载波有重叠部分的 Narrowbands。以 $N_{RB}^{DL}=25$ 为例，本来有 4 个 Narrowbands，但中间 2 个 Narrowbands 都和中间 72 个子载波有重叠，所以需要排除。实际的 $\{s_j\}$ 集合是只包含两个 Narrowbands。$N_{NB}^{S}=2$ 表示 $\{s_j\}$ 集合的元素个数。

b. 对 $\{s_j\}$ 集合按照下述公式进行抽取和重排，得到集合 $\{s_i\}$。$\{s_i\}$ 里面元素个数是 m 个，小于或等于 $\{s_j\}$ 里面的元素个数。

$$n_{NB} = s_j$$
$$j = \left(N_{ID}^{cell} \bmod N_{NB}^{S} + i \cdot \left\lfloor N_{NB}^{S}/m \right\rfloor \right) \bmod N_{NB}^{S}$$
$$i = 0, 1, ..., m-1$$
$$m = \begin{cases} 1 & N_{RB}^{DL} < 12 \\ 2 & 12 \leqslant N_{RB}^{DL} \leqslant 50 \\ 4 & 50 < N_{RB}^{DL} \end{cases}$$

同样以 $N_{RB}^{DL}=25$ 为例，$\{s_j\}=\{n\_NB\_index = 0, n\_NB\_index = 3\}$；假定 $N_{ID}^{Cell}=7$，则根据上述公式重排之后的集合 $\{s_i\}=\{n\_NB\_index = 3, n\_NB\_index = 0\}$。$n\_NB\_index$ 表示的是对原小区带宽进行 Narrowband 的编号结果。

c. SIB1-BR 在 80 ms 周期的每个子帧的传输 Narrowband 可从集合 $\{s_i\}$ 里面循环获得，第一个子帧选择 $\{s_i\}$ 集合中 $i=0$ 的 Narrowband，第 2 个子帧选择 $i=1$ 的 Narrowband。

以 $N_{PDSCH}^{SIB1-BR}=8$、$N_{ID}^{Cell}=7$、TDD、DL bandwidth = 10 M 为例，SIB1-BR 所在子帧以及 Narrowband 编号如图 4-22 所示。

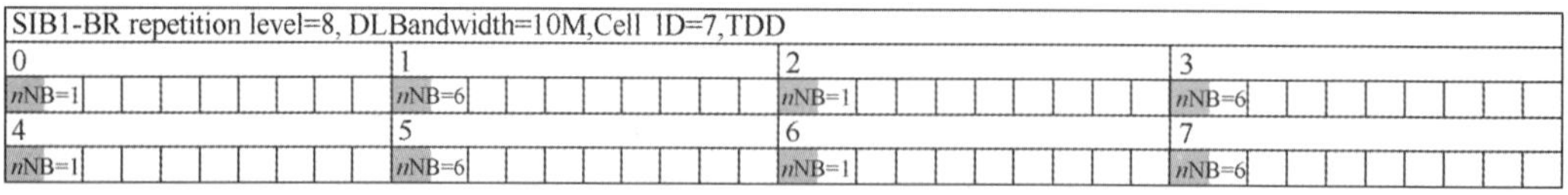

SIB1-BR repetition level=8, DLBandwidth=10M,Cell ID=7,TDD															
0				1				2				3			
nNB=1				nNB=6				nNB=1				nNB=6			
4				5				6				7			
nNB=1				nNB=6				nNB=1				nNB=6			

图4-22　SIB1-BR所在子帧以及Narrowband编号

以 $N_{PDSCH}^{SIB1-BR}=16$、$N_{ID}^{Cell}=6$、FDD、DL bandwidth = 20M 为例，SIB1-BR 所在子帧以及 Narrowband 编号如图 4-23 所示。

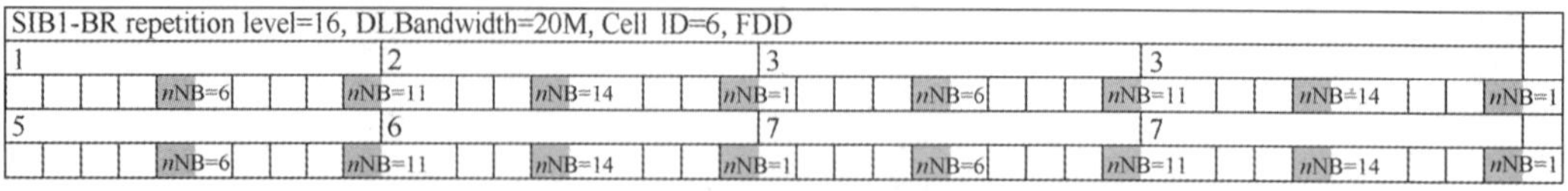

SIB1-BR repetition level=16, DLBandwidth=20M, Cell ID=6, FDD															
1				2				3				3			
		nNB=6	nNB=11	nNB=14		nNB=1		nNB=6		nNB=11	nNB=14		nNB=1
5				6				7				7			
		nNB=6	nNB=11	nNB=14		nNB=1		nNB=6		nNB=11	nNB=14		nNB=1

图4-23　SIB1-BR所在子帧以及Narrowband编号

上面图 4-23、图 4-24 中，nNB 表示的是原始系统带宽的 Narrowband 编号。

③ 关于 SIB1-BR 的其他说明

SIB1-BR 的 N_{acc}=1，表示 SIB1-BR 不支持数据解调前的合并。

LegacyUE 在接收 SIB1/SIBx 时，都需要通过 SI-RNTI 检测 PDCCH，再根据检测到的 DCI 安排 PDSCH 接收，得到 SIB1/SIBx 的内容；而 BL/CEUE 的 SIB1-BR/SIBx 接收不需要检测 MPDCCH，没有 SI-RNTI。

SIB1-BR/SIBx 都是占用一个 Narrowband 的所有 6 个 RB。

SIB1-BR 的发送安排在从 $l_{DataStart}$ 开始的符号上：

$l_{DataStart}$=3　if N_{RB}^{DL}>10 for the Cell on which PDSCH is received；

$l_{DataStart}$=4　if $N_{RB}^{DL} \leqslant 10$ for the Cell on which PDSCH is received。

SIB1-BR 都固定使用 QPSK 调制。

如果一个子帧在某 Narrowband 传输了 SIB1-BR/SIBx，则在同一个子帧的同一个 Narrowband 上调度的 PDSCH 或者 MPDCCH 要丢弃。

（4）SIBx

BL/CE UE 的 SIBx 调度的时频信息完全在 SIB1-BR 里面指示，不需要通过检测 SI-RNTI 加扰的 MPDCCH 来获得调度。

SIBx 固定使用 QPSK 调制。

2. 随机接入流程

BL/CE UE 的随机接入流程和 Legacy UE 的随机接入流程基本类似，也包含由 PDCCH order，MAC，RRC 分别发起 RA 流程。BL/CE 的 RA 各个阶段相比于 Legacy UE 的 RA 不同之处描述如下。

（1）初始参数

BL/CE UE 会最多配置 4 套 PRACH 参数，针对 coverage level 0、1、2、3。level 0 对应的是信号最好的场景，level 3 对应的是信号最差的场景。level 0、1 对应 CE ModeA；level 2、3 对应 CE ModeB。在每套 PRACH 参数里面包含了 prach-Config Index、PRACH 跳频、重传次数、可选的 preamble 范围、RAR windowSize、mac-Contention Resolution Timer、RAR 接收 MPDCCH 的 Narrowband 等参数。具体选择哪一套 PRACH 参数，可以是由高层参数指示（initial-CE-level），或者在 PDCCH order 里面携带。如果都没有，则根据当前测量到的 RSRP 以及配置的 RSRP-Thresholds Prach Info List-r13（有 3 个值，可以区分出 4 个 CE level）选择合适的 CE level 发送 PRACH 参数。

（2）PRACH 发送

相比于 Legacy UE，BL/CE UE 的每次 preamble 发送都可以重复发送多次。根据选定的 CE level 设置 PRACH 发送参数，统计 preamble 发送次数时，会根据不同 CE level 保存该 level 的 preamble 发送次数，而不是统一统计。在 MSG3 发送失败（冲突未解决的情况下），选择同一个 CE level 发送 PRACH。

（3）RAR 接收

RA Response Window 从 preamble 最后一次重复发送的最后一个子帧 +3 子帧开始计算，并且使用选定的 CE level 里面配置的 RA-Response Window Size。

BL/CE UE 的 RA-RNTI 计算方式不同于 Legacy UE，具体如下：

RA-RNTI=$1+T\_id + 10 \times F\_id + 60 \times (SFN\_id \bmod (W\max/10))$

其中，t_id 是 PRACH 发送的第一个子帧的子帧编号（$0 \leqslant t\_id < 10$），f_id 是第一个发送子帧内选定的频率资源（$0 \leqslant f\_id < 6$），SFN_id 是第一发送子帧所在的无线帧；$W\max$ 固定为 400。

如果在 RA-Response Window Size 范围内没有收到 RA-RNTI 加扰的 MPDCCH（6-1A/6-1B），则在该 CE level 内重发 PRACH，如果达到该 CE level 配置的最大重试次数 max Num Preamble Attempt CE，并且还存在更高级别的 CE level 未尝试，则选定高级别的 CE level，重新开始新一轮的 PRACH-RAR 过程。

接收 RAR 时需要先接收 RA-RNTI 加扰的 MPDCCH，该 MPDCCH 所在的 Narrowband 以及重复次数，都在高层配置的 PRACH-Config 参数里面有指示。如果该 CE level 里面配置的 RAR-Hopping Config = ON，则在 RA-Window Size 内重复接收的 MPDCCH 存在跳频，根据下述公式计算每个子帧检测的 NarrowBand。

$$n_{NB}^{(i)} = \left(n_{NB}^{(i_0)} + \left(\left\lfloor \frac{i+i_\Delta}{N_{NB}^{ch,DL}} - j_0 \right\rfloor \bmod N_{NB,hop}^{ch,DL} \right) \cdot f_{NB,hop}^{DL} \right) \bmod N_{NB}^{DL}$$

$$j_0 = \left\lfloor (i_0 + i_\Delta)/N_{NB}^{ch,DL} \right\rfloor$$

$$i_0 \leqslant i \leqslant i_0 + N_{abs}^{MPDCCH} - 1$$

$$i_\Delta = \begin{cases} 0, & \text{for frame structure type 1} \\ N_{NB}^{ch,DL} - 2, & \text{for frame structure type 2} \end{cases}$$

上述跳频公式与 SIBx 的 NB hopping 类似。

MPDCCH 接收完成之后，还需要按照 DL HARQ 的时序安排 PDSCH 接收，PDSCH 接收的相关参数在 MPDCCH 携带的 DCI format 6-1A/1B 里面指示。

（4）MSG3 发送

如果子帧 n 是包含 RAR 的 PDSCH 的最后一个子帧，则从 $n+6$ 之后的第一个有效 BL/CE 上行子帧开始发送 MSG3，如果 RAR 里面的 UL delay = 1，则需要再延后 MSG3 PUSCH repetition 个子帧。

如果子帧 n 结束的 PDSCH 上收到的 RAR 和发送的 preamble sequence 不匹配，则 UE

需要准备在 $n+5$ 个子帧之后重发 preamble；如果在子帧 n 接收的 RA-window 内都没有收到 RA-RNTI 加扰的 MPDCCH，则 UE 需要在子帧 $n+4$ 之后重发 preamble。

如果最近 UE 发送的 PRACH 选定的是 CE level 0/1 的参数，则 RAR 内容按照 CE ModeA 的格式解析，否则按照 CE ModeB 格式解析。两种格式的 RAR Grant 有效长度不同。相关参数的具体解读参考 section 6.2 of 3GPP 36.213。

MSG3 发送的 Narrowband index，Narrowband 内的 PRB 分配、重传次数、MCS 以及后续 MSG3 重传 /MSG4 接收需要检测的 MPDCCH Narrowband index（Msg3/4 MPDCCH Narrowband index）都在上述 RAR Grant 里面携带。

（5）MSG4 接收

MSG4 的接收需要按照正常的 DL HARQ 流程，先检测 MPDCCH（MPDCCH 是重复传输的），然后再接收 PDSCH。监测 MPDCCH 所在的 Narrowband index 在 RAR Grant 里面指示。

接收 MSG4 的 MPDCCH 与 MSG3 重传的 MPDCCH 都是用 Temp-CRNTI 加扰，与 Legacy UE 相同。在 BL/CE UE 收到新的高层配置之前，UE 都会继续使用监测 MSG4 的 MPDCCH 所使用的 Narrowband 和搜索空间。

3. 上行 HARQ 流程

CE ModeA 支持的 uplink HARQ process number 和 Legacy UE 相同，FDD 模式最多支持 8 个，TDD 根据不同上下行配置支持不同的 UL HARQ 数，最多 7 个，最少 1 个。

CE ModeB 在 FDD 和 TDD 模式下都最多支持 2 个 uplink HARQ processes。

BL/CE UE 不支持 PUSCH 和 PUCCH 在同一个子帧的发送。

UE 在收到 DCI 6-0A/6-0B 之后，从 x 子帧之后开始连续 N 个子帧发送 PUSCH，$x=4$ for FDD，对 TDD，x 取值基本上参考 Legacy UE 的 DCI-PUSCH 的间隔。重复子帧数 N 根据高层配置 pusch-max Num Repetition CE ModeA/B 和 DCI 里面的 Repetition Number 共同决定。

BL/CE UE 不支持 ttiBundling，直接由 MPDCCH 调度的 PUSCH 比非 MPDCCH 调度的 PUSCH（如 UL SPS PUSCH）优先级高，同一个子帧发生冲突是发送前者。

如果 PUSCH 发送资源中有 PRB 和当前子帧的 PRACH 资源冲突，无论是 BL/CE 还是 non-BL/CE 的 PRACH 资源，则丢弃该子帧的 PUSCH 发送。

BL/CE UE 发送 PUSCH 之后，不需要接收 PHICH；所有重传都有基站通过调度重传的 DCI format 6-0A/B 来控制，而不需要 UE 根据 PHICH 来控制。

假定当前配置是 TDD UL-DL configuration 1，CE ModeB，所有上行子帧都是 BL/CE 有效上行子帧。$N_{acc}=5$，pusch-max Num Repetition CE ModeB = 192，DCI 6-0B 里面配置的 Repetition Number = 3，则 PUSCH Repetition Levels = 8，即 PUSCH 需要传输 8 个有效的上行子帧，如图 4-24 所示。

UL Harq scheduling			
Suppose：			
TDD,CE ModeB,UL-DL configuration 1;All UL subframes are BL/CE UL subframes			
PUSCH repetition level=8 (pusch-max Num Repetition CE ModeB=192,Repetition number in DCI=3)			
SFN	4	5	6
TTI	MP S U U D D S PU PU D	D S PU PU D D S PU PU D	D S PU PU D D S U U D
N_acc Block	rxldx=0 rxldx=2	rxldx=3	rxldx=1
MP=MPDCCH PU=PUSCH			

图4-24　上行HARQ调度

4. 下行 HARQ 流程

CE ModeB 最多支持 2 个 downlink HARQ processes。

CE ModeA，FDD 最多支持 8 个 downlink HARQ processes；TDD 支持的 downlink HARQ prcesses 数根据不同上下行子帧配比查表得到，最多是 16 个，最少是 6 个 HARQ processes。

UE 在收到 MPDCCH DCI format 6-1A/1B 的最后一个子帧（n）之后的第 2 个 BL/CE 子帧开始连续接收 N 个 BL/CE DL subframe 的 PDSCH，N 长度由高层参数和 DCI 里面的参数共同决定。

某种配置下的 MPDCCH → PDSCH 调度如图 4-25 所示。

DL Harq scheduling			
Suppose：			
FDD，CE ModeB，TTI 3/8 are non-BL/CE DL subframe			
PDSCH repetition level=16 (pdsch-max Num Repetition CE ModeB=192，Repetition number in DCI=4)			
SFN	0	1	2
TTI	MP PD PD PD PD PD PD	PD PD PD PD PD PD PD PD	PD PD PD PD PD PD
N_acc Block	rvldx=0 rvldx=2	rvldx=3 rvldx=1	rvldx=0 rvldx=2
MP=MPDCCH PD=PDSCH			

图4-25　下行HARQ调度

如果 PUSCH 是由 MPDCCH 调度的，那么在 PUSCH 不可能再发送 PDSCH 的 HARQ-ACK 了，因为按照时序，发送 PUSCH 的第一个子帧 n 往前数 4 个子帧，是由 MPDCCH（DCI format 6-0A/6-0B）接收，而不是由 PDSCH 接收。如果子帧 n 的 PUSCH 是 SPS UL PUSCH，那么该 PUSCH 上可以同时携带 PDSCH 的 HARQ-ACK。

如果 PDSCH 最后一个接收子帧是 n-4，并且之后没有收到 MPDCCH 调度 PUSCH，则按照 Legacy UE 的时序，在子帧 n 或最后几个子帧（根据 FDD/TDD，以及 TDD 不同的上下行配置）的 PUCCH 上发送该 PDSCH 的 HARQ-ACK。

图 4-26 所示的 eMTC 与 Legacy LTE PDSCH 调度时间，体现了下行 BL/CE UE 和 Legacy UE 的调度同时存在的情况。

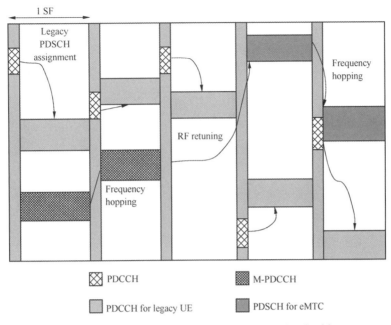

图4-26 eMTC与legacy LTE PDSCH调度时间

5. DL/UL SPS 流程

CE ModeA 支持 SPS，CE ModeB 不支持 SPS。

当 MPDCCH 携带内容的 CRC 校验比特被 SPS CRNTI 加扰，并且 NDI = 0、DCI format 6-0A/6-1A 里面相应域被设置为下述格式时，它被解析为 SPS activation/SPS release。半静态调度激活 MPDCCH 的特殊字段，见表 4-14；半静态调度释放 MPDCCH 的特殊字段，见表 4-15。

表4-14 半静态调度激活MPDCCH的特殊字段

	DCI format 6-0A	DCI format 6-1A
·	set to '000'	FDD: set to '000' TDD: set to '0000
Redundancy version	set to '00'	set to '00'
TPC command for scheduled PUSCH	set to '00'	N/A
TPC command for scheduled PUCCH	N/A	set to '00'

表4-15 半静态调度释放MPDCCH的特殊字段

	DCI format 6-0A	DCI format 6-1A
HARQ process number	set to '000'	FDD: set to '000' TDD: set to '0000
Redundancy version	set to '00'	set to '00'
Repetition number	set to '00'	set to '00'
Modulation and coding scheme	set to '1111'	set to '1111'

（续表）

	DCI format 6-0A	DCI format 6-1A
TPC command for scheduled PUSCH	set to '00'	N/A
Resource block assignment	Set to all '1's	Set to all '1's

SPS 周期和 PDSCH/PUSCH 起始的收发子帧位置计算和 Legacy UE 相同，但 BL/CE UE 的 SPS PDSCH/PUSCH 都存在重传，重传次数根据激活时的 DCI format 6-0A/6-1A 里面配置参数确定。BL/CE UE 的 MPDCC SPS release 和 PDSCH 一样需要 HARQ-ACK 反馈，这点和 Legacy UE 相同。

6. CSI 流程

CE ModeA 支持 CSI reporting，CE ModeB 不支持 CSI reporting。

CE ModeA 的 TM6/TM9 配置下需要上报 PMI。

在 CE ModeA+TM9 配置下，UE 需要上报 PMI，系统带宽分成等于 3 的两个 PRG（Precoding Resource block Groups）。

BL/CE UE 不需要上报 RI，上报的 CQI 最高到 10。

4.4 NB-IoT/eMTC 技术特性总结

NB-IoT 和 eMTC 是 3GPP 针对 LPWA 类业务而定义的新一代蜂窝物联网接入技术，主要面向低速率、超低成本、低功耗、广深覆盖、大连接需求的物联网业务。NB-IoT 和 eMTC 采用技术手段有共性地方，例如，覆盖增强和低功耗技术、重传技术；它们也有差异的地方，例如，NB-IoT 在物理层发送方式、网络结构、信令流程等方面做了简化，而 eMTC 是 LTE 的增强功能，主要在物理层发送方式上做了简化和增强。

NB-IoT 和 eMTC 与 LTE 技术在物理层各项特性对比，见表 4-16。

表4-16 NB-IoT、eMTC、LTE系统物理层特性对比

指标参数	LTE R9	NB-IoT	Cat.M(eMTC)
系统带宽	1.4M/3M/5M/10M/15M/20M	200 kHz	1.4 M
工作模式	full duplex FDD or TDD	half-duplex FDD (typeB)	half-duplex or full-duplex, FDD or TDD
最大传输速率	DL: 150 Mbit/s；UL 50 Mbit/s	DL：25.5 kbit/s/UL：62.5 kbit/s (Multi-tone)15.6 kbit/s (single-tone)	DL/UL：1 Mbit/s
频带部署方式	LTE 授权频段	带内，带外，保护带 3 种部署方式	LTE 授权频段

（续表）

覆盖范围（MCL）（REF：3GPP36.888）	FDD：PRACH(142 dB)；PUSCH(141 dB)；PDSCH(145 dB)；PBCH(149 dB) 支持 cat.1 UE at data rate of 20 kbit/s	164dB for standalone，FFS others	目标是相比于 R9 中 MCL 最小的信道提升 15dB 的覆盖，差不多要求所有信道的 MCL 达到 155dB
子载波间隔	DL/UL：15 kHz	DL：15 kHz，UL：15 kHz or 3.75 kHz	与 R9 相同
传输模式	TM1 ～ TM9	TM1/TM2（单天线或双天线发送分集）	CE ModeA：TM1/TM2/TM6/TM9；CE ModeB：TM1/TM2/TM9 单天线或双天线发射分集，TM6 可以支持单 layer 的 CLSM
同步信号	PSS/SSS	NPSS/NSSS，构造以及相对间隔都与 R9 PSS/SSS 不同	与 R9 相同
系统信息	MIB	重新设计的 NPBCH，占用整个子帧	基本沿用 R9 的 MIB，只是每个 OS 分别增加 3 ～ 5 次重传
	SIB1，SI-RNTI 加扰的 PDCCH	单独的 SIB1-NB，调度和 MCS 都在 MIB-NB 中获得，没有 SI-RNTI，不需要接收 NPDCCH	SIB1-BR 取代 SIB1，固定时频资源调度，不需要接收 MPDCCH，没有 SI-RNTI
	SIBx，SI-RNTI 加扰的 PDCCH	SIBx-NB 的调度都在 SIB1-NB 里面，不需要接收 NPDCCH	固定时频资源调度，不需要接收 MPDCCH，没有 SI-RNTI
随机接入	Preamble/RAR/MSG3/MSG4	NPRACH/NPDSCH	与 R9 基本相同，MPDCCH 取代 PDCCH
解调信号	DL：CRS UL：DMRS	DL：NRS UL：NDMRS	与 R9 基本相同
上下行信道探测	下行 CSI，上行 SRS	没有 CSI，没有 SRS	CE ModeA 支持 CSI 和 SRS；CE ModeB 都不支持
下行数据信道	PDSCH	NPDSCH	PDSCH，增加重传，CE ModeB 还支持解调前的数据合并
	QPSK，16QAM，64QAMP	QPSK	QPSK/16QAM
	1/3 turbo coding	1/3 Tail biting convolutional coding	1/3 turbo coding
	多 HARQ 并行	单 HARQ	多 HARQ 并行
	单子帧传输一个传输块或两个传输块	单个或多个子帧传输一个传输块	单子帧传输一个传输块

（续表）

下行控制信道	PDCCH	NPDCCH	MPDCCH（类似于EPDCCH）
	和 PDSCH 在同一个子帧，占用前几个 OS	占用单独的下行子帧	占用单独的下行子帧
	DCI Format 0/1/1A/2/2A/3/3A…	DCI Format N0/N1/N2	DCI format 6-0A/6-0B/6-1A/6-1B/6-2
上行数据信道	PUSCH	NPUSCH	PUSCH，增加重传，CE ModeB 还支持解调前的数据合并
	15 kHz sub-carrier spacing	15 kHz or 3.75 kHz sub-carrier spacing	15 kHz sub-carrier spacing
	1/3 turbo coding	1/3 turbo coding	1/3 turbo coding
	单子帧传输一个传输块或两个传输块	以 Resource Unit（可以跨多个子帧）作为传输块的传输单位	单子帧传输一个传输块
	UL-SCH 和 UCI 在同一个子帧发送	UL-SCH 和 UCI 在不同子帧发送	UL-SCH 和 UCI 在同一个子帧发送
	多 HARQ 并行，同步HARQ，支持自适应重传		多 HARQ 并行，异步HARQ，不支持自适应重传（没有 PHICH）
省电技术	DRX	PSM ext. I-DRX(up to 3hr) C-DRX(support 5.12 s and 10.24 s)	PSM ext. I-DRX(up to 44min) C-DRX(support 5.12 s and 10.24s)
Power Class	23 dBm	23 dBm，others TBD	23 dBm，20 dBm

参考文献

[1] 3GPP TS 36.211 V13.10.0.Evolved Universal Terrestrial Radio Access (E-UTRA); Physical Channels and Modulation[S]. 2018.

[2] 3GPP TS 36.212 V13.7.1.Evolved Universal Terrestrial Radio Access (E-UTRA); Multiplexing and channel coding [S]. 2018.

[3] 3GPP TS 36.213 V13.9.0.Evolved Universal Terrestrial Radio Access (E-UTRA); Physical layer procedures[S]. 2018.

[4] 3GPP TS 36.300V13.11.0. Evolved Universal Terrestrial Radio Access (E-UTRA) and Evolved Universal Terrestrial Radio Access Network (E-UTRAN); Overall description; Stage 2 [S]. 2018.

[5] 3GPP TS 36.304 V13.8.0. Evolved Universal Terrestrial Radio Access (E-UTRA); User Equipment (UE) procedures in idle mode [S]. 2018.

[6] 3GPP TS 36.306 V13.8.0. Evolved Universal Terrestrial Radio Access (E-UTRA); User Equipment (UE) radio access capabilities [S]. 2018.

[7] 3GPP TR45.820 V13.1.0. Cellular system support for ultra-low complexity and low throughput Internet of Things (CIoT) [S]. 2015.

[8] 3GPP TR 36.888 V12.0.0. Study on provision of low-cost Machine-Type Communications (MTC) User Equipments (UEs) based on LTE [S]. 2013.

[9] J Gozalvez. New 3GPP Standard for IoT[J]. IEEE Vehicular Technology Magazine，2016，11(1)：14-20.

[10] 3GPP TS 36.321 V13.7.0.Evolved Universal Terrestrial Radio Access (E-UTRA); Medium Access Control (MAC) protocol specification [S]. 2017.

[11] 3GPP TS 36.322 V13.4.0.Evolved Universal Terrestrial Radio Access (E-UTRA); Radio Link Control (RLC) protocol specification [S]. 2017.

[12] 3GPP TS 36.323 V13.6.0. Evolved Universal Terrestrial Radio Access (E-UTRA); Packet Data Convergence Protocol (PDCP) specification [S]. 2017.

[13] 3GPP TS 36.331 V13.8.1. Evolved Universal Terrestrial Radio Access (E-UTRA); Radio Resource Control (RRC); Protocol specification [S]. 2018.

[14] 戴博，袁戈非，余媛芳. 窄带物联网（NB-IoT）标准与关键技术 [M]. 北京：人民邮电出版社，2016.

[15] 谢健骊. 物联网无线通信技术 [M]. 成都：西南交通大学出版社，2013.

CIoT 网络规划与设计

chapter 5

第五章

导读

    CIoT 部署需优先明确网络的总体覆盖目标、部署发展策略、组网选频及频率部署方式等，以上各项均明确后才可正式开展覆盖规划、容量规划、系统参数规划、仿真模拟以及工程设计等工作。基站覆盖能力可从链路预算入手，链路预算是计算基站和终端之间允许的最大空中电波传播损耗（MCL），再根据链路预算得到最大允许的电波传播损耗和电波在空中的传播损耗计算模型，从而得出对应系统的覆盖半径。CIoT 容量规划追求满足物联网业务带宽需求下的更多连接数，现阶段可从业务模型出发，先计算单用户日业务次数，再计算不同覆盖等级下的用户比例，后计算单次接入的资源消耗，最后计算业务信道容量、随机接入容量。无线仿真是对覆盖规划和容量规划进行模拟，结合仿真开展 CIoT 规划，可确保方案的合理性及提前预估应用效果，从而确保规划能达到预期目标。在实际工程部署阶段，需先评估 CIoT 对现有网络影响，再进行合理的站址选取、无线设备选型及改造方案设计、工程实施。

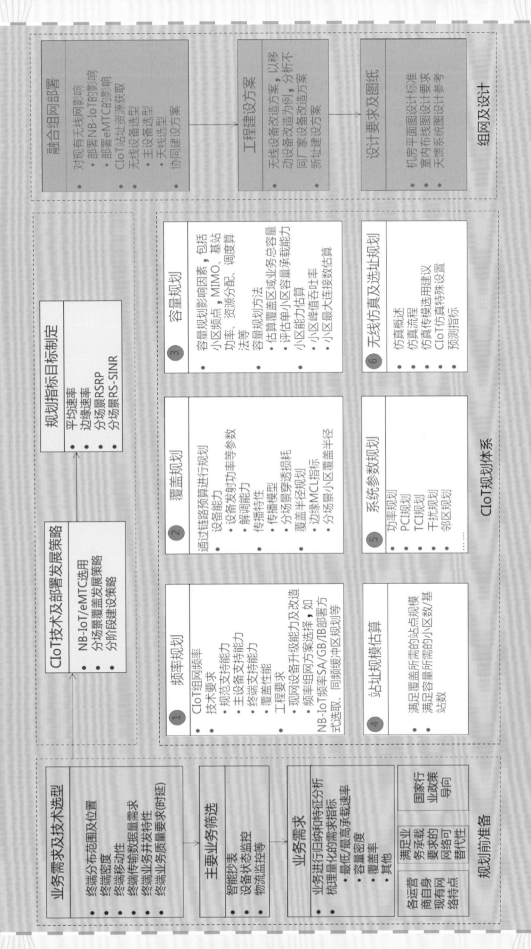

第五章　内容概要一览图

●● 5.1 规划概述

CIoT 网络规划是根据网络建设的整体要求和限制条件，确定无线网络的建设目标，以及为了实现该目标确定基站规模、建设的位置和基站配置。CIoT 网络规划的总目标是以合理的投资构建符合近期和远期业务发展需求的移动蜂窝物连接入网络。

5.1.1 总体要求

CIoT 网络与现有无线系统类似，其网络建设过程包括规划选点、站点获取、初步勘察、系统设计、工程安装和测试优化等步骤。但是 CIoT 系统是需要着重满足万物互联的需求，在网络规划上必须考虑其特有的系统特性，发挥新技术的优势，规避其劣势，以有效地发挥大连接、深覆盖、低功耗的技术优势。同时，CIoT 规划要以面向未来 5G 系统演进为基本要求，5G 系统网络建设发展需以业务为驱动，为满足多种业务需求，面向 5G 的 CIoT 规划需同步综合考虑多种接入技术（4G/5G/CIoT 等），多种部署场景（宏基站覆盖、微基站超密组网、宏微协同、室内外协同）组网需求，结合业务需求灵活组网，因地制宜地规划建设，还需要兼顾系统间的共存与运营平衡问题。

在移动通信网络规划中，细分场景的网络规划成为当前网络规划的重点。在以往的网络规划中，主要以"一次规划，分步实施""分层规划"的概念指导网络规划。在目前 2G/3G/4G 无线系统建设比较完善的今天，在规划 CIoT 网络时，应该结合现有的网络条件，进行细分场景的规划，分析现网的大量数据，确定无线场景和用户业务特点，做出细分场景的网络规划，使网络规划更加贴近实际，更加容易落地实施。

无线网络规划在实现上，需要考虑覆盖、容量、质量和成本 4 个方面。

1. 覆盖

在覆盖方面，覆盖范围是指需要实现无线网覆盖的目标地区。在覆盖范围内，按照覆盖性质的不同，可以分为面覆盖、线覆盖和点覆盖。面覆盖是指室外成片区域大范围的覆盖，实现整个区域的广覆盖；线覆盖是指对道路、河流等线状目标的覆盖；点覆盖是指对重点楼宇、地下建筑物等的深度覆盖。

覆盖区域根据无线环境又可分为密集市区、一般市区、郊区和农村 4 类。不同区域、不同阶段、不同竞争环境下，运营商可以选择不同的无线覆盖目标。有了覆盖范围之后，再根据各类业务需求预测及总体发展策略，提出各类业务的无线覆盖范围和要求。

CIoT 无线覆盖要求可以用业务类型、覆盖区域和覆盖概率等指标来表征。业务类型包括不同连接频次、不同接入速率的业务等；覆盖区域可划分为市区（可进一步细分为密集城区、一般市区、郊区等）、县城、乡镇及交通干线、旅游景点等。

对于特定的业务覆盖类型，用于描述覆盖效果的主要指标是通信概率。通信概率是指用户在时间和空间上通话成功的概率，通常用面积覆盖率和边缘覆盖率来衡量。面积覆盖率描述了区域内满足覆盖要求的面积占区域总面积的百分比。边缘覆盖率是指用户位于小区边界区域的通信概率。在给定的传播环境下，面积覆盖率与边缘覆盖率可以相互转化。面积覆盖率的典型值为 90% ~ 98%，边缘覆盖率的典型值为 75% ~ 80%。我国幅员辽阔，经济发展不平衡，应针对不同覆盖区域、不同发展阶段，合理制定覆盖目标。

2. 容量

容量目标描述系统建成后所能提供的业务总量，现有无线移动对业务总量的描述更多以数据吞吐量来表示。而 CIoT 系统对速率本身需求有所降低，容量更多体现在更大的连接数方面。

容量规划既要满足当前的网络容量、覆盖和质量要求，同时又必须兼顾后期的网络发展，需要根据用户（终端）的分布更加精细化。

3. 质量

质量目标根据业务的不同分为话音业务质量目标和数据业务质量目标。eMTC 支持 VoLTE 语音，对于语音业务需要从接续、传输和保持 3 个方面来衡量。接续质量表征用户通话被接续的速度和难易程度，可用接续时延和阻塞率来衡量。传输质量反映用户接收到的话音信号的清晰逼真程度，可用业务信道的误帧率、误码率来衡量。对于数据业务，目前通常采用连接数、吞吐量和时延来衡量业务质量。业务保持能力表明用户长时间保持在线的能力，可用掉线率和切换成功率来衡量。

在业务质量中，与无线网络业务质量密切相关的指标有接入成功率、接入时延、误块率（BLock Error Rate，BLER）、切换成功率、掉话率、掉线率等。

4. 成本

覆盖、容量、质量和成本这 4 个目标之间是相互关联、相互制约的关系。在 CIoT 的网络规划过程中，应考虑网络的全生命周期，合理设置成本目标，优化资源配置，协调覆盖、容量和质量三者之间的关系，降低网络建设投资，确保网络建设的综合效益。除了网络建设投资外，还必须权衡今后网络的运营维护成本。应当选择先进的网络技术和科学的组网方案，尽可能同时降低网络的建设投资和运维成本。有时候降低网络建设投资会导致网络运维成本的增加，因此网络建设方案必须在网络建设投资和运维成本之间取得最佳平衡。就全局而言，单方面追求降低网络建设投资并不合理，成本控制既要考虑网络初期的建设成本，也要考虑后续网络发展中产生的优化、扩容和升级等方面的成本。

5.1.2　规划内容

按照网络建设阶段，CIoT 无线网络规划可以分为新建网络规划和已有网络扩容规划两种。无论新建网络还是扩容网络，均根据网络建设要求在目标覆盖区域范围内，布置一定数量的基站，配置基站资源和基站参数，从而实现网络建设目标。对于新建网络，只要确定了覆盖目标，就可以在整个覆盖范围内成片地设置站点。

无线网络规划作为网络规划建设的重要环节，以基础数据收集整理以及需求分析为基础，确定规划目标，完成用户业务预测，制定网络发展策略。CIoT 系统均在现有 LTE 系统基础上进行演进，其无线网络规划内容也更简单，主要涉及基站（eNodeB）、组网和无线网传输带宽规划等方面的内容，具体规划设置如下所述。

1. 基站规划

基站规划包括频率规划、站址规划、基站设备配置、无线参数设置和无线网络性能预测分析 5 个方面。

（1）频率规划：根据国家分配的频率资源，设置与其他无线通信系统之间的频率间隔，选择科学的频率规划方案，满足网络长远发展的需要。

（2）站址规划：根据链路预算和容量分析，计算所需的基站数量，并通过站址选取，确定基站的地理位置。

（3）基站设备配置：根据覆盖、容量、质量要求和设备能力，确定每个基站的硬件和软件配置，包括扇区、载波和信道单元数量等。

（4）无线参数设置：通过站址勘察和系统仿真设置工程参数和小区参数。

工程参数包括天线类型、天线挂高、方向角、下倾角等。小区参数包括频率、PCI、TA 跟踪区、邻区等。

（5）无线网络性能预测分析，通过系统仿真提供包括覆盖、连接数、系统容量等在内的无线网络性能指标预测分析报告。

2. 组网规划

基站的组网规划包括组网的策略和技术，现在的移动通信网络随着无线环境和用户分布的变化多样，越来越复杂，以传统的组网技术，难以满足这些需求。在组网中，我们应考虑这些复杂性带来的网络变化，以及应用新的组网技术来应对这些变化。

5.1.3 规划流程

CIoT 主要解决物与物的连接，为人类工作提供信息采集等功能及通道。建设一张提供便捷于万物连接及信息采集成本的最低化的优质网络，在规划阶段有很多问题需要因地制宜地加以解决，充分发掘并利用现有蜂窝无线网资源及已有的运营经验，对建立全新的网络进行针对性分析，从而提出具体解决方案。

因此，开展 CIoT 规划时，首先，以业务发展为导向，明确业务发展、接入需求标准；其次，以规划指标为依据，开展频率规划、覆盖规划、容量规划、参数规划、传输需求规划和软件功能规划等一系列规划工作，完成规划体系建立；最后，基于规划体系和组网方案，编制工程建设方案，基于最终建设方案以指导 CIoT 网络建设。总之，CIoT 无线接入网络规划主要包括网络需求分析、建网目标、资源规划和系统设计 4 个关键流程，具体流程步骤如图 5-1 所示。

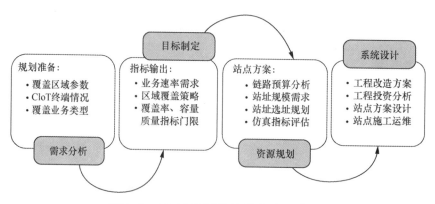

图5-1 CIoT规划设计基本流程步骤

1. 需求分析

网络是业务的主体承载，因此，网络建设应以满足业务发展需求为目的。在网络规划中需要了解当前覆盖区特性、未来主要业务类型、终端发展等情况。覆盖区特性需要重点关注行政区域划分、人口经济状况、无线场景特性、市政发展规划等因素；业务类型及终端情况需要从近期、中期、长期角度综合评估，不同的 CIoT 业务有不同的时延标准及接入速率带宽需求，业务信息收集为后续业务模型建立，为制定出综合的速率保障带宽门限标准奠定基础。同时需充分利用现网 2G/3G/4G 站点数据、运维数据、终端数据、地理信息数据等，这些数据都是 CIoT 无线网络规划的重要输入，对网络规划建设具有指导意义。

2. 目标制定

本阶段需要在需求数据收集的基础上，分析 CIoT 系统上下行速率保障门限需求，制定组网覆盖、容量、质量、干扰指标门限，明确网络覆盖发展策略及网络建设基本原则。

3. 资源规划

（1）网络规模估算

本阶段通过覆盖和容量估算来确定网络建设的基本规模，在进行覆盖估算时首先应了解当地的传播模型，然后通过链路预算来确定不同区域的小区覆盖半径，从而估算出满足覆盖需求的基站数量。容量估算则是分析在一定站型配置的条件下，CIoT 网络可承载的系统容量，并计算是否可以满足用户的容量需求。

（2）站址规划

通过网络规模估算出规划区域内需要建设的基站数目及其位置，受限于各种条件的制约，理论位置并不一定可以布站，因而实际站点同理论站点并不一致，这就需要对备选站点进行实地勘察，并根据所得数据调整基站规划参数。其内容包括：基站选址、基站勘察和基站规划参数设置等。同时应注意利用原有基站站点进行共站址建设 CIoT 系统，能否共站址主要依据无线环境、传输资源、电源、机房条件、天面条件及工程可实施性等方面综合确定。

（3）无线网络仿真

完成初步的站址规划后，可借助规划仿真软件中进行覆盖及容量仿真分析。仿真分析流程包括规划数据导入、覆盖预测、邻区规划、PCI 规划、用户和业务模型配置以及蒙特卡罗仿真，通过仿真分析输出结果，可以进一步评估目前规划方案是否可以满足覆盖及容量目标，如存在部分区域不能满足要求，则需要对规划方案进行调整修改，使规划方案最终满足规划目标。

（4）无线参数设计

在利用软件进行详细规划评估和优化之后，就可以输出详细的无线参数，主要包括天线高度、方向角、下倾角等小区基本参数、邻区规划参数、频率规划参数等，这些参数最终将作为规划方案输出参数提交给后续的工程设计及优化使用。

4. 系统设计

基于规划体系和组网方案，完成频率方案、设备选型，并结合实际勘查数据，制定无线网络工程建设方案。CIoT 站点以广覆盖、大连接为基础，国内运营商均以低频重耕建设为主，因此，从节约投资及工程升级便利性的角度看，编制 CIoT 方案时，需要以现有低频 2G 站址的升级改造为主，对少量弱覆盖区、无覆盖区适当增补新址站点。

以上的各阶段并不是独立的、割裂开的，在每个阶段都有反馈的过程。若某一阶段不能达到规划目标时，需要返回到上一阶段或者更加前面的阶段，进行修正，调整规划。

CIoT 网络总体规划架构体系如图 5-2 所示。

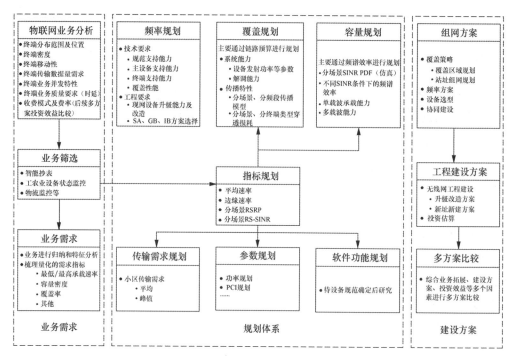

图5-2　CIoT网络总体规划架构体系

●●5.2　发展策略

5.2.1　技术定位与协同发展

NB-IoT 主要定位在满足更大连接，更低速率、静止类业务需求，同时具有功耗更低、带宽更小、成本更低，简化产品设计难度等优点，其更适合环境较为恶劣、多阻挡和屏蔽的远程抄表、城市公共设备监测等应用。eMTC 的优势在于传输速率更高、时延更低、支持切换、支持 VoLTE 语音通信等，适合如电子广告牌、物流交通、智慧城市、可穿戴设备、智能 POS、工业控制等应用，不过在深度覆盖能力、功耗以及成本上略逊于 NB-IoT。由此看出，同属低功耗广域网（LPWAN）技术，NB-IoT 与 eMTC 两者在技术及应用方面互有优劣，需要分阶段精确规划、协同部署。

CIoT 技术部署阶段，不仅需考虑新技术本身的技术特点，还同时受到用户的需求、现有系统特点、政策的扶持、产业链的推广等因素的影响。

1. 业务需求

第一类业务：水表、电表、燃气表、路灯、井盖、垃圾筒等行业 / 场景，具有静止、数据量很小、时延要求不高等特点，但对工作时长、设备成本、网络覆盖等有较严格的要求。针对此类业务，技术上 NB-IoT 更合适。

第二类业务：电梯、智能穿戴、物流跟踪等行业 / 场景，则对数据量、移动性、时延有一定的要求。针对这类业务，在技术上，eMTC 则更胜一筹。

2. 可替代性

针对第一类业务，GSM/GPRS/EDGE 因为产业链发展成熟、成本低且支持移动性和语音等原因，可以在一定程度上替代 NB-IoT，但由于覆盖、功耗、小区容量等原因，难以完全替代 NB-IoT。

针对第二类业务，CAT0 因为速率、移动性、语音等方面等均与 eMTC 相当，也可以在一定程度上替代 eMTC，劣势是功耗、覆盖等。CAT1 以及 WCDMA/HSPA 也可在较小程度上临时顶替 eMTC 技术。

因此，若现有 GSM/GPRS/EDGE 网络比较完善，则 NB-IoT 的需求紧迫性相对较低；如果有 LTE CAT0 网络，则 eMTC 的紧迫性则相对较低。

3. 国内运营商网络特点

中国联通的 2G 网络（GSM）覆盖一般且已经开始退网，3G 网络（WCDMA）优势明显，可承载语音和中低速数据业务；4G 网络（TD-LTE/FDD LTE）中规中矩，没有 CAT0/CAT1 网络。

中国电信 2G/3G 网络（EVDO）存在一定不足，如无法承载语音；4G 网络（TD-LTE/FDD LTE）则有一定优势，且 CAT1、VoLTE 等业务基本能全网商用。

中国移动的 2G 网络（GSM）覆盖非常完善，可以承载语音和极低速数据业务；3G 网络劣势明显且面临退网；4G 网络（TD-LTE）广覆盖方面有一定劣势，没有 CAT0/CAT1 网络。

因此，国内不同运营商对 NB-IoT 及 eMTC 需求不同。

4. 政策导向

eMTC 整个产业链的短板还是在于 eMTC 模组。目前，这个产业链的主要短板在于 eMTC 模组。NB-IoT 相对来说讨论得更加充分、针对性更强，国内通信公司也是技术主导者之一，拥有众多中国企业参与，有一定的话语权和专利部署。因此，政策方面有利于先发展 NB-IoT 技术，而 eMTC 在技术和产业已经成熟、业务需求迫切的情况下，给予支持。

从以上分析可以看出，短期国内各运营商 NB-IoT 建设需求均高于 eMTC。NB-IoT 商用条件均完全成熟，eMTC 初步具备商用能力，根据两者产业链的完善程度与商用网络的建设进度，可以分阶段、合理有序地部署 CIoT 系统。

第一阶段：优先部署 NB-IoT 系统

本阶段选用标准、产业链相对成熟的 NB-IoT 系统，主要保障基本的物联接入，多以第一类业务为主，从物联网业务承载的需求方面看，早期很多典型应用对移动性、连接速率的要求不高，以无线抄表的应用为例，业务速率需求只有几十 KB，因此，初期物联网业务多以满足静态低速连接需求为主，未来将逐步向中高速率演进。

第二阶段：逐步引入 eMTC 建设

本阶段需要根据 eMTC 产业链进展情况在 LTE 覆盖的基础上，按需部署 eMTC，实现部分对移动性、语音、速率有特殊要求的业务覆盖。

5.2.2　网络覆盖策略

新无线系统建设需要兼顾现有无线系统资源及新建系统投资效益，对 CIoT 系统规划而言，需要考虑以下 3 个方面。

（1）需要分场景进行覆盖规划，不同场景需要的站点资源是不一样的，对应的建设效益也是不一样的，在实际规划中受投资及建设量的限制，不可能一步到位实现全网 CIoT 覆盖，因此，需要做到重点突出，优先规划覆盖高价值区域。

（2）CIoT 不是孤立的网络，不论选用何种技术部署，基础都是现有无线系统，故 CIoT 网络要与现有无线系统协同规划建设，包括频率分配、功率分配、设备使用，尤其是与现有 2G/4G 的同站协同规划。

（3）要充分发挥运营商现网资源，特别是基站配套资源，提高投资效益。

基于 CIoT 网络的定位、技术特点、业务发展、投资效益等维度进行综合考虑，在引入 CIoT 系统时，可结合各个运营商实际现有无线网络的情况和 CIoT 网络的定位，选用对应的覆盖策略进行规划，分场景规划策略参考如下几个方面。

（1）优先在现有低频系统基础上部署 NB-IoT，一方面对现有低频进行频率重耕，通过频率重耕方式，同步考虑 NB-IoT、FDD 系统、2G 覆盖需求；待 eMTC 产业完全成熟后，在现有 FDD /TDD 系统基础上，再按需开展 eMTC 的升级规划。

（2）对城区场景，可采用"薄＋深"策略进行覆盖，利用 NB-IoT 现有的 2G 站址资源，充分发挥 NB-IoT 具有 20dB 覆盖增益的优势，同时满足"室内、室外、地上、地下"的深度覆盖需求；在载频配置方面，初期可以按照单站 3 小区，每小区 1 载波的方式进行配置。

（3）对诸如郊区农村等广域覆盖场景，可以采用更稀疏的站点策略，充分将 20dB 覆盖增益用在覆盖距离上，优先达到与现有 2G 相当的覆盖效果。

（4）对特定区域、特定场景、特定业务，可酌情考虑以建设"物联小站"的方式进行针对性的覆盖。

CIOT 覆盖组网模拟如图 5-3 所示。

图5-3 CIoT覆盖组网模拟

在CIoT网络覆盖发展建设中,当前主要以NB-IoT规划为主,区域部署方案及对比如下。

方案 1:建设普遍的薄网,重点覆盖城市,农村按需确定覆盖区域,按照 GSM 网覆盖水平进行规模测算,提供相对普遍的接入业务。

方案 2:分区域建设,进行大规模企业厂区覆盖、智慧城市建设等。

方案 3:分小区建设,由于 NB-IoT 的覆盖能力优于现有低频 2G 系统约 20 dB,可基于现有 2G 基站布局进行站点选取。

不同的部署方案对比,见表 5-1。

表5-1 区域部署策略方案对比

方案	方案描述	优势	劣势
方案 1	建一张普遍的薄网,重点覆盖城市,农村按需覆盖;按照 2G 覆盖水平进行规模测算,提供相对普遍的接入业务	以终为始的规划,同频干扰较小;对推动 NB-IoT 产业链发展及万物互联有较大优势;提供普遍服务,有利于提升第三曲线内容应用发展数字服务	投资较大,短期内成本回收风险大,同时可能存在大量小区长期空载的状态
方案 2	分区域建设,同政府及企业合作,如智慧城市建设、大型企业厂区覆盖等	按需建设,投资准确性相对较强;投资回报比相对较高;对于城市建网,网络结构可以保证	建设规模不容易确定,对市场谈判要求较高;存在企业用户可能会选择自建物联网应用的可能;受限于不同城市政府的积极性,造成不同城市发展程度不一,集团业务统一性较差

（续表）

方案	方案描述	优势	劣势
方案 3	分小区按需建设	精确投资；具有较强的投资回报比，但就目前的实际业务情况看，盈利能力依然较差	无法以始为终地进行网络规划；产业链推动慢，难以形成规模优势；对于提升第三曲线业务拉动力度较小

通过以上 3 种方案的对比，区域部署方案短期推荐方案 2，长期推荐方案 1。

在落实 NB-IoT 建设发展思路上，可考虑 NB-IoT 与 FDD（2G 升级）进行同步部署，可以采用"一步 FDD 规划、逐步 NB-IoT 实施"的方式，提前针对全量场景进行资源需求分析、资源评估等，后期结合网络投资、阶段发展目标进行逐步落地实施，具体策略如下。

（1）NB-IoT 建设初期，建议在主城区、一般城区、县城城区、乡镇、农村场景分别挑选典型站点进行试点规划建设，验证不同场景下 NB-IoT 的实际覆盖能力、接入能力，为后续 NB-IoT 连续覆盖规划奠定基础。

（2）NB-IoT 需要与 FDD LTE 进行同步规划，在 FDD 站点资源基础上，按照 $N:1$（N 个 LTE 站点挑选 1 个）的方式进行分阶段部署。

（3）考虑到物联网的应用情况，优先实现城区场景的 NB-IoT 连续覆盖，并逐步向农村进行覆盖推广。

5.3 规划目标

5.3.1 指标目标制定

无线网络的规划目标，可以从覆盖、容量、质量、数据业务能力等多个维度进行划分。考虑到 CIoT 系统需要与 LTE 系统同步规划，同时 CIoT 组网指标主要体现在覆盖及连接数方面。因此，在制定规划目标时，需要以更高要求的 LTE 建设目标为基础，在 LTE 需求的基础上，按照 CIoT 的覆盖目标进一步规划。

1. 覆盖

覆盖目标首先是考虑覆盖的范围。CIoT/LTE 网络覆盖到什么程度跟 CIoT/LTE 网络的发展和建设策略相关。哪些区域是优先覆盖，哪些区域是重点覆盖，哪些区域是逐步递进覆盖，哪些区域不需要覆盖，这些都是网络覆盖目标首先需要界定的。确定好覆盖的目标范围后，再从面、线、点 3 个方面来量化覆盖目标。

面覆盖是在面积区域上，已经覆盖的区域占目标区域的覆盖百分比。线覆盖用来形容线状覆盖目标的覆盖指标，主要用在道路覆盖上，如高速公路、高速铁路、国道、航道等。

CIoT 网络规划与设计 **Chapter 5**
第五章

点覆盖指标用来表征单个点的覆盖情况，主要用于衡量单个大型建筑或者重要建筑的覆盖程度，一般用于室内分布系统建设的统计。

面覆盖率：用已经覆盖的面积平方千米数除以目标覆盖区域的平方千米数。

线覆盖率：用已经覆盖的道路千米数除以道路总千米数。

点覆盖率：用已经覆盖的点的数量除以总的点的数量。

在规划阶段要对每个区域类型定义无线覆盖参考目标，见表5-2。

表5-2　各区域无线覆盖目标参考表

区域类型	穿透损耗要求	面覆盖概率	线覆盖率	点覆盖率
密集市区	穿透墙体，信号到室内	95% ~ 98%	—	—
一般市区	穿透墙体，信号到室内	90% ~ 95%	—	—
郊区、农村	穿透墙体，信号到室内	80% ~ 90%	—	—
重要道路	穿透汽车、火车等，车内	—	70% ~ 95%	—

对于 LTE/CIoT 网络覆盖的技术定义，主要考察以下 3 个参数是否同时满足。

（1）公共参考信号接收功率（RSRP/NRSRP）

参考信号接收功率 RSRP/NRSRP 是下行公共参考信号的接收功率，反映了信号场强情况，可综合考虑终端接收机灵敏度、穿透损耗、人体损耗、干扰余量等因素。

网络规划时，需通过系统能力的接收灵敏度、上行边缘速率（考虑一定干扰余量）确定最低 RSRP 电平要求，下行边缘速率的确定需要借助链路及仿真结合测试。

（2）公共参考信号信噪比（RS-SINR）

SINR 表示有用信号相对干扰＋底噪的比值，在 LTE 中又可分为参考信号 RS-SINR 和业务信道 SINR，通常在描述覆盖时说的是参考信号的 SINR。

公共参考信号信干比反映了用户信道环境，和用户速率存在一定相关性。因此，对于不同目标的用户速率，SINR 的要求也不同。

RS-SINR 需根据速率指标结合链路级仿真确定，此外再考虑如下所示的其他需求。

• 分业务要求：对不同业务采用差异化指标。对于极低速率业务，以系统接收灵敏度作为规划指标要求，不要求边缘速率；对于其他业务，以边缘速率作为最低速率规划要求。

• 分场景要求：应结合覆盖区的典型业务确定覆盖指标，不同区域规划的指标门限不同。

• 覆盖确认：考虑覆盖率与建设成本间的折中。

（3）终端发射功率

终端发射功率也是判定覆盖的约束条件。以 NB-IoT 为例，上行链路终端发射功率为 23 dBm。

2. 容量

网络规划中的容量目标是网络建成后，形成的数据吞吐量能力。对于 CIoT 系统而言，网络建成后的连接数可作为容量关键指标之一。在 CIoT 与 LTE 协同规划时，LTE 无线网络的容量分上下行吞吐量。在移动互联网大发展的时代，业务种类众多，在容量规划中，不仅要在网络总量上满足用户需求，在各个区域上也要分别满足，确保网络负荷的均衡性。不应出现局部密集市区用户多、数据吞吐量不能满足需求，但是总体容量满足需求的情况。容量规划目标，需要根据用户的分布，更加精细化。

在网络容量利用率的计算中，可划定一个基本的网络容量警戒线，一般设置为网络容量的 50% ～ 70%。对于网络容量利用率的最低界限，在网络建设初期考虑较少。

3. 质量

质量目标分为话音业务和数据业务。因此，对网络质量的目标的规划，主要是对按语音质量、数据业务质量目标进行规划。

业务的接续质量表征用户被接续的速度和难易程度，可用接续时延和接入成功率来衡量。传输质量反映用户接收到的数据业务的准确程度，可用业务信道的误帧率、误码率来衡量。对于数据业务，目前通常采用吞吐量和时延来衡量业务质量。业务保持能力表征了用户长时间保持通话的能力，可用掉线率和切换成功率来衡量。

4. 业务能力

CIoT 网络主要解决物联网应用终端连接问题，而不同的应用接入次数、所需接入带宽均不相同。因此，分析 CIoT 能力时，需要建立业务话务模型及相应的规划指标。表 5-3 以几种典型的 IoT 业务为例，给出相应的业务规划指标需求供参考。

表5-3　不同应用场景的覆盖及业务能力需求

分类	应用	话务模型		覆盖（MCL）	速率（建议值）	可靠性/覆盖率
		上行	下行			
公共事业	智能水表	周期水耗 200 字节1 次 / 天	应答 50 字节1 次 / 天	164 dB	UL:>250 bit/s	95% ～ 99%
	智能电表	每日上报 25KB ～ 40KB1 次 / 天	查询指令 50 字节1 次 / 天	164 dB	UL:>250 bit/s	95% ～ 99%
	智能气表	用户数据上报故障信息<100 字节1 次 / 天	远程预付费开关阀价格调整 <100 字节1 月 1 次	164 dB	UL:>250 bit/s	95% ～ 99%
智慧城市	智能灯杆	应答 50 字节2 次 / 天	开关 / 调光50 字节 2 次 / 天	144 dB	DL:>1 kbit/s	95% ～ 99%
	智能停车	车位上报 100 字节12 次 / 天	应答50 字节 12 次 / 天	154 dB	UL:>1 kbit/s	95% ～ 99%
后勤保障	物流跟踪	位置信息：<100 字节1 次 / 小时	参数配置：<50 字节1 次 / 月	154 dB	室外 UL:>1 kbit/s	90% ～ 99%

（续表）

分类	应用	话务模型		覆盖 （MCL）	速率 （建议值）	可靠性 / 覆盖率
		上行	下行			
消费 医疗	宠物 跟踪	位置信息：<100 字节 1 次 /10s	参数配置：<50 字节 1 次 / 月	154 dB	室外 UL： >1 kbit/s	90% ～ 99%

5.3.2 规划目标实施

在具体落实覆盖、容量、质量、数据业务能力等网络规划目标中，我们主要通过基站布局建设、基站容量配置、基站参数合理设置、基站灵活组网等途径来实现。

在基站建设布局中，技术上需要重点考察基站的覆盖能力，从而确定基站间的距离，同时需考虑与其他系统的干扰隔离要求。

基站容量能力和配置是实现网络容量目标时需重点考虑的内容。合理配置网络容量，合理规划基站接入传输需求，在整个网络通路中，应保障业务的畅通，消除各个环节影响容量的瓶颈。

基站参数设置众多，合理设置能改善网络的质量、数据业务能力、容量和覆盖。

此外，在建设中，充分利旧现有网络配套资源和运营商之间的共建共享，可以节省网络投资，经济建网。

因此，在实际规划操作中，规划目标的实施，见表 5-4。

表5-4 规划目标的实施

规划目标	规划目标的落地实施
整体架构	基站组网策略
覆盖	基站覆盖规划，覆盖仿真
容量	基站容量规划
质量	基站参数设置，干扰协调与控制，网络优化
数据业务能力	基站覆盖规划，基站容量规划
经济性	基站组网策略，基站配套资源利旧，共建共享

●●5.4 频率部署规划

eMTC 支持与 LTE 共同部署，也支持独立部署，通常主要采用 LTE 带内部署方式，同时支持 FDD 和 TDD 两种制式。eMTC 和 LTE 在同一频段内同时工作时，由基站统一进行资源分配，共用部分来控制信道。因此，对于 eMTC 而言，在已有 LTE 频段内直接部署即可，无须设置单独频谱。而对于 NB-IoT，3GPP 则全面设计制定了具体的频率标准及部署规范，下面我们重点分析 NB-IoT 的频率部署方案。

5.4.1　部署频段及国内频谱建议

1. NB-IoT 可部署频段

3GPP TS 36.104 中定义的 NB-IoT 系统使用优先频段，具体可参考本书第 4.2.2 节。

2. 国内移动通信频段

在频率使用方面，基于我国电信运营商的频率分配和使用情况，综合考虑 NB-IoT 的技术网络特性和现阶段 NB-IoT 的频率使用需求，通过深入研究，发现在不对现有业务运行产生影响的情况下，国内电信运营商可以使用已分配的 GSM 或 FDD 方式的 IMT 系统频段部署 NB-IoT 系统。国内移动通信的频段分配情况如图 5-4 所示。

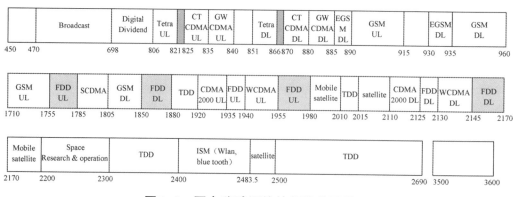

图5-4　国内移动通信的频段分配情况

3. 国内 NB-IoT 频率使用建议

NB-IoT 由于其自身的技术特性，能够实现良好的广覆盖和深度覆盖。不管是哪个频段，只要运营商在该频段的 2G、3G 或 4G 网络实现较好的覆盖，那么基于该频段和现有的站址资源来部署 NB-IoT 网络，就能实现广覆盖和深度覆盖的目标，但是需要考虑如下内容。

* 频段越低，覆盖越好，建网成本也就越低。
* 4G 网络已实现规模商用，2G、3G 网络的业务也正向 4G 网络迁移，2G、3G 网络的频率将逐步腾退。

因此，国内三大电信运营商开展 NB-IoT 部署时，优先考虑 Band 1、Band 3、Band 8，国内可用于 NB-IoT 部署的低频使用情况，见表 5-5。

采用不同频段的覆盖效果差异很大，从覆盖半径对比来看，GSM 1800 MHz 与 TD-LTE 的 F 频段（1900 MHz）相当，比 2.6 GHz 好；GSM 900 MHz 频段覆盖优势最为明显，接近 2.6 GHz 的 3 倍，相较于 F 频段覆盖也有 2 倍的优势，如图 5-5（a）所示；从穿透损耗对比来看，不同频段的穿透损耗不同，GSM 1800 MHz 穿透损耗与 TD-LTEF 频段相当，900 MHz 的穿透损耗比 2.6 GHz 小 5 dB，在室外穿透室内覆盖场景优势明显，可满足 FDD-LTE 覆盖广度和深度需求，如图 5-5（b）所示。

表5-5　国内可用于NB-IoT部署的低频使用情况

频带	上行频率	下行频率	国内运营商已部署制式		
	$F_{UL\_low} \sim F_{UL\_high}$	$F_{UL\_low} \sim F_{UL\_high}$	移动	联通	电信
1	1920 MHz ～ 1980 MHz	2110 MHz ～ 2170 MHz		WCDMA	LTE FDD
3	1710 MHz ～ 1785 MHz	1805 MHz ～ 1880 MHz	GSM 1800	GSM 1800/LTE FDD	LTE FDD
5	824 MHz ～ 849 MHz	869 MHz ～ 894 MHz			LTE FDD
8	880 MHz ～ 915 MHz	925 MHz ～ 960 MHz	GSM 900	GSM 900	

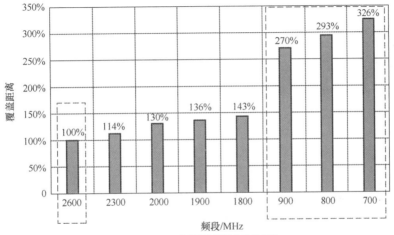

（a）不同频段的覆盖半径对比

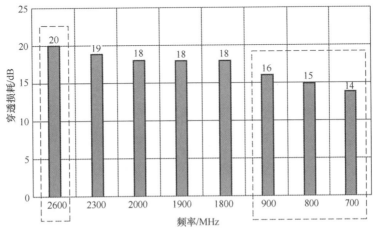

（b）不同频段的穿透损耗对比

图5-5　不同频段的覆盖半径和穿透损耗对比

在覆盖方面，低频具有非常明显的优势。全球许多电信运营商选择低频部署 LTE 网络，国内电信运营商的 NB-IoT 系统频率部署建议，见表 5-6，在 700 M、800 M、900 M 频段上部署 NB-IoT 提供物联网生态基础。同时，低频建网可以有效地降低站点数量，节约投资的同时，可以提升深度覆盖。针对低频段部署存在某些特殊情况的区域，再选择在更高频段如 1.8 GHz 进行 NB-IoT 部署。

表5-6　国内NB-IoT系统频率部署建议

频段	中心频率	上行频率	下行频率	运营商
Band 5	850 MHz	824 MHz ～ 849 MHz	869 MHz ～ 894 MHz	中国电信
Band 8	900 MHz	880 MHz ～ 915 MHz	925 MHz ～ 960 MHz	中国移动、中国联通

5.4.2　NB-IoT 频率部署方式

3GPP 定义了 NB-IoT 的三种部署场景：独立部署（Stand-alone）、保护带部署（Guard Band）和带内部署（In-Band）。三种部署方式如图 5-6 所示。

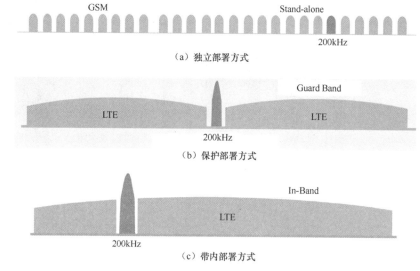

（a）独立部署方式

（b）保护部署方式

（c）带内部署方式

图5-6　NB-IoT三种频率部署场景

1. 独立部署（Stand-alone operation）

独立部署主要是利用现网的空闲频谱或者新的频谱部署 NB-IoT。采用独立部署时，需要考虑 NB-IoT 系统与其他系统间的干扰保护带，具体描述如下。

● GSM 部署场景，从 GSM 频点进行 Refarming 部署 NB-IoT，如图 5-7 所示。

GSM	保护带 1:1 100K 1:3/1:4 200K	NB-IoT	保护带 1:1 100K 1:3/1:4 200K	GSM

图5-7　NB-IoT与GSM共同部署

- LTE 部署场景，需要 1.4 MHz 及以上带宽，具体部署如图 5-8 所示。

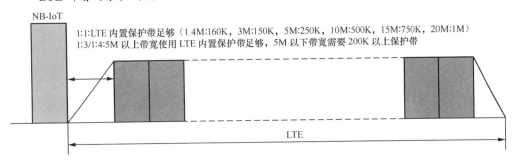

图5-8　NB-IoT与LTE共同部署

- UMTS 部署场景，干扰保护带要求如图 5-9 所示。

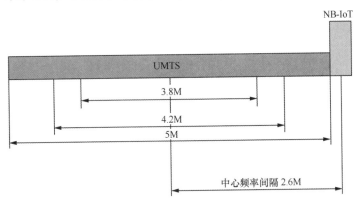

图5-9　NB-IoT与UMTS共同部署

- CDMA 部署场景，干扰保护带要求如图 5-10 所示。

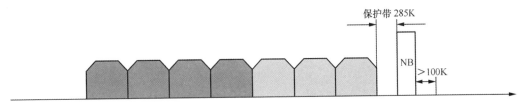

图5-10　NB-IoT与CDMA共同部署

综上所述，采用 Stand-alone 部署 NB-IoT 系统时，NB-IoT 与现有系统间的干扰保护带要求，见表 5-7。

2. 保护带部署（Guard Band operation）

在保护带部署场景下，不占用额外频谱资源，通过利用现网 LTE 网络频段的带宽，最大化已有频谱资源利用率，保护带内部署 NB-IoT 模板具体如图 5-11 所示。

表5-7 独立部署NB-IoT时系统间保护带设置

部署方式	场景	保护带（1:1 组网）	保护带（1:4 组网）	备注
Stand-alone	GSM 共存	100K	200K（需保证和 NB-IoT 频率间隔 200K 的 GSM 频点小区和 NB-IoT 共站）	与 GSM 主 B 频点间隔 300K（需保证和 NB-IoT 频率间隔 300K 的 GSM 频点小区和 NB 共站）
	UMTS 共存	0K（中心频率间隔 2.6M）	中心频点间隔 2.6M（极端场景对 UMTS 性能有一定影响）	5M UMTS 保护带 0K；其他非标带宽 UMTS，与中心频点间隔 2.6M
	LTE 共存	LTE 内置保护带（标准带宽）	LTE 5M 以上带宽的内置保护带；5M 以下带宽需要 200K 以上保护带	—
	CDMA 共存	135K	285K	

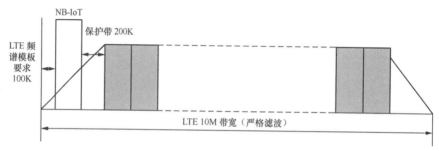

图5-11 保护带内部署NB-IoT模板

采用 $N:1$ 进行保护带部署组网时，NB-IoT 与 LTE 系统频率保护带要求，见表 5-8。

表5-8 采用N:1组网下的保护带要求

场景	保护带（1:1 组网）	保护带（1:4 组网）
LTE Guard Band	频谱边缘（模板要求）：>100K RB 边缘（干扰要求）：>100K	频谱边缘（模板要求）：>100K RB 边缘（干扰要求）：>200K

考虑 100 K 频率间隔，3GPP 定义 LTE Guard Band 场景下 NB-IoT 频点可配置的位置，见表 5-9。

表5-9 Guard Band场景下NB-IoT频点可配置位置

LTE 系统带宽	10 MHz	15 MHz	20 MHz
Edge-to-edge separation of LTE and NB-IoT (kHz)	0/105/210	45/150/255/360/450	0/105/210/300/405/510/600/705

3. 带内部署（In-Band operation）

带内部署是利用现网 LTE 网络频段中的 RB（资源块）部署 NB-IoT，带内部署 NB-IoT

模板如图 5-12 所示。In-Band 场景下，NB-IoT 频谱紧临 LTE 的 RB，为了避免干扰，3GPP 定义 NB-IoT 频谱和相邻 LTE RB 的 PSD（功率谱密度）不应该超过 6dB，由于 PSD 的限制，在带内场景中，NB-IoT 的覆盖相比其他场景更受限，但从演讲扩容的角度来看具有一定优势。

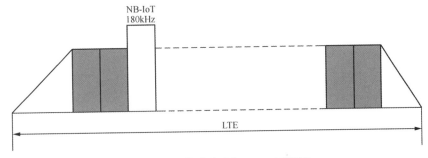

图5-12　带内部署NB-IoT模板

采用 $N:1$ 进行保护带部署组网时，NB-IoT 与 LTE 系统频率保护带要求，见表 5-10。

表5-10　In-Band场景下1：N组网保护带要求

场景	保护带（1：1组网）	保护带（1：4组网）	备注
LTE In-Band（LTE 带宽要求 ≥ 3M）	根据协议提案的仿真，预估不需要预留保护带	下行：预留一个 RB 保护带 上行：预留一个 RB 保护带	NB-IoT 的 PSD（功率谱密度）不高于 LTE 6dB

In-Band 部署时，NB-IoT 占用 LTE 的 1 个 RB，其上下行 RB 配置原则如下。

• 上行 RB 位置原则：尽可能地靠近边缘，避免对 PUSCH 连续性的影响。

建议配置 1：部署在最边缘的 RB 上，PUCCH 会自动往中间移动。

建议配置 2：部署在 PRACH 的对称位置，不影响 PUCCH 位置。

• 下行 RB 可配置位置，见表 5-11。

表5-11　In-Band场景下行RB可配置位置

LTE 小区带宽（MHz）	NB-IoT 下行 RB 可部署位置
5	2，7，17，22
10	4，9，14，19，30，35，40，45
15	2，7，12，17，22，27，32，42，47，52，57，62，67，72
20	4，9，14，19，24，29，34，39，44，55，60，65，70，75，80，85，90，95

4. 三种频率部署方式总结

NB-IoT 的三种部署场景各有利弊，分别从频谱、带宽、兼容性、基站发射功率、覆盖、容量、传输时延、终端能耗、产业情况几个维度进行对比总结，见表 5-12。

总体而言，Stand-alone 模式发射功率高，其下行覆盖性能、速率、功耗、时延等最好，在具备 200 kHz 频率资源的情况下是性能最优的选择。In-Band 模式不需额外占用频率资源，但因下行功率受限（典型值：低于 Stand-alone 模式约 11 dB）导致下行深度覆盖能力较差。Guard-Band 模式以对设备更高的射频指标要求和实现复杂度为代价，换取不占用独立频率资源的好处，理论上性能劣于 In-Band 模式。

表5-12　NB-IoT三种频率部署方式对比总结

指标	Stand-alone	Guard-Band	In-Band
频谱	NB-IoT 独占，不存在与现有系统共存问题	需考虑与 LTE 系统共存问题，如干扰规避，射频指标更严苛等。	需考虑与 LTE 系统共存问题，如干扰消除，射频指标等
带宽	限制比较少，单独扩容	未来发展受限，Guard Band 可用频点有限；不同 LTE 带宽对应可用保护带宽也不同，可用于 NB-IoT 的频域位置也较少	In-Band 可用在 NB-IoT 的频点有限且扩容意味着占用更多的 LTE 资源；要满足中心频点 300 kHz 的需求
兼容性	频谱独占，配置限制较少	需要考虑与 LTE 兼容	需要考虑与 LTE 兼容，如避开 PDCCH 区域、避开 CSI-RS、PRS、LTE 同步信道和 PBCH、CRS 等（具体见注）
基站发射功率	需要使用独立功率，下行功率较高，可达 20W	同 In-Band 模式	借用 LTE 功率，无需独立功率，下行功率较低，约为 2×1.6W（假设 LTE 采用 5 MHz 20W 功率）
覆盖	满足覆盖要求，覆盖略大。PBCH 可到 167.3 dB，有 3 dB 余量	满足覆盖要求，覆盖略小	满足覆盖要求，覆盖最小。PBCH 受限，为 161.1 dB
容量	综合下行容量约为 5 万，容量最优	综合下行容量约为 2.7 万	综合下行容量约为 1.9 万
传输时延	满足协议时延要求，时延最小，传输效率略高	满足协议时延要求，时延略大	满足协议时延要求，时延最大
终端能耗	大于 10 年，满足能耗目标	大于 10 年，满足能耗目标	大于 10 年，满足能耗目标
产业情况	国际运营商：通常在无 LTE 的国家会使用，比例较小	全球运营商仅 KT 考虑测试验证 Guard-Band，方案小众	国际运营商：欧洲 LTE FDD 运营商均采用该方案

注：三种工作模式之间在资源使用上的主要区别在于：In-Band 需要额外留出 LTE CRS、PDCCH symbol 的位置，每毫秒开销约为 28.6%。

对于国内运营商而言，选用 Stand-alone 进行 NB-IoT 组网建设，单小区容量更大、更容易减少与 LTE 系统之间的干扰，故建议在实际组网时，首选独立部署方案。在具体频点选择时可遵循以下策略：（1）优选已有最低频段，获取最佳覆盖；（2）尽可能规避干扰；（3）考虑所选频段 FDD 演进需求。以移动 NB-IoT 网络建设为例，建议采用 900 MHz 进行部署，在具体频率选取中，可采用如下方案。

方案 1：上行 889.2/ 下行 934.2，该频点与 GSM-R 紧邻频，易对铁通产生干扰，铁路周边不可采用此频点，NB-IoT 采用单一频点组网时不建议采用此频点。

方案 2：上行 890.2/ 下行 935.2，易被 CDMA800 的三阶互调信号干扰下行频点，随着 GSM 设备抗阻塞能力提升，电信新设备入网，该干扰将逐渐弱化。

方案 3：上行 908.8/ 下行 953.8，900 MHz 下行五阶互调落入接收频段，高频段受其影响更大，随着天馈系统老化，互调问题将逐渐凸显。

相比而言，方案 2 在向 FDD 演进过程中受限更少，实际组网时需结合 FDD 部署方案进行综合考虑，以某地区为例，NB-IoT 最终确定采用 Stand-alone 方式进行异频组网部署，预留中心频点分别为 953.4/953.6/953.8 MHz。

5.4.3　同频组网缓冲区（Bufferzone）规划

1. 同频 Bufferzone 定义

在 Refarming 区域内 NB-IoT 占用了原 GSM 网络使用的部分频点或 LTE 的部分 RB，而这部分频点在 Refarming 区域外仍然被 GSM/LTE 所使用。这样在 Refarming 区域边缘 NB-IoT 和 GSM/LTE 由于使用相同的频点可能会产生同频干扰。因此，组网时候需要规划同频保护带（Bufferzone）。

（1）GSM 和 NB-IoT 同频保护带设置示意如图 5-13 所示。

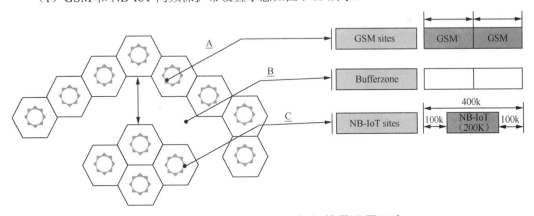

图5-13　GSM和NB-IoT同频保护带设置示意

其中，区域 A 为 GSM 区域；区域 B 为同频保护带（异频 GSM）；区域 C 为 NB-IoT 和异频 GSM 区域。

（2）LTE 和 NB-IoT 同频保护带设置示意如图 5-14 所示。

其中，区域 A 为 LTE 区域；区域 B 为同频保护带（缓冲区）；区域 C 为 NB-IoT 和 LTE 区域。

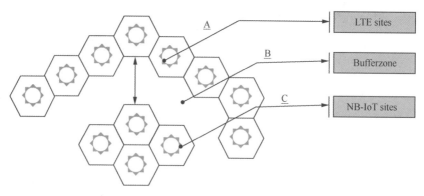

图5-14 LTE和NB-IoT同频保护带设置示意

2. 同频 Bufferzone 分析

（1）GSM/NB-IoT 同频缓冲区空间的隔离耦合损耗要求参数，见表 5-13。

表5-13 GSM/NB-IoT同频缓冲区空间的隔离耦合损耗要求参数

被干扰方向	GSM 终端干扰 NB-IoT 上行	GSM 终端干扰 NB-IoT 下行	NB-IoT 终端干扰 GSM 上行	NB-IoT 终端干扰 GSM 下行	公式
噪声系数（dB）	3	5	3	5	A
带宽（kHz）	15	180	180	180	B
底噪（dBm）	−129.2	−116.4	−118.4	−116.4	$C=-174+10 \times \log(B)+A$
允许底噪抬升（dB）	1	3	1	3	D
允许的干扰（dBm）	−135.1	−116.5	−124.3	−116.5	$E=10 \times \log[10^{[(C+D)/10]}-10^{(C/10)}]$
干扰源发射功率（dBm）	33/180 kHz	43/180 kHz	23/15 kHz	43/180 kHz	F
干扰源发射功率（dBm）折算到被干扰系统带宽	22.2	43.0	33.8	43.0	$G=F-10 \times \log$（干扰系统带宽/被干扰系统带宽）
空间隔离耦合损耗 MCL（dB）	157.3	159.5	158.1	159.5	$H=G-E$

可以看出，干扰受限方向是 NB-IoT 基站干扰 GSM 终端下行，底噪抬升 3 dB 情况下，允许的耦合损耗大约为 159.5 dB。

（2）LTE/NB-IoT 同频缓冲区空间的隔离耦合损耗要求参数，计算结果见表 5-14。

从表 5-14 中可以看出，干扰受限方向是 NB-IoT 基站干扰 LTE 终端下行，底噪抬升 3 dB 的情况下，允许的耦合损耗大约为 159.5 dB。

表5-14　LTE/NB-IoT同频缓冲区空间的隔离耦合损耗要求参数

被干扰方向	LTE 终端干扰 NB-IoT 上行	LTE 终端干扰 NB-IoT 下行	NB-IoT 终端干扰 LTE 上行	NB-IoT 终端干扰 LTE 下行	公式
被干扰系统噪声系数（dB）	3	5	3	5	A
被干扰系统带宽（kHz）	15	180	180	180	B
被干扰系统底噪（dBm）	-129.2	-116.4	-118.4	-116.4	C=-174+10× log(B)+A
允许底噪抬升（dB）	1	3	1	3	D
允许的干扰（dBm）	-135.1	-116.5	-124.3	-116.5	E=10× log[10^{[(C+D)/10]}-10^{(C/10)}]
干扰源发射功率（dBm）	23/ 540 kHz	46/50 个 RB	23/ 15 kHz	43/ 180 kHz	F
干扰源发射功率（dBm）折算到被干扰系统带宽	17.4	29	33.8	43	G=F-10×log （干扰系统带宽/ 被干扰系统带宽）
耦合损耗 MCL（dB）	152.5	145.5	158.1	159.5	H=G-E

•• 5.5　覆盖规划

5.5.1　CIoT 覆盖能力影响分析

NB-IoT 通过提升上行功率谱密度，采用重复发送等机制，实现 MCL 164 dB 的覆盖目标，比 GSM 覆盖增强 20 dB。NB-IoT 三种工作模式都可以达到该覆盖目标。上行方向 Stand-alone 部署时，功率可独立配置，In-Band 及 Guard-Band 部署时功率受限于 LTE 的功率，因此 In-Band 及 Guard-Band 需要更多重复次数才能达到与 Stand-alone 相同的覆盖水平，在相同的覆盖水平下，Stand-alone 下行速率性能更优；下行方向上，三者工作模式基本没区别。

eMTC 的覆盖目标是 MCL 155.7 dB，在 FDD LTE 基础上增强 15 dB，比 NB-IoT 的覆盖低 8 dB 左右。eMTC 是 LTE 的增强功能，与 LTE 共享发射功率和系统带宽，但 eMTC 的业务信道带宽最大为 6 个 PRB，eMTC 功率谱密度与 LTE 相同，覆盖增强主要是通过重复发送、调频实现的。

1. 功率谱密度分析

NB-IoT 独立部署，下行发射功率可独立配置，以配置 20 W 为例，此时 NB-IoT 功率谱密度与 GSM 相同，但比 LTE-FDD 功率谱密度高 14 dB 左右。In-Band 带内部署及 Guard-Band 保护带内部署时，可配置 NB-IoT 与 LTE 的功率差。例如，NB-IoT 比 LTE 功率高 6 dB，此时 NB-IoT 的下行功率仍比 GSM 低 8 dB。eMTC 在功率谱密度上并未比 LTE 有所提升，比 GSM 功率谱密度低 14 dB，因此 eMTC 功率谱密度比 NB-IoT 低 6 ～ 14 dB。

GSM、LTE FDD 与 NB-IoT、eMTC 下行功率谱密度对比结果，见表 5-15。

表5-15　GSM、LTE FDD与NB-IoT、eMTC下行功率谱密度对比结果

下行方向	GSM	LTE FDD −10 MHz	NB-IoT		eMTC
			Stand-alone	In-Band、Guard-Band	
下行发射功率（dBm）	43	46	43	35[1]	36.8[2]
占用带宽（kHz）	180	9000	180	180	1080[2]
下行功率谱密度（dBm/kHz）	20.44	6.46	20.44	12.46	6.46

注 [1]：假设 NRS 功率配置比 CRS 功率高 6dB。
注 [2]：LTE FDD 10M 发射功率 46 dBm，eMTC 占用 1080 kHz 的总功率 36.8 dBm。

NB-IoT 上行终端最大发射功率比 GSM 低 10 dB，但由于 NB-IoT 最小调度带宽为 3.75 k 或者 15 k，故 NB-IoT 上行功率谱密度比 GSM 高 0.8 ～ 6.9 dB。eMTC 终端最大发射功率 23 dBm，最小调度带宽为 1 个 RB 180 kHz，其上行功率谱密度与 LTE 相同，但比 GSM 低 10 dB，因此，eMTC 上行功率谱密度比 NB-IoT 低 11 ～ 17 dB。

GSM、LTE FDD 与 NB-IoT、eMTC 上行功率谱密度对比结果，见表 5-16。

表5-16　GSM、LTE FDD与NB-IoT、eMTC上行功率谱密度对比结果

上行方向	GSM	LTE FDD −10 MHz	NB-IoT（Stand-alone、In-Band、Guard-Band）		eMTC
上行发射功率（dBm）	33	23	23		23
最小占用带宽（kHz）	180	180	15	3.75	180
上行最大功率谱密度（dBm/kHz）	10.4	0.4	11.2	17.3	0.4

2. 重复次数对覆盖能力影响分析

通过重复发送，获得时间分集增益，并采用低阶调制方式，提高解调性能，增强覆盖。

根据 NB-IoT 规范，所有 NB-IoT 信道都可以重复，且上行最大 128 次，下行最大 2048 次，NB-IoT 不同信道允许的重复次数见表 5-17。

表5-17　NB-IoT不同信道允许的重复次数

方向	物理信道类型	可重传次数
上行	窄带物理随机接入信道（NPRACH）	1、2、4、8、16、32、64、128
	窄带物理上行共享信道（NPUSCH）	1、2、4、8、16、32、64、128
下行	窄带物理广播信道（NPBCH）	固定 8 次
	窄带物理下行控制信道（NPDCCH）	1、2、4、8、16、32、64、128、256、512、1024、2048
	窄带物理下行共享信道（NPDSCH）	1、2、4、8、16、32、64、128、192、256、384、512、768、1024、1536、2048

eMTC 最多可定义 4 个覆盖等级，每个覆盖等级的 PRACH 可配置不同的重复次数。eMTC 根据重复次数的不同，分为 Mode A 及 Mode B。Mode A 无重复或重复次数较少，Mode B 重复次数较多。eMTC 不同信道允许的重复次数配置，见表 5-18。

表5-18　eMTC不同信道允许的重复次数配置

LTE-M（eMTC）信道	Mode A 重复次数	Mode B 重复次数
PSS/SSS	1	1
PBCH	1	5
MPDCCH	16	256
PDSCH	32	2048
PUSCH	32	2048
PUCCH	8	32
PRACH	32	256

（1）NB-IoT 下行信道重传解调

• NPBCH 信道解调门限

NPBCH 2T1R 仿真得到的解调门限，见表 5-19。表 5-19 中所示的是基站 2 天线发送的仿真结果，存在约 3 dB 的发送分集增益，如果基站采用 1 天线发送（1T1R），要达到与 2 天线同等覆盖能力，需要重复更多的次数。

① Stand-alone MCL 达到 144 dB、154 dB、164 dB 3 个覆盖场景的重复次数要求分别是 1、2、16。

② In-Band/Guard-Band MCL 达到 144 dB、154 dB 的重复次数分别为 1、8。重复次数达到最大 64 次的时候，MCL 仍无法满足 164 dB 的覆盖目标。在 MCL 164dB 解调 PBCH 的时候，BLER 会高于 10%。

表5-19　NPBCH解调门限（来源R1-160259）

重复次数	10%BLER 解调门限（dB）[1]	MCL	
		Stand-alone（发射功率 43 dBm）	In-Band/Guard-Band（发射功率 35 dBm）
64 次（8 个 Block，640 ms）	−11.8	171.2	160.2[2]
32 次（4 个 Block，320 ms）	−8.3	167.7	156.7
16 次（2 个 Block，160 ms）	−4.6	164	153
8 次（1 个 Block，80 ms）	−1	160.4	149.4
4 次（1/2 个 Block，40 ms）	2	157.4	146.4
2 次（1/4 个 Block，20 ms）	5	154.4	143.4
1 次（1/8 个 Block，10 ms）	8	151.4	140.4

注 [1]：控制信道一般也考虑 1%BLER 的解调门限要求。
注 [2]：PBCH 重复周期为 640 ms，最多重复 64 次，MCL 未达到 164 的覆盖目标。

- NPDCCH 信道解调门限

NPDCCH信息组大于39 bit，基于48 bit仿真的解调门限，见表5-20。从仿真结果可以看出，重复32次可以满足Stand-alone MCL 164 dB的覆盖要求。In-Band、Guard-Band的发射功率比Stand-alone低8 dB时，重复193、230次才满足Guard-Band、In-Band MCL 164 dB。

表5-20　NPDCCH解调门限（来源R1-157339、R1-157537、R1-157538）

配置		10%BLER 解调门限（dB）	MCL（dB）
NB-IoT 部署方式	重复次数		
Stand-alone（1T1R，发射功率43dB）	32	-4.6	164
Guard-Band（2T1R，发射功率35dB）	193	-12.6	164
In-Band（2T1R，发射功率35dB）	230	-12.6	164

- NPDSCH 信道解调门限

NPDSCH 重复次数与（Transmit Block Size，TBS）大小有关，NPDSCH 解调门限仿真结果，见表5-21。TBS 为680时，重复32次可满足Stand-alone MCL 164dB的覆盖要求。In-Band、Guard-Band 的发射功率比 Stand-alone 低 8 dB 时，重复次数需达到128次才满足MCL 为 164 dB。同等覆盖情况下，Stand-alone 下行速率比其他两种部署方式要高。

（2）NB-IoT 上行信道重传解调

Stand-alone 和 In-Band、Guard-Band 上行可用资源相同，上行信道性能接近。

- NPRACH 仿真结果

NPRACH 重复次数 {1、2、4、8、16、32、64、128}，从表5-22 所示的 NPRACH 虚警概率及漏检率仿真结果可以看出，重复次数为 32 次时，才满足 MCL 164dB 的覆盖要求。

表5-21　NPDSCH解调门限仿真结果

NB-IoT 部署方式	配置			10%BLER 解调门限（dB）	MCL（dB）	下行瞬时速率[1]（kbit/s）
	TBS	N_SF	重复次数			
Stand-alone（1T1R，发射功率43dB）	680	5（6 ms）	32	-4.6	164	2.41
Guard-Band（2T1R，发射功率35dB）	680	5（6 ms）	128	-12.9	164.3	0.598
In-Band（2T1R，发射功率35dB）	680	5（8 ms）	128	-12.9	164.3	0.45

注 [1]：下行速率为单子帧瞬时速率，未考虑调度时延、HARQ 反馈等开销。

表5-22　NPRACH虚警概率及漏检率（来源R1-160317）

format	MCL（dB）	重复次数	持续时长（ms）	虚警概率	漏检率
Preamble format2	144	2	12.8	0.05%	0.50%
	154	6	38.4	0.10%	0.60%
	164	30	192	0.10%	0.80%

注：重复次数为 2 的幂次方，上述重复次数不完全满足标准定义，实际使用时略有差异。

• NPUSCH 仿真结果

NPUSCH 的仿真解调效果，见表 5-23，采用 QPSK 调制，发射接收天线为 1T2R。

表5-23　NPUSCH解调门限（来源：R1-160272）

| 覆盖目标 | 配置 | | | | | | 10%BLER解调门限（dB） | 上行瞬时速率（kbit/s） | MCL（dB） |
	TBS	多载波方式	子载波数	RU 个数	重复次数	发送时长（ms）			
覆盖等级 1	776	MT	3	6	1	24	3.2	29.3	144.3
		15K ST	1	5	1	40	7.9	17.6	144.3
		3.75K ST	1	5	1	160	8.1	4.4	150.2
覆盖等级 2	776	15K ST	1	12	2	192	−1.8	3.67	154
		3.75K ST	1	8	1	256	3.7	2.76	154.6
覆盖等级 3	776	15K ST	1	25	7	1400	−12.8	0.5	165
		3.75K ST	1	22	2	1408	−6.2	0.5	164.5

注 1：标准上，RU 个数的取值为 {1，2，3，4，5，6，8，10}，重复次数取值范围为 {1，2，4，8，16，32，64，128}，上表部分取值与标准定义不完全匹配。

注 2：上行速率为单子帧瞬时速率，未考虑调度时延、HARQ 反馈等开销。

（3）eMTC 下行仿真结果

eMTC 下行信道覆盖增强需求，见表 5-24。对于下行信道，由于 Legacy-LTE 各信道的覆盖能力不同，为了满足 MCL 155.7 dB 的覆盖目标，各信道需要提升 6.7 ～ 9.6 dB 不同程度的覆盖能力。

表5-24　eMTC下行信道覆盖增强需求（来源：TR36.888）

物理信道	PBCH	PDSCH	PDCCH
MCL（FDD LTE）　　　　　式（1）	149	145.4	146.1
需增强的覆盖 =155.7- 式（1）	6.7	10.3	9.6

eMTC 各信道都可以重复发送，达到 MCL 155.7 dB 的目标。

PBCH 在 Legacy-LTE PBCH 单次发送的基础上可重复 20 次，理论上可获得 13dB 左右的覆盖增益。

MPDCCH 定义最多可重复 256 次，当 MCCE 聚合等级为 8 时，重复 100 ～ 200 次覆盖可增强 20 dB 左右，MPDCCH 还定义了 16 与 32 聚合等级，其重复次数将进一步降低。

MPDSCH 定义最多可重复 2048 次，当重复 147 次（多厂家平均值），覆盖可增强 20 dB 左右。

（4）eMTC 上行仿真结果

eMTC 上行信道仿真结果，见表 5-25。由于 Legacy-LTE 各信道的覆盖能力不同，上行信道为满足 MCL 155.7 dB 的覆盖目标，各信道需要提升 8.5 ～ 15 dB 不同程度的覆盖能力。

表5-25　eMTC上行信道仿真结果（来源：TR36.888）

物理信道		PUCCH	PRACH	PUSCH
MCL（FDD LTE）	式（1）	147.2	141.7	140.7
需增强的覆盖 =155.7– 式（1）		8.5	14	15

上行各信道通过重复发送可达到 MCL157.7 的覆盖目标，eMTC 上行信道仿真结果，见表 5-26，低于 3GPP 最大重复次数。

表5-26　eMTC上行信道仿真结果（来源：R1-165993）

物理信道	3GPP 定义的最大重复次数	重复次数	说明
PUSCH	2048	90	4 厂家平均值
PRACH	256	25	3 厂家平均值
PUCCH	32	9	3 厂家平均值

5.5.2　链路预算参数

1. 工作频段

NB-IoT 协议定义频段，以国内典型的 900 M 为例分析，eMTC 部署频段与 LTE 一致。

2. 工作带宽

NB-IoT 目前只在 FDD 有定义，终端为半双工方式。NB-IoT 上下行有效带宽为 180 kHz，下行采用 OFDMA，子载波带宽与 LTE 相同，为 15 kHz；上行采用 SC-FDMA，有单载波传输（Single-tone）和多载波传输（Multi-tone）两种传输方式。其中，Single-tone 的子载波带宽包括 3.75 kHz 和 15 kHz 两种，Multi-tone 子载波间隔 15 kHz，支持 3、6、12 个子载波的传输。eMTC 系统带宽 1.4 MHz，子载波带宽 180k。

3. 覆盖场景和信道模型

无线网络规划中经常考虑的几种典型场景（例如，密集城区、一般城区、乡镇、农村），分别对应典型的信道模型。场景的设置将影响计算小区半径时使用的传播模型公式，同时也影响如基站天线高度及穿透损耗等参数的取值。不同的信道模型将采用不同的解调门限，从而得到不同的小区半径。

4. 边缘用户速率

小区边缘用户速率是网络覆盖目标的重要参数，不同区域的边缘速率可以不同。边缘速率通过业务需求的最低速率确定，考虑到不同业务对时延要求不同，故最低速率指标弹性较大，

3GPP 关于 NB-IoT 规划给出一个建议值 160 bit/s，其合理性也有待与真实业务对比之后进行验证。

5. 发射功率

对于 NB-IoT 系统，eNodeB 发射功率一般取每通道 20 W，即 43 dBm；eMTC 与 LTE 共享发射功率和系统带宽，LTE FDD 10 M 发射功率为 46 dBm，eMTC 占用 1080 kHz 的总功率为 36.8 dBm，UE 最大发射功率均定义为 200 mW，即 23 dBm。

6. 接收灵敏度

接收灵敏度为在输入端无外界噪声或干扰的条件下，在所分配的资源带宽内，满足业务质量要求的最小接收信号功率。在 NB-IoT 系统中，接收灵敏度为所需的子载波的复合接收灵敏度，其计算方法为：

$$复合接收灵敏度 = 每子载波接收灵敏度 + 10×lg（需要的子载波数）$$
$$= 背景噪声密度 + 10×lg（子载波间隔）+ 噪声系数 + 解调门限$$
$$+ 10×lg（需要的子载波数）$$

其中，背景噪声密度即热噪声功率谱密度，等于波尔兹曼常数 k 与绝对温度 T 的乘积，为 −174 dBm/Hz。子载波间隔为 15 kHz，接收机噪声系数取值参考，见表 5-27。解调门限由系统仿真得到。

表5-27　接收机噪声系数取值参考

分类	取值（dB）
eNodeB 噪声系数	2.3
UE 噪声系数	7

7. 解调门限

解调门限是指信号与干扰加噪声比（Signal to Interference plus Noise Ratio，SINR）门限，是有用信号相对于噪声的比值，是计算接收机灵敏度的关键参数，是设备性能和功能算法的综合体现，在链路预算中具有极其重要的地位。

解调门限与频段、信道类型、移动速度、MIMO 方式、MCS、误块率（BLER）等因素相关。系统的 MIMO 增益、时隙绑定增益、IRC 增益体现在设备的解调门限参数中。只有在确定相关的系统条件和配置时，通过链路仿真可获取该信道的 SINR。

8. 天馈参数

天馈参数主要包括波瓣宽度、增益、挂高等，需要针对特定的频段、覆盖场景和要求选择合适的天线增益和高度，对于 3 扇区站点通常选择 65° 波瓣角天线。对于宏覆盖基站天线，增益一般为 15 ～ 18 dBi ；UE 天线增益一般为 0 dBi。

9. 损耗

损耗主要包含合路器、塔放等器件插入损耗以及馈线损耗。表 5-28 所示的是常见的馈线损耗参考取值。

表5-28　馈线损耗参考取值

馈线尺寸（英寸）	馈线百米损耗（dB）								
	700 MHz	800 MHz	900 MHz	1700 MHz	1800 MHz	2000 MHz	2100 MHz	2300 MHz	2500 MHz
1/2"	6.01	6.46	6.85	9.74	10.06	10.67	10.96	11.54	12.09
7/8"	3.42	3.68	3.9	5.55	5.73	6.08	6.25	6.57	6.89
5/4"	2.29	2.47	2.63	3.83	3.96	4.22	4.34	4.59	4.83
13/8"	2.04	2.19	2.33	3.36	3.47	3.69	3.8	4.01	4.21

10. 阴影衰落余量

发射机和接收机之间的传播路径非常复杂，有简单的视距传播，也有各种复杂的地物阻挡等，因此无线信道具有一定的随机性。从大量的实际统计数据来看，在一定距离内，本地的平均接收场强在中值附近上下波动。这种平均接收场强因为一些人造建筑物或自然界的阻隔而发生的衰落现象称为阴影衰落（或慢衰落）。通常认为阴影衰落服从对数正态分布，阴影衰落示意如图 5-15 所示。

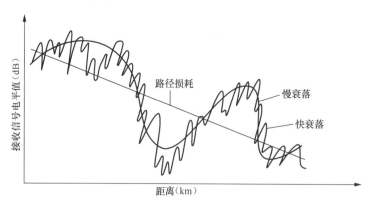

图5-15　阴影衰落示意

由于无线信道的随机性，在固定距离上的路径损耗可在一定的范围内变化，我们无法使覆盖区域内的信号一定大于某个门限，但是必须保证接收信号能以一定概率大于接收门限。为了保证基站以一定的概率覆盖小区边缘，基站必须预留一定的发射功率以克服阴影衰落，这些预留的功率就是阴影衰落余量。为了对抗这种衰落带来的影响，在链路预算中通常采用预留余量的方法称为阴影衰落余量。

　　阴影衰落标准差的取值和阴影衰落概率密度函数的标准方差的取值呈线性关系。通常认为信号电平服从对数正态分布，信号电平对数正态分布示意如图 5-16 所示。

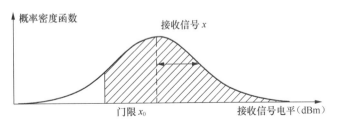

图5-16　信号电平对数正态分布示意

阴影衰落余量取决于覆盖概率和阴影衰落标准差，可根据以下公式计算。

（1）边缘覆盖概率

达到指定边缘覆盖概率所需的阴影衰落余量为

$$P_{x_0} = \int_{x_0}^{\infty} \frac{1}{\sigma\sqrt{2\pi}} \exp\left[\frac{-\left(x-\overline{x}\right)^2}{2\sigma^2}\right] \mathrm{d}x = \frac{1}{2} + \frac{1}{2}\,\mathrm{erf}\left(\frac{M}{\sigma\sqrt{2}}\right)$$

其中，$\mathrm{erf}(x) = \dfrac{2}{\sqrt{\pi}} \int_0^x \mathrm{e}^{-t^2}\,\mathrm{d}t$

x 为接收信号功率；

x_0 为接收机灵敏度；

Px_0 为接收信号 x 大于门限 x_0 的概率；

σ 为阴影衰落的对数标准差；

$\overline{x}$ 为接收信号功率的中值；

M 为衰落余量，$M = \overline{x} - x_0$。

图 5-17 所示的是对数正态衰落余量和边缘覆盖效率的关系曲线。

（2）面积覆盖概率

$$P^a = \frac{1}{2} \times \left[1 - \mathrm{erf}(a) + \exp\left(\frac{1-2ab}{b^2}\right)\left(1 - \mathrm{erf}\left(\frac{1-a\times b}{b}\right)\right) \right]$$

$$a = \frac{M}{\sigma\sqrt{2}}\;;\quad b = \frac{10\,\mu\,\mathrm{lge}}{\sigma\sqrt{2}}$$

其中，P^a 为面积覆盖概率，M 为阴影衰落余量，μ 为路径损耗指数，σ 为阴影衰落标准差。

图 5-18 所示的是边缘覆盖率与面积覆盖率的关系。

部分边缘覆盖率及其对应的阴影衰落余量，见表 5-29。

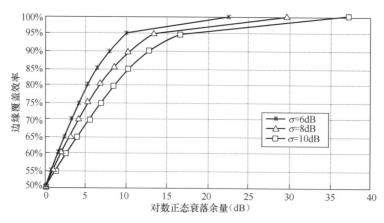

图5-17　对数正态衰落余量与边缘覆盖效率的关系

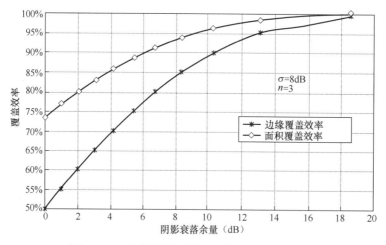

图5-18　边缘覆盖率与面积覆盖率的关系

表5-29　边缘覆盖率与阴影衰落余量对比表

面积覆盖率	$\mu = 3$				$\mu = 4$			
	$\sigma = 8dB$		$\sigma = 10dB$		$\sigma = 8dB$		$\sigma = 10dB$	
	边缘覆盖率	阴影衰落余量（dB）	边缘覆盖率	阴影衰落余量（dB）	边缘覆盖率	阴影衰落余量（dB）	边缘覆盖率	阴影衰落余量（dB）
98%	95%	13.2	96%	17.6	93%	11.8	94%	15.6
95%	87%	9	89%	12.3	85%	8.3	87%	11.7
90%	77%	6	80%	8.5	73%	5	76%	7.1
75%	52%	0.5	56%	1.6	47%	0	51%	0.3

11. 穿透损耗

当人在建筑物或车内打电话时，信号需要穿过建筑物或车体，造成一定的损耗。穿透损耗与具体的建筑物结构和材料、电波入射角度和频率等因素有关，应根据目标覆盖区的实际情况确定。各种无线传播环境下的穿透损耗参考值，见表 5-30。

表5-30　不同区域穿透损耗值

区域类型	穿透损耗典型取值（dB）
密集市区	18–20
一般市区	15–18
郊区	10–15
农村开阔地（汽车）	6–10
农村开阔地（高铁）	12–20

12. 干扰余量

NB-IoT 下行采用 OFDMA 技术，各个子载波正交，上行采用 SC-FDMA 技术，小区内的用户也相互正交，因此理论上 NB-IoT 网络的小区内干扰为零，但是小区间的干扰不能忽视。在实际网络中，邻近小区对本小区的干扰随着邻小区负荷的增大而增加，系统的噪声水平也提升，接收机灵敏度降低，基站覆盖范围也缩小。因此在链路预算中，需要考虑干扰余量。

干扰余量的计算通过采用仿真得到不同条件下的单小区（无小区间干扰）、多小区边缘吞吐率，然后得到给定边缘吞吐率所对应的单小区半径和多小区半径。最后通过空口路损模型，得到单小区半径、多小区半径所对应的路损，两者之差即为干扰余量。

5.5.3　链路预算

上行链路预算公式为：

$$PL_{\_UL} = P_{out\_UE} + Ga_{\_BS} + Ga_{\_UE} - Lf_{BS} - M_f - M_1 - L_p - L_b - S_{BS}$$

其中，$PL_{\_UL}$ 为上行链路最大传播损耗（dB）；P_{out_UE} 为终端最大发射功率（dBm）；Ga_{BS} 为基站天线增益（dBi）；Ga_{UE} 为终端天线增益（dBi）；Lf_{BS} 为馈线损耗（dB）；M_f 为阴影衰落余量（dB）；M_L 为干扰、杂量（dB）L_p 为建筑穿透损耗（dB）；L_b 为人体损耗（dB）；S_{BS} 为基站接收灵敏度（dBm）。

下行链路预算公式为：

$$PL_{\_DL} = P_{out\_BS} + Ga_{\_BS} + Ga_{\_UE} - Lf_{BS} - M_f - M_1 - L_p - L_b - S_{UE}$$

其中，$PL_{\_DL}$ 为下行链路最大传播损耗（dB）；P_{out_BS} 为基站最大发射功率（dBm）；Ga_{BS} 为基站天线增益（dBi）；Ga_{UE} 为终端天线增益（dBi）；Lf_{BS} 为馈线损耗（dB）；M_f 为阴影衰落余量（dB）；M_1 为干扰余量（dB）；L_p 为建筑物穿透损耗（dB）；L_b 为人体损耗（dB）；S_{UE} 终端接收灵敏度（dBm）。

以 NB-IoT 为例，不同参数配置下各信道链路预算，见表 5-31。

表5-31　NB-IoT链路预算

参数	控制信道			业务信道							
				上行			下行				
	NPRACH	NPBCH	NPDCCH	NPUSCH 15 kHz	NPUSCH 15 kHz	NPUSCH 3.75 kHz	NPDSCH-6.7 W (Stand-alone)	NPDSCH-20 W (Stand-alone)	NPDSCH-20 W (Stand-alone)	NPDSCH-2×1.6 W (Gurard-Band)	NPDSCH-2×1.6 W (In-Band)
边缘速率（kbit/s）	—	—	—	0.16	0.28	0.39	0.97	1.8	8.5	0.67	0.67
天线模式	1T2R	1T1R	1T1R	1T2R	1T2R	1T2R	1T1R	1T1R	1T1R	2T2R	2T2R
传输块大小（bit）	—	—	—	1000	1000	1000	1000	1000	1000	1000	1000
无线资源数量（RU）	—	—	1	10	10	10	10	10	10	10	10
重复次数（次）	32	—	4	44	44	8	8	8	8	8	8
发送时间（ms）	179.2	80	4	3520	3520	2560	80	80	80	80	80
发射功率（dBm）	23	43	43	23	23	23	38.26	43	43	35	35
占用带宽（kHz）	3.75	180	180	15	15	3.75	180	180	180	180	180
热噪声密度（dBm/Hz）	-174	-174	-174	-174	-174	-174	-174	-174	-174	-174	-174
接收机噪声系数（dB）	3	5	5	3	3	3	5	5	5	5	5
干扰余量（dB）	0	0	0	0	0	0	0	0	0	0	0
等效噪声功率（dB）	-135	-116	-116	-129	-129	-135	-116	-116	-116	-116	-116
信噪比要求（dB）	-6	-5	-7	-12	-12	-9	-10	-5	-5	-13	-13
接收机灵敏度（dBm）	-141	-122	-123	-141	-141	-144	-126	-122	-121	-129	-129
接收机处理增益（dB）	0	0	0	0	0	0	0	0	0	0	0
最大耦合损耗 MCL（dB）	164	165	166	164	164	167	164	165	164	164	164

从链路预算表中 5-31 可以直观看出，NB-IoT 系统 3.75 kHz 覆盖最优，同时规划中建议最大 MCL 取 164 dB。

同理，考虑到 eMTC 是基于 LTE 协议演进而来，为了更加适合物与物之间的通信，也为了更低的成本，仅对 LTE 协议进行了裁剪和优化，在链路预算中，LTE 与 eMTC 上下行链路预算结果，见表 5-32。

表5-32　LTE与eMTC上下行链路预算

序号	参数	LTE		eMTC	
		PUSCH	PDCCH	PUSCH	PDSCH
①	数据速率（kbit/s）	20	N/A	N/A	N/A
②	天线模式	1T2R	2T2R	1T2R	1T2R
③	发送功率（dBm）	23	46	23	36.8
④	子载波带宽（kHz）	180	180	180	180
⑤	子载波数	2	50	1	6
⑥	占用带宽（kHz）	360	9000	180	1080
⑦	馈线损耗（dB）	0.5	0.5	0.5	0.5
⑧	天线增益（dBi）	15	15	15	15
⑨	噪声功率谱密度（dBm/Hz）	−174	−174	−174	−174
⑩	噪声系数（dB）	3	5	3[1]	5[2]
⑪	噪声功率（dB）	−115.4	−98.7	−118.4	−108.7
⑫	SINR（dB）	−4.3	−4.7	−16.3	−14.2
⑬	接收灵敏度（dB）=⑪+⑫	−119.7	−103.4	−134.7	−122.9
⑭	最大耦合损耗 MCL（dB）=③+⑬	142.7	149.4	157.7	159.7

注 [1]：eMTC MCL 155.7 dB 是在噪声系数为 5 dB 情况下计算的结果，此处为与 LTE 制式对比，噪声系数统一为 3 dB，故实际 MCLS 比 155.7 dB 高 2 dB。

注 [2]：eMTC MCL 155.7 dB 是在噪声系数为 9 dB 情况下计算的结果，此处噪声系数统一为 5dB，因此实际 MCL 比 155.7 dB 高 4 dB。

5.5.4　链路预算分析

1. NB-IoT 与 GSM 覆盖增益对比

NB-IoT 相对 GSM 上、下行覆盖增益对比结果见表 5-33、表 5-34。从表 5-33、表 5-34 中可以看出，在 Stand-alone 场景下，NB-IoT 相对 GSM 增益 20.3 dB（164.3 VS 144）。

2. NB-IoT 与 LTE 覆盖增益对比

NB-IoT 相对 LTE 上、下行覆盖增益对比结果见表 5-35、表 5-36。

表5-33 NB-IoT相对GSM上行覆盖增益结论

上行	相对于 GSM 增益（dB）				
子载波	功率	PSD（dB）	解调门限增益（dB）	相对上行增强（dB）	上行 MCL（dB）
3.75k	GSM 33 dBm@180 kHz NB 23 dBm@3.75 kHz	6.8	13.4（NB: −6；GSM: 7.4）	20.2	NB: 166.7 GSM: 144
15k	GSM 33 dBm@180 kHz NB 23 dBm@15 kHz	0.8	19.4（NB: −12；GSM: 7.4）	20.2	NB: 164.3 GSM: 144

表5-34 NB-IoT相对GSM下行覆盖增益结论

下行	相对于 GSM 增益（dB）				
	功率	PSD（dB）	解调门限增益（dB）	下行覆盖增强（dB）	下行 MCL（dB）
Stand-alone	NB 20W GSM 20W	0	15.4（NB: −5；GSM: 10.4）	15.4	NB: 164.4 GSM: 149

表5-35 NB-IoT相对LTE上行覆盖增益结论

上行	相对于 LTE 增益（dB）				
子载波	功率	PSD（dB）	解调门限增益（dB）	相对上行增强（dB）	上行 MCL（dB）
3.75k	LTE 23 dBm@360 kHz NB 23 dBm@3.75 kHz	19.8	1.7	21.5	NB: 164.3 LTE: 142.7
15k	LTE 23 dBm@360 kHz NB 23 dBm@15 kHz	13.8	7.7	21.5	NB: 164.3 LTE: 142.7

表5-36 NB-IoT相对LTE下行覆盖增益结论

下行	相对于 LTE 增益（dB）（2×20W）				
	NB 功率（W）	PSD（dB）	解调门限增益（dB）	下行覆盖增强（dB）	下行 MCL（dB）
Stand-alone	NB 20W LTE 2×20W@10 MHz	14	1（NB-5；LTE-4）	15	NB: 164.4 LTE: 149.4
Guard-Band/In-Band（共 LTE RRU）	LTE 2×20W@10 MHz NB 2×1.6W	6	8.6（NBL: −12.6；LTE-4）	14.6	NB: 164 LTE: 149.4

在 Stand-alone 场景下，NB-IoT 相比 LTE 增益 21.36 dB（164.3 VS 142.7）。

在 Guard-Band/In-Band 场景，NB-IoT 相对 LTE 增益 21.3 dB（164 VS 142.7）。

3. eMTC 与 LTE 覆盖增益对比

eMTC 与 LTE 上、下行覆盖增益对比结果，见表 5-37、表 5-38。

eMTC 相比 LTE 覆盖增益 21.36 dB（164.3 VS 142.7）。

表5-37　eMTC上行相对于LTE增益（dB）

功率	PSD （dB）	解调门限增益 （dB）	重复发送增益 （dB）	相对上行增强 （dB）	上行 MCL （dB）
eMTC 23 dBm@180 kHz LTE 23 dBm@360 kHz	0	12（eMTC −16.3; LTE −4.3）	3	15	eMTC: 157.7 LTE: 142.7

表5-38　eMTC下行相对于LTE增益（dB）（2×20 W）

功率	PSD （dB）	解调门限增益 （dB）	重复发送增益 （dB）	下行覆盖增强 （dB）	下行 MCL （dB）
eMTC 36.8 dBm@1080 kHz LTE 2×20W@10 MHz	0	9.2（eMTC −14.2; LTE −4）	1.1	10.3	eMTC: 159.7 LTE: 149.4

4. MCL 在网络部署中的建议

在实际网络部署过程中，需要考虑预留余量，保证系统的稳定性。基于链路预算，从理论 MCL（最大耦合损耗）对比分析来看，因理论分析并未考虑干扰余量等因素，NB-IoT 比 GSM 覆盖增强 20 dB 以上，而 eMTC MCL 优于 GSM 系统 10 dB 以上，优于 LTE 系统 15 dB 以上，两者覆盖效果均好于现有 GSM 及 LTE 系统。

参考现有 GSM 及 LTE 部署经验，GSM 系统组网时边缘电平规划为 −95 ～ −90 dBm，LTE 系统边缘电平规划为 −105 ～ −110 dBm，均预留了 6 ～ 11 dB 左右余量。参考现有网络规划设计和 CIoT 仿真，在无系统外干扰的情况下，建议预留 8 dB 以上的规划余量，如图 5-19 所示。

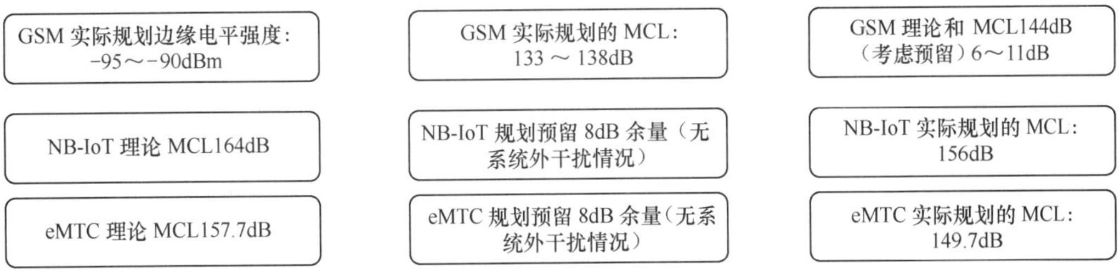

GSM 实际规划边缘电平强度：−95～−90dBm

GSM 实际规划的 MCL：133 ～ 138dB

GSM 理论和 MCL144dB（考虑预留）6～11dB

NB-IoT 理论 MCL164dB

NB-IoT 规划预留 8dB 余量（无系统外干扰情况）

NB-IoT 实际规划的 MCL：156dB

eMTC 理论 MCL157.7dB

eMTC 规划预留 8dB 余量（无系统外干扰情况）

eMTC 实际规划的 MCL：149.7dB

图5-19　CIoT系统无外部干扰情况下MCL规划建议

针对存在系统外干扰的试点场景，如因清频不干净引入的系统外干扰（假定有 x dB），则需要在原有基础上再增加 x dB 余量，如图 5-20 所示。这个是由于系统外干扰引入的损失，如果实际网络不存在系统外干扰，上行底噪接近理论值，则不需要预留该余量。

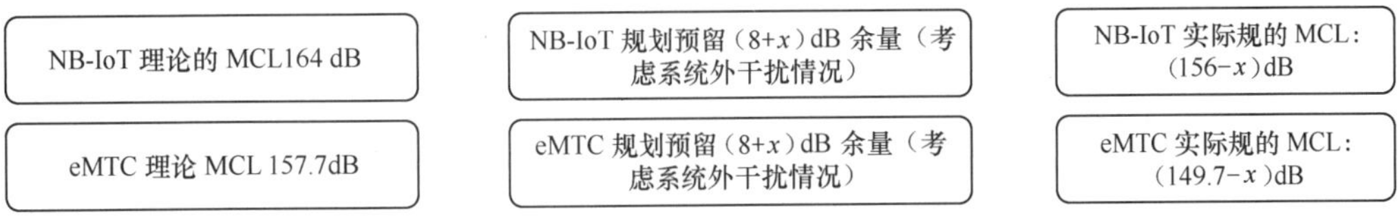

NB-IoT 理论的 MCL164 dB

NB-IoT 规划预留（8+x）dB 余量（考虑系统外干扰情况）

NB-IoT 实际规的 MCL：（156−x）dB

eMTC 理论 MCL 157.7dB

eMTC 规划预留（8+x）dB 余量（考虑系统外干扰情况）

eMTC 实际规的 MCL：（149.7−x）dB

图5-20　CIoT系统有外部干扰情况下MCL规划建议

5.5.5 电波传播模型

无线电波传播模型的分类众多，从建模的方法看，目前常用的传播模型主要是经验模型和确定性模型两大类。此外，也有一些介于上述两者模型之间的半确定性模型。经验模型主要通过大量的测量数据进行统计分析后归纳导出的公式，其参数少，计算量少，但模型本身难以揭示电波传播的内在特征，应用于不同的场合时需要对模型进行校正。确定性模型则是对具体现场环境直接应用电磁理论计算的方法得到的公式，其参数多，计算量大，从而得到比经验模型更为精确的预测结果。

一个有效的传播模型应该能很好地预测传播损耗，该损耗是距离、工作频率和环境参数的函数。由于在实际环境中地形和建筑物的影响，传播损耗也会有所变化，因此预测结果必须在实地测量过程中进一步验证。以往的研究人员和工程师通过对传播环境的大量分析、研究，已经提出了许多传播模型，用于预测接收信号的中值场强。

目前得到广泛使用的传播模型有 Okumura-Hata 模型、COST231-Hata 模型和通用模型等。

1. Okumura–Hata 模型

Okumura-Hata 模型在 900 MHz GSM 中得到广泛应用，适用于宏蜂窝的路径损耗预测。Okumura-Hata 模型是根据测试数据统计分析得出的经验公式，应用频率在 150 MHz ～ 1500 MHz 之间，适用于小区半径大于 1 km 的宏蜂窝系统，基站有效天线高度在 30 ～ 200m，终端有效天线高度在 1 ～ 10m。

Okumura-Hata 模型路径损耗计算的经验公式为：

$$L_{50}(dB) = 69.55 + 26.16 \lg f_{c} - 13.82 \lg h_{te} - \alpha(h_{re}) + (44.9 - 6.55 \lg h_{te}) \lg d + C_{cell} + C_{terrain}$$

其中，① f_{c}（MHz）：工作频率。

② h_{te}（m）：基站天线有效高度，定义为基站天线实际海拔高度与天线传播范围内的平均地面海拔高度之差。

③ h_{re}（m）：终端有效天线高度，定义为终端天线高出地表的高度。

④ d（km）：基站天线和终端天线之间的水平距离。

⑤ $a(h_{te})$：有效天线修正因子是覆盖区大小的函数，其数值与所处的无线环境相关，参见如下公式：

$$\alpha(h_{re}) = \begin{cases} \text{中小城市} (1.11 \lg f_{c} - 0.7) h_{re} - (1.56 \lg f_{c} - 0.8) \\ \text{大城市、郊区、乡村} \begin{cases} 8.29 (\lg 1.54 h_{re})^2 - 1.1 & (f_{c} \leqslant 300\text{MHz}) \\ 3.2 (\lg 11.75 h_{re})^2 - 4.97 & (f_{c} > 300\text{MHz}) \end{cases} \end{cases}$$

⑥ C_{Cell}：小区类型校正因子。

$$C_{cell} = \begin{cases} 0 & \text{城市} \\ -2\left[\lg\left(\dfrac{f_c}{28}\right)\right]^2 - 54 & \text{郊区} \\ -4.78(\lg f_c)^2 + 18.33\lg f_c - 40.98 & \text{乡村} \end{cases}$$

⑦ $C_{terrain}$：地形校正因子，地形校正因子反映一些重要的地形环境因素对路径损耗的影响，如水域、树木、建筑等。合理的地形校正因子可以通过传播模型的测试和校正得到，也可以由用户指定。

2. COST 231–Hata 模型

COST 231-Hata 模型是 EURO-COST（EUROpean Co-Operation in the field of Scientific and Technical research）组成的 COST 工作委员会开发的 Hata 模型的扩展版本，应用频率在 1500 MHz ～ 2000 MHz，适用于小区半径大于 1 km 的宏蜂窝系统，发射有效天线高度在 30 ～ 200 m，接收有效天线高度在 1 ～ 10 m。

COST 231-Hata 模型路径损耗计算的经验公式为：

$$L(\text{dB}) = 46.3 + 33.9\lg f_c - 13.82\lg h_{te} - \alpha(h_{re}) + (44.9 - 6.55\lg h_{te})\lg d + C_{cell} + C_{terrain} + C_M$$

其中，C_M 为大城市中心校正因子。

$$C_M = \begin{cases} 0\,\text{dB} & \text{中等城市和郊区} \\ 3\,\text{dB} & \text{大城市中心} \end{cases}$$

COST 231-Hata 模型和 Okumura-Hata 模型主要的区别在于频率衰减的系数不同，COST 231-Hata 模型的频率衰减因子为 33.9，Okumura-Hata 模型的频率衰减因子为 26.16。另外，COST 231-Hata 模型还增加了一个大城市中心衰减 C_M。

3. 通用模型

通用模型是目前无线网络规划软件普遍使用的一种模型，它的系数由模型路径损耗计算的经验公式推导而出。通用模型由下面的方程确定：

$$P_{RX} = P_{TX} + k_1 + k_2\lg(d) + k_3\lg(H_{eff}) + k_4(Diff) + k_5\lg(H_{eff})\lg d + k_6\lg(H_{meff}) + k_{clutter}$$

其中，P_{RX} 为接收功率；

P_{TX} 为发射功率；

d 为基站与移动终端之间的距离；

H_{meff} 为终端的高度（m）；

H_{eff} 为基站有效天线高度（m）；

k_1 为衰减常量；

k_2 为距离衰减常数；

k_3 和 k_5 为基站天线高度修正因子；

k_4 为绕射修正系数；

k_6 为终端高度修正系数；

$k_{clutter}$ 为终端所处的地物损耗。

所谓通用模型是因为其对适用环境、工作频段等方面限制较少，应用范围更为广泛。该模型只是给出了一个参数组合方式，可以根据具体应用环境来确定各个参数的值。正是因为其通用性，在无线网络规划中得到广泛应用，几乎所有的商用规划软件都是在通用模型的基础上，实现其模型校正功能。

除了上述经验模型外，一些著名的确定性模型可用于计算传播损耗。所谓确定性模型是指通过采用更加复杂的技术，利用地形和其他一些输入数据估算出模型参数，从而应用于给定的移动环境。确定性模型主要依赖三维数字地图（必须足够精细）提供的相关信息，模拟无线信号在空间的传播情况。例如，利用双射线的多径和球形地面衍射来计算超出自由空间损耗的朗雷 - 莱斯模型和基于从发射机到接收机沿途的地形起伏高度数据来计算传播损耗的 TIREM 模型等。

5.5.6　覆盖能力分析

链路预算获得基站最大允许路径损耗。基站覆盖能力除了与设备相关（最大允许路径损耗）之外，还跟基站工程参数、无线传播环境等相关。电波在传播过程中的衰减是根据电波传播模型计算得到的。传播模型有很多种，并且不同的传播模型适用于不同的传播环境。在实际工程中，还需要根据不同地区的测试结果对传播模型进行修正。

以 COST231-Hata 传播模型为例，推导 NB-IoT 组网需要的覆盖半径，再按三叶草的标准蜂窝结构计算站间距，COST231-Hata 模型公式为：

$$L(\mathrm{dB}) = 46.3 + 33.9\lg f_c - 13.82\lg h_{bs} - \alpha(h_{ms}) + (44.9 - 6.55\lg h_{bs})\lg d + C_M$$

其中，$L(\mathrm{dB})$ 为最大允许路损；

f_c 为系统选用频率，NB-IoT 采用 900 MHz 进行规划；

h_{bs} 为基站天线挂高，针对不同场景进行设定；

h_{ms} 为终端所处高度；

d 为单小区覆盖距离；

C_M 为城市修正因子，密集城区场景取 3。

在实际使用中，通常多系统采用共址建设，以 900 MHz 频率 NB-IoT/GSM/LTE/eMTC 共址组网建设为例，假设各项估算参数配置，见表 5-39。

表5-39　NB-IoT/GSM/eMTC覆盖估算假定条件

参数名	配置			
场景	密集城区	城区	农村	郊区
业务类型	NB-IoT/GSM/eMTC			
频段	900M			
传播模型	Okumura-Hata（Huawei）			
基站天线增益（dBi）	15			
馈线损耗（dB）	1			
基站功率配置	GSM：43 dBm　　LTE：46 dBm/10M			
	eMTC：36.8 dBm			
	NB-IoT：43 dBm			
终端功率配置	GSM：33 dBm			
	eMTC：23 dBm			
	NB-IoT：23 dBm			
噪声系数（dB）	基站：3			
	终端：5			
穿透损耗（dB）	18	14	10	7
额外深度损耗（NB-IoT/eMTC 考虑）	10	10	10	10
阴影衰落标准差（dB）	11.7	9.4	7.2	6.2
覆盖概率	99%			
干扰余量（dB）	GSM：1dB　　NB/eMTC：3dB			
站高（m）	25	30	35	40

因此，通过链路预算得出，在密集城区、一般城区（含县城）、乡镇、农村不同场景下，采用 900 MHz 部署 NB-IoT 的单站覆盖半径，见表 5-40。

表5-40　不同场景NB-IoT单站覆盖半径

参数名	配置			
业务类型	NB-IoT			
场景	密集城区	一般城区	乡镇	农村
工作频率（MHz）	900	900	900	900
基站天线高度（m）	25	30	35	40
终端所在高度（m）	1.0	1.0	2.0	2.0
移动台天线高度修正因子 a（m）	-1.306	-1.329	1.291	1.291
基站天线增益（dB）	15	15	15	15
馈线损耗（dB）	1	1	1	1
穿透损耗（dB）	18	14	10	7
阴影衰落标准差（dB）	11.7	9.4	7.2	6.2
边缘覆盖率（%）	86%	86%	86%	86%
慢衰落余量（dB）	12.6	10.2	7.8	6.7

（续表）

参数名	配置			
干扰余量（dB）	3	3	3	3
OTA 及外壳损耗（dB）	15	15	15	15
额外深度损耗（dB）	7	7	7	7
允许路径损耗（dB）	122.37	128.85	135.23	139.31
C_M：城市修正因子（dB）	3.00	0.00	−9.94	−19.21
传播模型截距（dB）	131.44	130.36	126.82	126.02
传播模型斜率	35.74	35.22	34.79	34.41
最大基站覆盖半径（m）	557.67	906.05	1745.13	2434.35

同理，在密集城区、一般城区（含县城）、乡镇、农村不同场景下，采用 900 MHz 频段部署 eMTC 的单站覆盖半径，见表 5-41。

表5-41　不同场景部署eMTC单站覆盖半径

参数名	配置			
业务类型	eMTC			
场景	密集城区	一般城区	乡镇	农村
工作频率（MHz）	900	900	900	900
基站天线高度（m）	25	30	35	40
终端所在高度（m）	1.0	1.0	2.0	2.0
移动台天线高度修正因子 a（m）	−1.306	−1.329	1.291	1.291
基站天线增益（dB）	15	15	15	15
馈线损耗（dB）	1	1	1	1
穿透损耗（dB）	18	14	10	7
阴影衰落标准差（dB）	11.7	9.4	7.2	6.2
边缘覆盖率（%）	86%	86%	86%	86%
慢衰落余量（dB）	12.6	10.2	7.8	6.7
干扰余量（dB）	3	3	3	3
OTA 及外壳损耗（dB）	15	15	15	15
额外深度损耗（dB）	7	7	7	7
允许路径损耗（dB）	118.06	124.54	130.92	135.00
C_M：城市修正因子（dB）	3.00	0.00	−9.94	−19.21
传播模型截距（dB）	131.44	130.36	126.82	126.02
传播模型斜率	35.74	35.22	34.79	34.41
最大基站覆盖半径（m）	422.48	683.61	1312.01	1824.42

与传统网络相比，CIoT 覆盖的终端具有更深的覆盖需求，规划中需要考虑如下两点内容。

（1）额外的深度损耗：终端在深度覆盖，以水电表为例，不仅高度降低（可能在室内地下层），同时外表会增加相应的盖子，会额外增加 10 dB 以上损耗。

（2）更高覆盖率要求：诸多终端非移动且位置更深，建议从传统的 95% 覆盖率提升至 99% 的覆盖率，需额外增加 8 dB 左右损耗。

●● 5.6 容量规划

5.6.1 容量的影响因素

CIoT 系统的容量由很多因素决定，主要包括小区带宽、MIMO 技术、基站功率、资源分配方式、调度算法、信道环境等。

1. 单小区频点数

eMTC 系统带宽为 1.4 MHz，NB-IoT 带宽为 200 kHz。eMTC 采用更大的带宽，网络可用频谱资源更多，系统自身容量更大。通常用户吞吐量和接入用户数这两个容量参数与系统带宽的关系成正比关系。

2. MIMO

MIMO 技术按效果可以分为空间分集、波束赋形、空间复用和空分多址等方式。空间分集则可以提高链路的传输性能，提高边缘用户的吞吐量；空间复用可以显著提高用户的峰值速率。

3. 基站功率

对于以覆盖为首要目标的场景（站间距较大），提升基站发射功率可在一定程度上提升系统容量。

4. 小区间干扰消除技术

CIoT 系统由于 OFDMA 的特性，系统内的干扰主要来自于同频的其他小区。这些同频干扰将降低用户的信噪比，从而影响用户容量，因此干扰消除技术的效果将会影响系统整体容量及小区边缘用户速率。

5. 资源分配方式

通常资源分配方式包括动态调度和半持续调度两种。动态调度采用按需分配方式，每次调度都需要调度信令的交互，这种方法比较简单，灵活性高，如不考虑调度信令资源的限制，资源利用率是最高的，但动态调度的信令开销很大，限制了系统容量。而半持续调度只在第一次资源分配，重传或需要进行重新资源分配时采用动态调度，其他采用之前预定义的资源分配进行传输的调度方式。因此，节省了信令的开销，一定程度上提升了系统的容量。

6. 资源调度算法

网络根据信道质量的实时检测反馈，动态调整用户数据的编码方式与占用的资源，从系统上做到性能最优。因此，系统整体容量性能和资源调度算法的好坏密切相关，好的资源调度算法可以明显提升系统容量与用户速率。

7. 网络结构

用户吞吐量取决于用户所处环境的无线信道质量，小区吞吐量取决于小区整体的信道环境，而小区整体信道环境最关键的影响因素是网络结构及小区覆盖半径。在 CIoT 规划时，就应该关注网络结构，严格按照站距原则选择站址，避免选择高站及偏离蜂窝结构较大的站点，控制小区间的干扰。

5.6.2　容量规划方法

在 CIoT 网络容量规划中，建网初期以覆盖目标为主，首先满足覆盖要求，分步建站；后期根据不同应用场景对容量的不同需求，灵活配置相应的网络参数。

CIoT 容量规划的追求目标是满足物联网业务带宽需求下的更多连接数，如单用户吞吐率及最大的接入用户数，但这些目标是存在相互制约的关系。网络接入的用户数越多，每个用户的吞吐率就会降低，小区的平均吞吐率也会受到影响。

容量规划需根据建网目标来综合平衡，简单的容量估算方法是基于用户及业务模型，确定整个区域总接入用户数和总吞吐率需求的容量目标，整个区域的容量目标和单个小区的容量能力之比，就是从容量角度上计算出的小区数目，从小区数分析基站数和载频配置数。容量规划资源分析流程如图 5-21 所示。

基于用户分布的容量规划是以地理化的用户分布和话务预测数据为基础，将规划网络的整个区域细分为一个个更小的区域，然后在每个更小的区域中，进行精细化的容量规划。

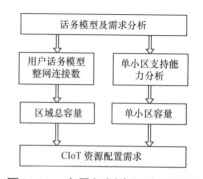

图5-21　容量规划资源分析流程

容量规划需要与覆盖规划相结合，最终结果需同时满足覆盖与容量的需求。

容量规划除业务能力外，还需综合考虑信令各种无线空口资源。

5.6.3 容量估算

1. 峰值吞吐率估算

（1）NB-IoT 峰值吞吐率估算

● 下行方向峰值吞吐率分析

NB-IoT 在时域上子帧结构与 LTE Type1 一致，其下行采用 15 kHz 子载波间隔进行传输，即在一个 NB-IoT 带宽内（200kHz）内共有 12 个子载波（有效带宽为 180 kHz）。

在下行调度上，单用户最小调度单元为一个子帧（1ms），同一个码字（codeword）可以映射到多个子帧上。在 R13 版本中，NB-IoT 在原有 LTEMCS/TBS 表的基础上做了一定修改，NB-IoT 下行 MCS 与 TBS；见表 5-42。其中，表 5-42 中第一列为 I_{TBS} 指示，第一行为调度子帧数指示。NB-IoT 只支持下表中底色标灰的部分。值得注意的是，I_{TBS}=11 与 12 仅在独立部署（Stand-alone）、LTE FDD 保护带部署（Guard-Band）两种场景下支持。

表5-42 NB-IoT下行MCS与TBS

I_{TBS}	1	2	3	4	5	6	7	8	9	10
0	16	32	56	88	120	152	176	208	224	256
1	24	56	88	144	176	208	224	256	328	344
2	32	72	144	176	208	256	296	328	376	424
3	40	104	176	208	256	328	392	440	504	568
4	56	120	208	256	328	408	488	552	632	680
5	72	144	224	328	424	504	600	680	776	872
6	88	176	256	392	504	600	712	808	936	1032
7	104	224	328	472	584	680	840	968	1096	1224
8	120	256	392	536	680	808	968	1096	1256	1384
9	136	296	456	616	776	936	1096	1256	1416	1544
10	144	328	504	680	872	1032	1224	1384	1544	1736
11	176	376	584	776	1000	1192	1384	1608	1800	2024
12	208	440	680	904	1128	1352	1608	1800	2024	2280

为进一步简化系统，NB-IoT R13 下行仅支持单进程，且考虑终端复杂度，在下行传输中 PDCCH 调度信息与相应 PDSCH 之间，PDSCH 与 ACK/HACK 反馈的 PUSCH 之间均预留了较长时延，具体内容如下。

● NPDSCH 开始传输的子帧与相应 NPDCCH 调度之间的时延至少为 4 ms。

● UL ACK/NACK 开始的子帧与相应 NPDSCH 的传输至少为 12 ms。

即对于某一处于正常覆盖场景下的终端，若要达到峰值吞吐率，则需在 3 个子帧内完成 TBS = 680 bit 的传输，见表 5-42，且完成如图 5-22 所示的示意进程。

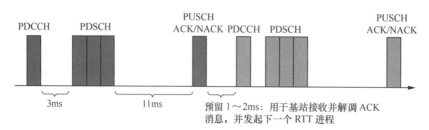

图5-22　达下行峰值吞吐率时终端下行进程示意

在这种情况下，其下行峰值吞吐率可计算如下：DL_peak_thpt=680 bit/（1+4+3+12+2+10）ms= 21.25 kbit/s。[1] 其中，1 ms 是 PDCCH 调度时延；4 ms 是 PDCCH 调度与 PDSCH 时延；3 ms 是 PDSCH 传输时延；12 ms 是 PUSCH 与 PDSCH 时延；2 ms PUSCH 传输时延；10 ms NPDCCH 调度限制。

- 上行方向峰值吞吐率分析

NB-IoT 上行有 Single-tone 与 Multi-tone 两种不同的传输方式，其中，Single-tone 有 3.75 kHz 及 15 kHz 两种子载波带宽，并采用单用户单次传输仅可调度一个子载波的方式进行上行数据传输，Multi-tone 仅有 15 kHz 子载波带宽，可考虑采用为单个用户调度多个载波的方式进行传输。

同时，R13 版本引入 Resource Unit 的概念，作为单用户上行可调度的最小单元。

其中，Single-tone 15 kHz 子载波带宽场景：Resource Unit 为 8 ms 连续子帧。

Single-tone 3.75 kHz 子载波带宽场景：Resource Unit 为 32 ms 连续子帧。

Multi-tone 场景下：12 个子载波同时被调度时，Resource Unit 为 1 ms；6 个子载波同时被调度时，Resource Unit 为 2 ms；3 个子载波同时被调度时，Resource Unit 为 4 ms。

在计算峰值吞吐率时，可考虑终端处于覆盖较好的场景下。在该场景下，终端发射功率有较大余量，可考虑 Multi-tone 用 12 个子载波同时调度。此外，在 R13 版本中，NB-IoT 上行 MCS/TBS，见表 5-43。其中，表 5-43 中第一列为 I_{TBS} 指示，第一行为调度 Resource Unit 的数值。

表5-43　NB-IoT上行MCS与TBS

I_{TBS}	1	2	3	4	5	6	8	10
0	16	32	56	88	120	152	208	256
1	24	56	88	144	176	208	256	344
2	32	72	144	176	208	256	328	424
3	40	104	176	208	256	328	440	568
4	56	120	208	256	328	408	552	696
5	72	144	224	328	424	504	680	872
6	88	176	256	392	504	600	808	1000
7	104	224	328	472	584	712	1000	N/A

注[1]：根据NPDCCH周期限制，最小周期为8 ms，即第二个NPDCCH出现的时间为第一个NPDCCH出现的时间+8×n。

146

（续表）

I_{TBS}	1	2	3	4	5	6	8	10
8	120	256	392	536	680	808	N/A	N/A
9	136	296	456	616	776	936	N/A	N/A
10	144	328	504	680	872	1000	N/A	N/A
11	176	376	584	776	1000	N/A	N/A	N/A
12	208	440	680	1000	N/A	N/A	N/A	N/A

为进一步简化系统，NB-IoT R13 上行也仅支持单线程，其调度信息与实际传输信息间时延，以及传输所耗时间具体如下。

- NPUSCH 开始传输的子帧与相应 NPDCCH 调度之间的时延至少为 8 ms。
- DLACK/NACK 开始的子帧与相应 NPUSCH 的传输时延至少为 3 ms。

对于某一处于正常覆盖场景下的终端，若需达到峰值吞吐率，则需在 4 个子帧内完成 $TBS=$ 1000 bit 的传输，见表 5-43，且完成图 5-23 所示的示意进程。

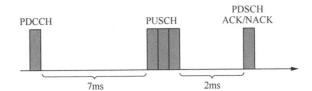

图5-23　达上行峰值吞吐率时终端上行进程示意

在这种情况下，上行峰值吞吐率可计算如下：UL_peak_thpt=1000 bit/（1+8+4+3）ms=62.5 kbit/s。

其中，1 ms 是 PDCCH 调度时延；8 ms 是 PDCCH 调度与 PUSCH 时延；4 ms 是 PUSCH 时延；3 ms 是 PUSCH 与 PDSCH 时延。

（2）eMTC 峰值吞吐率估算

对于 eMTC 系统，其峰值速率计算与 LTE 及上述 NB-IoT 峰值速率计算方法类似。根据上下行调度信息与实际信息传输信息间时延，实际传输所需时间及相应 TBS 与 MCS 表格，采用 NB-IoT 系统类似的计算方法，可得表 5-44 所示的峰值吞吐率。

表5-44　eMTC吞吐率计算结果

	eMTC TDD	eMTC FDD
上行峰值	200 kbit/s	FD：1 Mbit/s HD：375 kbit/s
下行峰值	750 kbit/s	FD：800 kbit/s HD：300 kbit/s

2. NB-IoT 小区容量估算

下面以 NB-IoT 容量评估为例，基于 3GPP 标准定义的业务模型、用户分布模型和外场试验的配置参数，结合 NB-IoT 一次业务的资源消耗，通过分析 NB-IoT 下行业务信道容量、随机接入容量和上行业务信道容量，估算 NB-IoT 小区的综合容量。

首先，从业务模型出发，计算单用户每天发起业务的次数；然后，基于用户分布模型计算不同最大耦合损耗（Maximum Coupling Loss，MCL）覆盖等级下用户的比例；再次，根据不同覆盖增强等级（Coverage Enhancement Level，CEL）下的重复次数和调制编码方式（Modulation and Coding Scheme，MCS）等级，分别计算单次接入的上下行资源消耗；最后，分别计算下行业务信道容量、随机接入容量、上行业务信道容量，由此得到 NB-IoT 综合容量（容量取决于瓶颈部分）。

（1）业务模型和用户分布模型

3GPP TR45.820 定义了 4 种业务模型：移动端自主报告（Mobile Autonomous Reporting，MAR）- 例外报告、MAR- 周期报告、网络命令和软件升级 / 重配模型。在现阶段的实际应用中，业务量需求最大且最为典型的业务模型为"MAR- 周期报告"业务类型，故进行容量分析时，以"MAR- 周期报告"类型进行分析。

根据 3GPP 定义的业务模型分析单用户每天发起业务的次数，见表 5-45。

表5-45 用户每天发起的业务次数

比例 /%	业务间隔时间 / 小时	业务 /（天 /UE）	权重
40	24	1	0.4
40	2	12	4.8
15	1	24	3.6
5	0.5	48	2.4
平均业务量 /（天 /UE）			11.2
综合每小时每用户接入次数			0.467

根据用户分布模型分析不同覆盖等级的比例，见表 5-46。

表5-46 用户不同覆盖等级的比例

覆盖等级	用户比例 /%
CEL = 0	88.42
CEL = 1	9.01
CEL = 2	2.57

（2）容量分析假设

容量估算前提假设条件：第一，NB-IoT 的部署模式为 Stand-alone（独立部署）模式，且终端工作在控制面优化（Control Plane，CP）模式下；第二，分析的是基于 NB-IoT 终端主动发起的业务，典型应用场景为电表、气表、水表数据的主动上报，代表 NB-IoT 业务的主要类型，网络下发命令进行数据查询以及终端软件升级进行数据下载，属于 NB-IoT 网络的非主流业务类型，暂不做分析。

假设终端发起一次上行业务的数据包大小为 200 字节,使用 15 kHz Single-tone(单子载波)发送。终端在上行数据发送完成之后,服务器端应用层会向终端发送一个 20 字节的确认包。上下行 MCS 等级的选择及各信道重复次数的选择均依据外场测试的经验配置,见表 5-47。

表 5-47 不同覆盖等级下的 MCS 等级及信道重复次数假设

覆盖等级	MCS 等级	不同覆盖等级下信道重复次数			
		NPDCCH	NPDSCH	NPRACH	NPUSCH
CEL = 0	10	1	1	2	1
CEL = 1	0	4	4	8	4
CEL = 2	0	32	32	32	64

通过分析一次 200 字节数据上报业务全流程产生的资源消耗,再根据可用资源情况以及单终端发起数据上报业务频率,计算得到各种信道的容量。单次 200 字节上行业务全流程如图 5-24 所示。

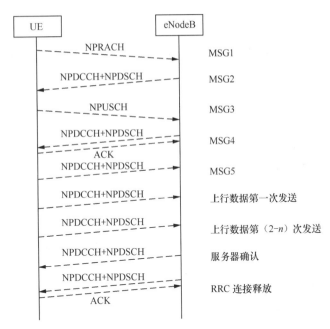

图 5-24　单次 200 字节上行业务全流程

一次 200 字节上行业务全流程包括:①终端发送 MSG1(NPRACH);②基站回复 MSG2(NPDCCH-NPDSCH);③终端发送 MSG3(NPUSCH);④基站回复 MSG4(NPDCCH-NPDSCH-ACK);⑤终端发送 MSG5(NPDCCH-NPUSCH);⑥上行 200 Byte 数据的第 1 次发送(NPDCCH-NPUSCH);⑦上行 200 Byte 数据的第 2 至 n 次发送(NPDCCH-NPUSCH),分两种情况:当 MCS 等级为 10,上行最大传输块大小 TBS 为 1000 bit,上行 200 Byte 数据需 2 次 NPDCCH 调度;当 MCS 等级为 0,上行最大 TBS 为 256 bit,上行 200 Byte 数据需要 8(即

$n=8$）次 NPDCCH 调度；⑧服务器端返回确认（NPDCCH-NPDSCH）；最后，RRC 连接释放（NPDCCH-NPDSCH-ACK）。

（3）寻呼开销分析

寻呼能容纳的用户量与终端被寻呼频次相关，而网络查询终端数据不是 NB-IoT 网络的主流业务类型，因此本文仅根据网络的经验配置预留寻呼开销，对寻呼容量不做进一步分析。寻呼开销计算如公式（1）所示。

$$寻呼开销 = \sum_{CEL=0}^{2} \frac{（各覆盖等级的NPDCCH重复次数 + NPDSCH重复次数×资源消耗×对应的用户比例×nB）}{寻呼周期}$$

公式（1）

其中，nB 为非连续接收（Discontinuous Reception，DRX）周期内寻呼机会（Paging Occasion，PO）的个数。寻呼所占资源消耗，见表 5-48。

表5-48　寻呼所占资源消耗

模式	nB	寻呼周期	覆盖等级	用户比例	NPDCCH重复次数	NPDSCH重复次数	NPDSCH消耗 /ms	资源开销 /%
独立部署	1/16	T	$MCL = 144$	0.8842	1	1	10	14.21
			$MCL = 154$	0.0901	4	4	10	
			$MCL = 164$	0.0257	32	32	10	

（4）NB-IoT 下行容量

NB-IoT 下行信道的主要开销包括由 NPSS/NSSS、MIB、SIB1 和 SI 系统消息组成的公共开销，寻呼开销，NPDCCH 信道开销，NPDSCH MSG2/MSG4/RRC 释放开销和 NPDSCH 业务数据开销。本节首先分析公共开销，并根据前文的寻呼开销分析得到可用下行资源，然后根据每次业务发起需消耗的 NPDCCH 开销和 NPDSCH 开销计算下行容量。

①NB-IoT 下行开销分析

公共开销的计算如下所示：

$$公共开销 = \frac{信号/消息所占用的时长资源}{信号/消息对应的周期}$$

公式（2）

NB-IoT 的窄带主同步信号（Narrowband Primary Synchronization Signal，NPSS）占用每个无线帧的子帧 5 发送，NPSS 开销 =1/10=10%。窄带辅同步信号（Narrowband Secondary Synchronization Signal，NSSS）占用每个偶数无线帧的子帧 9 发送，NSSS 开销 =1/20=5%。MIB 消息周期为 640 ms，分为 8 个块传输，每个块长 8 个无线帧，MIB 信息在每个块中每个无线帧的子帧 0 上传输，MIB 开销 =8×8/640=10%。SIB1 消息周期为 2560 ms，分为 16 个块，每个块 16 个无线帧，SIB1 信息在每个块中基数或者偶数无线帧的子帧 4 传输，重复次数可为 4、8、16，这里取重复次数为 8，则 SIB1 开销 =8×8/2560=2.5%。SI1/SI2/SI3/SI4 消息的开销和 SI 窗口大小、SI 周期和重复次数相关，这里取 SI1 窗口长度为 320 ms、周期为 2560 ms，每 8 个无线帧重复，则 SI1 开销 =（8×4/320）×（320/2560）=1.25%；取 SI2、SI3 窗口长度为 320 ms，周期为 5120 ms，每 16 个无线帧重复，则 SI2/SI3 开销 =（8×2/320）×（320/5120）=0.31%；取 SI4 窗口长度为 320 ms、SI4 周期为 2560 ms、每 16 个无线帧重复，则 SI4 开销 =（8×2/320）×（320/2560）=0.63%，公共开销所占资源消耗见表 5-49。

表5-49　公共开销所占资源消耗

系统信息	资源消耗
NPSS	10
NSSS	5
MIB	10
SIB1	2.5
SI1	1.25
SI2	0.31
SI3	0.31
SI4	0.63
合计	30

依据假设，UE 处在 $CEL=0$ 时，一次上行业务全流程一共有 7 次 NPDCCH 过程，占用 7ms 时长；UE 处在 $CEL=1$ 或 $CEL=2$ 时，一共 13 次 NPDCCH 过程，占用 13ms 时长。根据不同覆盖等级的重复次数以及对应的用户比例，见表 5-50，参考公式（3）可以得出 NPDCCH 的加权资源消耗。

$$\text{NPDCCH开销} = \sum_{CEL=0}^{2} \text{各覆盖等级的重复次数} \times \text{对应用户比例} \qquad \text{公式（3）}$$

表5-50　NPDCCH所占资源消耗

覆盖等级	用户比例	重复次数	NPDCCH 加权资源消耗 /ms
$CEL = 0$	0.8842	1	
$CEL = 1$	0.0901	4	21.57
$CEL = 2$	0.0257	32	

NB-IoT 的 MSG2 Random Access Response 消息长为 160 bit，MSG4 RRC 连接建立消息长 152 bit，RRC 释放消息长为 64 bit。根据不同覆盖等级下 MCS 对应的最大 TBS，各覆盖等级下 MSG2/MSG4/RRC 释放资源消耗，见表 5-51。

表5-51　各覆盖等级下MSG2/MSG4/RRC释放资源消耗

覆盖等级	MSG2 占用资源 /ms	MSG4 占用资源 /ms	RRC 释放消息占用资源
$CEL = 0$	2	2	1
$CEL = 1$	5	5	3
$CEL = 2$	8	8	4

根据不同覆盖等级得到的重复次数以及对应的用户比例，按照公式（4）可以计算得出 MSG2/MSG4/RRC 释放开销的加权资源消耗，见表 5-52。

表5-52　MSG2/MSG4/RRC释放消息所占资源消耗

覆盖等级	用户比例	重复次数	MSG2/MSG4/RRC 释放消息加权资源消耗 /ms
$CEL = 0$	0.8842	1	
$CEL = 1$	0.0901	4	25.55
$CEL = 2$	0.0257	32	

NPDCCH MSG2/MSG4/RRC释放开销 $= \sum_{CEL=0}^{2}$ 各覆盖等级的重复次数×对应的用户比例

公式（4）

② NB-IoT 下行容量计算

NB-IoT 小区下行业务容量计算公式为：

$$业务容量(用户数) = \frac{单小区总可用资源}{单用户需要的资源} \times 资源利用率$$

公式（5）

单小区总可用资源 $= 24 \times 3600 \times 1000 \times$ 可用下行资源占比　　　公式（6）

单用户需要的资源 = 单用户 24 小时发起的业务数 × 一次业务全流程的开销　　公式（7）

可用下行资源占比 $= 1-$ 公共开销 $-$ 寻呼开销 $= 1-30\%-14.21\% = 55.79\%$　　公式（8）

根据业务模型，单用户 24 小时发起的业务数为 11.2，资源利用率为 70%。NB-IoT 下行容量估算结果，见表 5-53。

表5-53　NB-IoT下行容量估算结果

覆盖等级	用户比例	重复次数	资源开销 /ms	确认开销 /ms	全流程开销	用户容量
$CEL = 0$	0.8842	1	2			
$CEL = 1$	0.0901	4	40	13.6	60.7	49617
$CEL = 2$	0.0257	32	320			

（5）NB-IoT 随机接入容量

子载波数配置和随机接入周期的选择依据外场测试经验进行配置，NPRACH 信道配置，见表 5-54。

表5-54　NPRACH信道配置

覆盖等级	NPRACH 子载波数	NPRACH 长度 /ms	NPRACH 周期 /ms
$CEL = 0$	12	5.6	320
$CEL = 1$	12	5.6	320
$CEL = 2$	12	5.6	640

NPRACH 前导冲突概率的计算公式如下：

$$P = 1 - e^{-\gamma/L}$$

公式（9）

$L=$ 频域资源数 $\times 1000$ ms/T   公式（10）

$\gamma =$ 随机接入容量 $\times$ 单用户单位时间随机接入总数   公式（11）

其中，L 为每秒随机接入 UE 数，γ 为随机接入密度，T 为资源周期。

由此可以得出随机接入容量的计算公式：

随机接入容量 $\leqslant -L\times\ln(1-P)/$ 单用户单位时间随机接入总数   公式（12）

单用户单位时间随机接入总数 =（平均业务量 / 天 /UE）/24/3600=0.00012963   公式（13）

在计算 NPRACH 容量时，冲突概率 P 取值 0.05。不同资源和周期配置的每秒随机接入 UE 数，见表 5-55。

表5-55　不同资源和周期配置下每秒随机接入的终端数量

资源周期 /ms 频域资源数	40	80	160	240	320	640	1280	2560
12	300	150	75	50	37.5	18.75	9.375	4.6875
24	600	300	150	100	75	37.5	18.75	9.375
36	1200	450	225	150	112.5	56.25	28.125	14.0625
48	1800	600	300	200	150	75	37.5	18.75

不同资源和周期配置的随机接入容量，见表 5-56。

表5-56　不同资源和周期配置的随机接入容量

资源周期 /ms 频域资源数	40	80	160	240	320	640	1280	2560
12	118707	59354	29677	19785	14838	7419	3710	1855
24	237414	118707	59354	39569	29677	14838	7419	3710
36	356122	178061	89031	59354	44515	22258	11129	5564
48	474829	237415	118707	79138	59354	29677	14838	7419

依据本文的配置，NB-IoT 随机接入容量，见表 5-57。

表5-57　NB-IoT随机接入容量

	覆盖等级 1	覆盖等级 2	覆盖等级 3
随机接入周期	320	320	640
频域资源配置	12	12	12
随机接入容量	14838	14838	7419
综合容量		37096	

（6）NB-IoT 上行容量

NB-IoT 上行信道的主要开销为 NPRACH 开销、NPUSCH ACK/NACK 开销、NPUSCH

MSG3/MSG5 开销和 NPUSCH 业务数据开销，剩余资源可用于上行数据传输。

① NB-IoT 上行开销分析

根据表 5-54 所示 NPRACH 的信道配置，再通过公式（14）可计算出各覆盖等级的 NPRACH：

$$NPRACH 开销 = (NPRACH 重复次数 \times NPRACH 长度)$$

$$\times \left(\frac{NPRACH 载波器}{48} \right) / NPRACH 周期 \qquad 公式（14）$$

由此，按公式（15）可以得出加权开销：

$$NPRACH 加权开销 \sum\nolimits_{CEL=0}^{2} 各覆盖等级的 NPRACH 开销 \qquad 公式（15）$$

随机接入所占资源消耗，见表 5-58。

表5-58　随机接入所占资源消耗

NPRACH	频域比例	NPRACH 周期 /ms	NPRACH 长度 /ms	NPRACH 重复次数	资源消耗 / ms	NPRACH 加权开销 /%
CEL = 0	12	320	5.6	2	12	
CEL = 1	12	320	5.6	8	45	11.48
CEL = 2	12	640	5.6	32	180	

根据前提假设，一次 200 字节的上行业务全流程一共 2 次 ACK/NACK，在各覆盖等级下，都占用 2 个资源单元（Resource Unit，RU）资源。ACK/NACK 所使用的 NPUSCH 格式 2 在 15k ST 子载波格式下，一个 RU 为 2 ms。按公式（16）计算分析得到 ACK/NACK 所占资源消耗，见表 5-59。

$$ACK/NACK 开销 = \sum\nolimits_{CEL=0}^{2} 各覆盖等级的重复次数 \times 对应用户比例 \qquad 公式（16）$$

表5-59　ACK/NACK所占资源消耗

NPUSCH ACK/NACK	覆盖等级	用户比例	ACK/NACK 数	MSG4 ACK/NACK 重复次数	其余 ACK/NACK 重复次数	ACK/NACK 加权开销 /ms
15k ST	CEL = 0	0.8842	2	2	1	
	CEL = 1	0.0901	2	8	4	10.76
	CEL = 2	0.0257	2	32	32	

根据前文设定的 MCS 等级，在 CEL=0 时，MSG3/MSG5 消息一共使用 2 个 RU；在 CEL=1 时，MSG3/MSG5 消息一共使用 8 个 RU；在 CEL=2 时，MSG3/MSG5 消息一共使用 8 个 RU。MSG3/MSG5 消息所使用的 NPUSCH 格式在 15k ST 子载波格式下，一个 RU 为 8 ms。根据公式（17）可计算得到 MSG3/MSG5 消息所占资源消耗，见表 5-60。

$$MSG3/MSG5 开销 = \sum\nolimits_{CEL=0}^{2} 各覆盖等级下的重复次数 \times 对应用户比例 \qquad 公式（17）$$

表5-60　MSG3/MSG5消息所占资源消耗

NPUSCH MSG3/MSG5	覆盖等级	用户比例	MSG3/MSG5 重复次数	占用资源 /ms	MSG3/MSG5 加权开销 /ms
15k ST	CEL = 0	0.8842	1	16	142.48
	CEL = 1	0.0901	4	256	
	CEL = 2	0.0257	64	4096	

② NB-IoT 上行容量计算

NB-IoT 小区上行业务容量计算公式为：

$$业务容量(用户数) = \frac{单小区总可用资源}{单用户需要的资源} \times 资源利用率 \qquad 公式（18）$$

单小区总可用资源 $= 24 \times 3600 \times 1000 \times$ 可用上行资源占比　　　公式（19）

单用户需要的资源 = 单用户 24 小时发起的业务数 × 一次业务全流程的开销　　公式（20）

可用上行资源占比 =1- 随机接入开销 =1-11.48%=88.52%　　　　　公式（21）

根据前文用户业务模型，单用户 24 小时发起的业务数为 11.2，资源利用率为 70%，NB-IoT 上行容量，见表 5-61。

（7）NB-IoT 小区综合容量估算结果

通过一次业务全流程消耗、单用户 24 小时发起的业务数和单小区可用的总资源，分别计算得到下行容量、随机接入容量和上行容量，三者之间的最小值为 NB-IoT 小区容量的瓶颈，即 NB-IoT 小区的综合容量，见表 5-62。

表5-61　NB-IoT上行容量

覆盖等级	用户比例	重复次数	资源消耗 /ms	业务开销 /ms	全流程开销 /ms	用户容量 /ms
CEL = 0	0.8842	1	96	1368.21	1521.45	37699
CEL = 1	0.0901	4	2560			
CEL = 2	0.0257	64	40960			

表5-62　NB-IoT综合容量

操作模式	随机接入容量	下行业务容量	上行业务容量	综合容量
独立部署	37095	49617	37699	37095

NB-IoT 总体容量受限于 NPRACH 的容量性能，如果增大 NPRACH 资源配置，则上行业务信道容量会下降，因此，对于前文假定容量分析条件，NB-IoT 单小区可容纳用户数为 3.7 万左右。

从以上分析可以看出，不同的假设条件会对容量分析结果产生影响，具体有如下 3 点。

① **下行业务信道容量**：用户的业务模型、用户的分布模型、重复次数、MCS 等级、

寻呼所占资源、系统消息所占资源、服务器端是否返回确认和返回确认的大小均会影响下行业务信道容量的计算结果。

② **随机接入容量**：NPRACH 资源配置、UE 间随机接入的冲突概率和用户的业务模型均会影响随机接入容量的计算结果。

③ **上行业务信道容量**：用户的业务模型、用户的分布模型、数据包大小、重复次数、MCS 等级、随机接入所占资源均会影响上行业务信道容量的计算结果。

3. eMTC 小区容量估算

同样的，对于 eMTC 系统，空口用户数需考虑用户发包过程中所有信道的容量，总的容量由受限信道决定，即：

$$空口容量 = Min(PRACH，PUSCH，PDSCH\&PDCCH)$$　　　　　　公式（22）

根据覆盖等级场景，参照 NB-IoT 类似的分析方法，针对极限和典型两种用户分布场景进行容量估算，得到各信道容量在不同用户分布模型，见表 5-63。

从表 5-63 中可以看出，单 eMTC 小区每小时最大空口接入次数在极限场景下为 80.5 k，在典型场景下为 1 k。按照 3GPP 话务模型的发包周期定义，折算的用户每小时平均接入次数为 0.467，见前文表 5-45。

表5-63　各覆盖等级下的信道容量

信道	用户在各覆盖等级分布（0dB:10dB:20dB）	
	极限场景：10:0:0	典型场景：5:3:2
PRACH	188k	96k
PUSCH	864k	4.8k
PDSCH&PDCCH	80.5k	1k
小区用户数	80.5k	1k

因此，eMTC 小区空口用户容量计算公式为：

$$eMTC 每小时空口用户数 = \frac{每小时空口接入次数}{用户每小时平均接入次数}$$　　　　公式（23）

基于公式（23），假设每次业务发送 100B 应用层数据，可算的在极限和典型场景的空口接入用户容量，见表 5-64。

表5-64　各覆盖等级下eMTC小区每小时空口用户容量

话务模型	用户在各覆盖等级的分布	eMTC 每小时空口用户数 /k
每次业务发送 100B 应用层数据	10:0:0	172（80.5/0.467）
	5:3:2	2.1（1/0.467）

eMTC 单小区在极限和典型用户分布场景下，空口最大可接入用户数分别为 172 k、2.1 k。

在配置系统容量时，可参考该结论进行合理考虑。

4. 规划小区容量

以 NB-IoT 为例进行分析，由于其频谱效率高，调度粒度小，支持更多的并发用户。

假设以 GSM 网络单站覆盖面积 0.28 km² 为参考，参考上一小节分析结果，独立组网时最大支持 3.7 万终端，则相当于每 7.57m² 设置一个物联网终端。在物联网发展初期，城区 NB-IoT 与 GSM 同站址建设时容量有较大冗余，可以考虑建设 NB-IoT 与现网 GSM 站址按 1：6～1：3 的比例建设 NB-IoT 蜂窝物联网，满足初期网络容量和覆盖的需求。

以 NB-IoT 工作在 900M 频段容量分析为例，结合前文链路预算小区容量估算及结果，可以进一步分析得到不同场景下物联网终端密度，见表 5-65。以一般城区场景为例，通过链路预算得到一般城区覆盖半径 906 米，在前文业务模型情况下，采用独立组网单小区支持 3.7 万终端用户，则相当于按 906 米小区半径进行组网时，每平方千米最大支持 6.95 万个物联网终端，此时平均每 14 平方米就有 1 个 NB-IoT 终端。NB-IoT 终端容量规划，见表 5-65。

因此，不论是 NB-IoT 还是 eMTC 系统，在实际组网部署时，需提前开展分场景的终端发展预测，结合终端分布密度与单 CIoT 小区覆盖及容量能力进行综合规划。若考虑 1：N 进行组网，初期建议按 1：6～1：3 考虑，后期逐步将 CIoT 站点比例提升至 1：1。通过合理规划、有序扩容的方式，实现 CIoT 效益建网。

表5-65　NB-IoT终端容量规划

	覆盖半径（m）	覆盖面积（km²）	小区容量	终端密度 /km²	终端 /m²
主城区	558	0.2020		183646	5.45
一般城区	906	0.5332	37095	69572	14.37
乡镇	1745	1.9780		18753	53.32
农村	2434	3.8490		9638	103.76

●●5.7　基站及参数规划

5.7.1　基站估算

1. 基站估算流程

CIoT 基站估算是根据链路预算和容量分析，获得不同场景基站的典型覆盖半径、吞吐量和容量配置，并将各区域计算所得基站数量汇总的一个过程。基站数量估算具体步骤如下。

（1）确定网络负荷

根据设备性能和网络建设策略，确定链路负荷，即预留多少干扰余量。

（2）确定规划参数

在给定网络规划条件下，确定规划主要参数。

（3）按覆盖估算

根据基站覆盖范围 R，计算满足覆盖要求的最少基站数量，通常 CIoT 基站主要为定向站，可分为两扇区和三扇区基站。两扇区定向站一般用来覆盖道路、河流等线状覆盖区域。下面对三扇区基站计算单基站能够覆盖的面积。

2. 三扇区定向站（三叶草）

三扇区定向站（三叶草）蜂窝结构示意如图 5-25 所示。

已知基站最大覆盖半径 R，可以得到单基站覆盖面积 S_{60} 为：

$$S_{60} = 9\sqrt{3} \times R^2 / 8$$

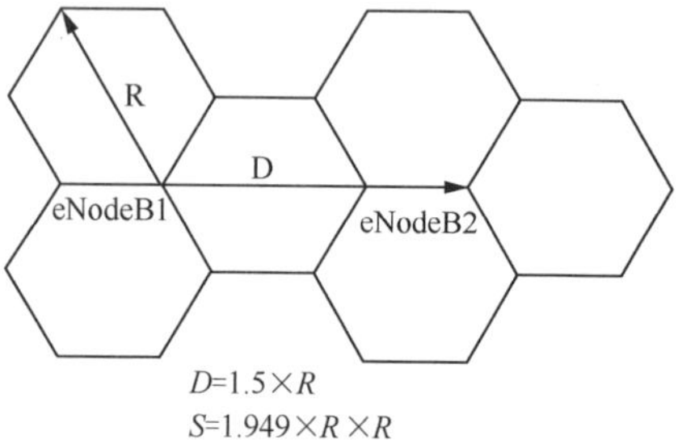

三叶草蜂窝结构在市区使用比较普遍。

$D=1.5 \times R$
$S=1.949 \times R \times R$

图5-25　三叶草蜂窝结构示意

综上分析，不同蜂窝结构下，基站最大覆盖半径与单基站覆盖面积关系，见表 5-66。

表5-66　不同扇区配置覆盖面积汇总表

基站扇区配置	站间距	每基站覆盖面积
全向站	$\sqrt{3}R$	$3\sqrt{3}R^2/2$
三扇区定向站（三叶草）	$1.5R$	$9\sqrt{3}R^2/8$

在确定单基站覆盖面积后，可以对覆盖维度的基站规模进行估算。

（1）按容量估算

根据基站容量估算，计算满足容量要求的最小基站数量。根据容量估算结论，可以得到基站的容量指标能力，再根据规划区域给定的总业务接入需求数，即可获取所需的 CIoT 小区规模。

$$N_{小区数} = \frac{规划区域内的总接入用户(终端)数}{单小区支持用户(终端)数}$$

（2）各规划区域基站需求

在给定条件下，针对各个规划区域，分别计算基站数量需求。当覆盖需求基站数量大于容量需求基站数量时，定义为覆盖受限，此时以覆盖需求基站数作为最终的基站估算结果。当覆盖需求基站数量小于容量需求基站数量时，定义为容量受限，此时以容量需求作为最终的估算结果。

（3）**确定基站配置**

根据每扇区容量，估算典型基站的信道单元配置和其他板卡配置。

（4）**基站数量修正**

基站数量修正指由于覆盖区域在小范围内变化，而造成基站数量变动。例如，未连续覆盖导致所需基站减少，道路覆盖导致新增线覆盖基站等。

5.7.2　PCI 规划

物理小区标识（Physical-layer Cell Identity，PCI），用于区分不同小区的无线信号，保证在相关小区覆盖范围内没有相同的物理小区标识。LTE 通过小区搜索流程来确定 PCI。

PCI 在 LTE 中的作用类似 PN 码在 CDMA 系统中的作用，因此规划的目的也类似，就是必须保证足够的复用距离。

PCI 的组成：PCI 由主同步码和辅同步码组成，共有 504 个 PCI 码。eMTC 系统的 PCI 共用 LTE 的 PCI，其中，主同步码有 3 种不同取值，辅同步码有 168 种不同的取值；NB-IoT 主同步码有且只有 1 个取值，辅同步码有 126 个组，每组有 4 种取值，共计有 504 种不同的取值。

1. PCI 规划的原则

（1）**可用性原则**：满足最小复用层数与最小复用距离，从而避免可能发生的冲突。

（2）**扩展性原则**：在初始规划时，就需要为网络扩容做好准备，避免后续规划过程中频繁调整前期规划结果。这时就可保留一些 PCI 组，或者 PCI 组内保留若干个 PCI 用于扩容。

（3）**不冲突原则**：保证某个小区的同频邻区 PCI 不同，并尽量选择干扰最优，即模 3 和模 6 后的余数不等。否则会导致重叠覆盖区域内某些小区将不会被检测到，小区搜索也只能同步到其中一个小区。

（4）**不混淆原则**：混淆即指一个小区的邻区具备相同的 PCI，此时 UE 请求切换将不知道哪个目标小区。

（5）**错开最优化原则**：LTE 的参考 RS 符号在频域的位置与该小区分配的 PCI 相关，通过将邻小区的 RS 符号频域位置尽可能地错开，可以一定程度上降低 RS 符号间的干扰，有利于提高网络性能。

2. PCI 规划

（1）同一个小区的所有邻区列表中不能有相同的 PCI。

（2）使用相同 PCI 的两个小区之间的距离需要满足最小复用距离。

（3）PCI 复用至少间隔 4 层小区以上，大于 5 倍的小区覆盖半径。

（4）邻区导频位置尽可能错开，即相邻的两个小区 PCI 模 3 后的余数不同。

（5）对于可能导致越区覆盖的高站，需要单独设定较大的复用距离。

（6）考虑室内覆盖预留、城市边界预留。

另外，小区的 PCI 规划时，主要考虑的问题就是各个物理信道 / 信号对 PCI 的约束。

① 约束条件 1：主同步信号对小区 PCI 的约束要求

相邻小区 PCI 之间模 3 的余值不同，即：

$$mod(PCI_1, 3) \neq mod(PCI_2, 3)$$

原理：相邻小区必须采取不同的 PSS 序列，否则将严重影响下行同步的性能。

② 约束条件 2：辅同步信号对小区 PCI 的约束要求

相邻小区 PCI 除以 3 后的整数部分不同，即：

$floor(PCI_1/3) \neq floor(PCI_2/3)$（此约束条件较弱）

原理：相邻小区采用的 SSS 序列也不同，否则也将影响下行同步性能。由于 SSS 信号序列由两列小 m 序列共同决定。只要 $N_{ID}^{(1)}$ 和 $N_{ID}^{(2)}$ 不完全相同即可，约束条件 1 已经保证了相邻小区的 $N_{ID}^{(2)}$ 不同，所以，此约束条件相对较弱。

③ 约束条件 3：PBCH 对小区 PCI 的约束要求

相邻小区 PCI 不同，即：

$$PCI_1 \neq PCI_2$$

原理：加扰广播信号的序列初始序列需要不同。广播信道的扰码初始序列有 $C_{init} = N_D^{Cell}$。

④ 约束条件 5：DL-RS 对小区 PCI 的约束要求

相邻小区 PCI 模 6 的余值不同，即：

$$mod(PCI_1, 6) \neq mod(PCI_2, 6)$$

此条件隐含在约束条件 1 中。

原理：相邻小区的 DL-RS 映射的物理资源位置不同。

⑤ 约束条件 6：UL-RS 对小区 PCI 的约束要求

相邻小区 PCI 模 30 的余值不同，即：$mod(PCI_1, 30) \neq mod(PCI_2, 30)$

此条件隐含在约束条件 1 中。

原理：上行参考符号 UL-RS 采用的基序列不同，即保证相邻小区的 UL-RS 中的 q 不同，q 由 u，v 来决定。u 由 $f_{gh}(ns)$ 及 f_{ss}^{PUCCH} 或 f_{ss}^{PUSCH} 来确定。当 $mod(PCI_1, 30) \neq mod(PCI_2, 30)$ 时，f_{ss}^{PUCCH} 会不同，可以保证很大概率上的 q 值不同。

对于 NB-IoT 系统而言，在 In-Band 部署情况下，NB-IoT PCI 和 LTE 保持一致：即 PCI 规划总体原则，除了要求相邻小区不能配置相同 PCI 外，还要满足单天线端口情况下 mod6 错开，双天线端口情况下 mod3 错开。另外，为了上行 DMRS 序列性能，对 PCI 还有 mod16 错开要求（但在 In-Band 情况下，目前还无法同时支持 mod16 错开）。

NB-IoT 采用 Stand-alone 和 Guard-Band 部署情况下，建议 NB-IoT 的 PCI 与 LTE 的 PCI 进行独立规划。

5.7.3 TAC 规划

跟踪区域代码（Tracking Area Code，TAC）该参数是 PLMN 内跟踪区域的标识，用于 UE 的位置管理，在 PLMN 内唯一。TAC 包括的小区多可能导致寻呼成本高，TAC 包括的小区少，可能导致位置更新成本高。

1. TA 配置原则

跟踪区（Trace Area，TA）与 2G/3G 的位置区（Location Area，LA）和路由区（Routing Area，RA）类似。所不同的是，LA 和 RA 分别是 GSM 和 UMTS 时代电路域和分组域的概念，均是一组小区（Cell）的集合。对于 LA 而言，终端注册到某个位置区，在 MSC/VLR 中都会保持记录，网络在呼叫终端的时候，先通过 HLR 查找到终端所在的 MSC/VLR，然后再从其中查找到终端所在的 LA，将寻呼消息发送到该 LA 包含的所有基站。类似地，如果终端要发起数据传输，需向 SGSN 和 HLR 注册。移动过程中，RA 发生改变而 RA 则是发起 RA 更新，修改网络侧的注册信息。

在 LTE 系统中，新引入 TA，其作用在于：

（1）网络需要终端加入时，通过 TA List 进行寻呼，快速地找到终端；

（2）终端可以在 TA List 中自由地移动，以减少与网络的频繁交互；

（3）当终端进行一个不在其注册的 TA List 时，需要发起 TA 更新，MME 为终端分配一个新的 TA List；

（4）终端也可以发起周期性的 TA 更新，以便和网络保持紧密联系。

2. TAI 配置原则

跟踪区标识（Tracking Area Identity，TAI）的组成 PLMN（MCC、MNC）和 TAC 由后台小区表配置，TAI 配置原则如下：

（1）不同 eNB 下的小区 TA 可配置相同，同一 eNB 下的不同小区 TAI 可配置相同；

（2）同一 TAI 中的所有小区必须完全属于同一 MME Pool Area 或 SGW Pool Area；

（3）小区配置 TAI 时，需依据小区的地理位置拓扑，将覆盖范围进行划分，同一区域配置相同 TAI，区域（TA）范围不易过大，以提高 TA 列表配置灵活性及降低 Paging 范围；

（4）TAI 修改不易过于频繁，通常情况下不会进行修改；

（5）对于 NB-IoT 而言，协议规定 NB 的 TAI 必须和 LTE 的不一样，因此有两种选择，一种在配置 PLMN（MCC+MNC）就和 LTE 不一样，或者 TAC 需要和 LTE 配置不一样，取决于运营商选择。

TA 区大小与以下因素有关：

（1）所在区域的话务模型、话务量、用户密度、呼损率；

（2）系统的寻呼参数设置；

（3）核心网重复寻呼机制及策略；

（4）eNB 重复寻呼机制及策略；

（5）TA 列表配置等。

以 NB-IoT 系统为例，eNode 空口能力受限情况下的大致估算条件方法如下：按照 10% 寻呼开销（典型场景单小区寻呼能力大约为 14.5 条 /s）、单小区 10000 用户数、单用户每天 2 次的寻呼话务模型，单小区每秒钟平均的寻呼需求 =10000×（2/24/3600)=0.23 条 / 秒，单个 TAC 可规划的小区数 =14.5/0.23=63。按照单个 eNodeB 三个小区，计算出来的 eNodeB 空口能力受限情况下，单个 TAC 可以划大约 20 个 eNodeB。

在进行 TA 区域规划时，需要遵循以下 3 条原则。

（1）与现有系统协同

终端若频繁地在不同系统间进行互操作，会引发系统重选和位置更新流程，导致终端耗电。因此，在网络规划时，TA 尽量与 LA、RA 相同。

（2）覆盖范围合理

TA 的规划范围应适度，不能过大或过小。过大，网络在寻呼终端时，寻呼消息会在更多小区发送，导致 PCH 信道负荷过重，同时增加空口的信令流程。TA 范围过小，终端发生位置更新的机会增多，同样增加系统负荷。

（3）地理位置区分

地理位置区分主要充分利用地理环境减少终端位置更新和系统负荷。其原则同 LA/RA 是类似的。例如，利用河流、山脉、河流等作为跟踪区边界，减少两个跟踪区不同小区的交叠深度，尽量使跟踪区边缘位置更新成本最低，尽量不要将跟踪区边界划分在业务量高的区域；在地理上应为一块连续的区域，避免和减少各跟踪区基站插花组网。

5.7.4 干扰规划

干扰包括内部干扰和外部干扰。内部干扰包括同频干扰和异频干扰，外部干扰则包括系统间干扰及其他随机干扰。

1. 内部干扰

（1）同频干扰

由于只涉及一个系统，但涉及不同的小区，所以同频干扰存在小区内干扰和小区间干扰两大种类。

对于小区内干扰，因系统采用的 OFDM 子信道是正交的，决定了小区内干扰可以通过正交性加以克服，一般认为基于 OFDM 技术的系统小区内干扰很小，不需要做干扰规划。

对于小区间干扰，可以采用干扰抑制技术，主要包括干扰随机化、干扰消除和干扰协调。干扰协调从资源协调周期上可分为静态协调、半静态协调、动态协调和协作调度 4 种方式。从资源协调方式上可分为部分频率复用、软频率复用和全频率复用 3 种方式。

（2）异频干扰

异频组网中相邻小区为了降低干扰，使用不同的频率，频谱效率相对于同频要差一些，但 RRM 算法简单，边缘速率相对于同频组网会高一些。因此，如果采用异频组网，需要进行合理的频率规划，确保网络干扰最小。同时，由于受限于频段资源，所以存在着干扰控制与频段使用的平衡问题。

以 OFDMA 技术为基础的无线系统的空中接口没有使用扩频技术，由此，信道编码技术所产生的处理增益相对较小，降低了小区边缘的干扰消除能力。为了提高系统容量而必须要采取有效的频率复用技术，一种好的频率复用方式可以极大降低干扰，使系统达到最佳性能。

2. 外部干扰

外部干扰包括系统间干扰与其他随机干扰，主要针对与其他系统之间存在的干扰，如邻频干扰、杂散辐射、互调干扰和阻塞干扰。

5.7.5　邻区规划

CIoT 的邻区与现有无线系统邻区规划原理基本一致，需要综合考虑各小区的覆盖范围及站间距、方位角等，并且注意 CIoT 与其他系统间的邻区配置。

目前，在 eNodeB 配置邻区是按照本地小区标识（Local Cell ID）来标识的，而之前都是小区 ID 对小区 ID，因此建议本地小区标识和小区 ID 保持一致。

邻区列表设置原则有如下 4 点。

1. 互易性原则

根据各小区配置的邻区数情况及互配情况，调整邻区，尽量做到互配，邻区的数量不能超过 18 个。即如果小区 A 在小区 B 的邻区列表中，那么小区 B 也要在小区 A 的邻区列表中。

2. 邻近原则

如果两个小区相邻，那么它们要在彼此的邻区列表中。对于站点比较少的业务区（6

个以下），可将所有扇区设置为邻区。

3. 百分比重叠覆盖原则

确定一个终端可以接入的导频门限，在大于导频门限的小区覆盖范围内，如果两个小区重叠覆盖区域的比例达到一定的程度（如 20%），将这两个小区分别置于彼此的邻区列表中。

4. 需要设置临界小区和优选小区

临界小区是泛指组网方式不一致的网络交界区域、同频网络与异频网络的交界、对称时隙与非对称时隙的过渡区域、不同本地网区域边界、不同组网结构边界。优选邻区是与本扇区重叠覆盖比较多的小区，切换时优先切到这些小区上。

邻区调整的顺序是首先调整方向不完全正对的小区，然后是正对方向的小区。对于搬迁网络，在现有网络邻区设置的基础上，根据路测情况调整，调整后的邻区列表作为搬迁网络的初始邻区。如果存在邻区没有配置而导致掉话，则在邻区列表中加上相应的邻区。

系统设计时初始的邻区列表参照下面的方式设置，系统正式开通后，根据切换次数调整邻区列表。邻区设置步骤为：同一个站点的不同小区必须相互设为邻区，接下来的第一层相邻小区和第二层小区基于站点的覆盖选择邻区。当前扇区正对方向的两层小区可设为邻区，小区背对方向的第一层可设为邻区。

●● 5.8 无线仿真技术

5.8.1 仿真概述

无线网络规划仿真主要是针对 CIoT 无线接入系统进行仿真，得到其在不同无线环境与外界干扰下的系统性能。规划仿真有两个主要用途：一是用于检验无线接入系统的性能；二是用于系统规划和优化。本书对后者进行重点分析，从而指导无线网络规划和优化。

通过模拟发射机或接收机的无线环境、基站配置、运动速度和方向、功率变化、干扰情况、无线控制算法等，仿真计算出每条无线链路的传播损耗；再汇总各路信号得到信噪比，然后根据信噪比以及链路级输出的仿真结果查找到此时对应的 *BER*、*BLER* 或 *FER*，得到如覆盖、容量、质量等网络性能参数，从而得到每条链路的性能及整个系统的性能。

在网络规划中，我们利用仿真软件对网络的整体性能进行模拟，通过无线仿真不仅可以对网络建设前后的效果进行评估预判，确保其规划合理性及有效性，而且可以根据预测用户与业务量情况、设备性能、网络所处地理环境等，综合确定主要无线网络工程参数，如基站天线挂高、天线方向角和下倾角、基站最大发射功率等。

无线仿真的目的是验证规划站点建成后能否达到规划目标的重要手段，仿真主要内容包括基本覆盖效果仿真和容量承载评估两个方面。

5.8.2 传播模型

1. 传播模型选取

传播模型主要受系统工作频率、收发天线距离、天线高度、地物地形等因素影响。根据传播模式的性质，无线传播模型可分为传统传播模型和确定性模型两大类。传统传播模型包括经验及半经验模型，主要有自由空间模型、Okumura-Hata 模型、Cost-Hata 模型和SPM 模型，该类模型通过特定场景下的测试数据进行统计分析得到的经验性公式模型，模型计算量要小，对电子地图的数据要求也较低，针对不同地区，需提前进行模型参数校正方可应用。确定性模型则需要结合传播路径上的地物、建筑物的几何信息，利用电波的反射、绕射、衍射等特性作为理论的模型。3D 射线跟踪模型则作为确定性模型的一种，仿真中配合高精度的数字地图信息一起，能较准确地模拟出实际的信号路由。因此，仿真中采用射线模型，能更加真实地反映网络的实际覆盖效果。

以 Orange Labs 实验室开发的 Crosswave 射线跟踪模型为例，其支持所有移动无线系统技术，能满足 200 MHz ～ 5 GHz 的频段仿真需求，可通过 CW 测量数据进行模型校正，能较为真实地模拟垂直衍射、水平导向传播、山脉反射等无线传播。其主要原理是利用导入三维数字地图数据，通过图形分析、映射算法等，生成 Crosswave 特有 3 个关键数据文件，具体如下。

（1）Morphology 地物形态数据：由 DTM 和 Clutter Classes 地图联合生成的，具体原理是将地图中不同的 Clutter Classes 地物与 Crosswave 自定义的特定地物场景进行关联映射，从而确保每种地物场景都准确调用与之相对应的传播特性算法，每种地物拥有一套特定的传播参数，结合模型内部算法最终可生成一个用来描述地物环境的栅格数据文件，其映射关系如图 5-26 所示。

由于 Crosswave 模型区分地物类型选用不同传播特性，因此可以规避传统二维模型在基于部分场景校正后就推广应用于所有场景而带来的误差和不足。

（2）Facet 平面数据：利用 DTM 地图生成，主要能够模拟山脉的信号反射，从而确保有效寻找发射机到接收机之间所有的传播路径，尤其能相对真实地反映诸如山区场景的信号传播特性。

（3）Graph 建筑物矢量数据：由 3D Building 矢量地图生成的，主要用于模拟道路（地图上的街道）。Graph 信息可以让模型考虑在迷你和微蜂窝小区环境中的（水平）导向传播，用于寻找收发端之间的所有传播路径。

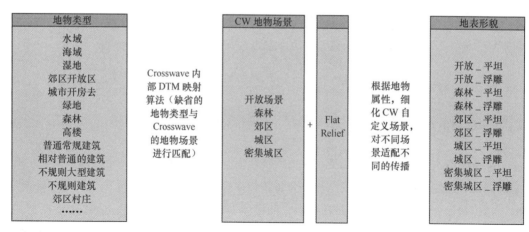

图5-26　Crosswave射线模型映射原理

通过对城区、农村等多个不同场景的实测与仿真对比验证得出以下 5 点结论。

① Crosswave 提供比标准 Hata 模型更高的准确性，该模型的精确度取决于仿真地图精度，仿真地图精度越高，模型越准确（高精度地图的 3D 矢量地图提高了街道无线信号传播的准确性）。

② 模型对每种自定义场景类型会使用缺省的优化系数，在未校正情况下即可得到接近实际现网的预测效果，同时，当模型在某一频段校正后，可以从已校正的模型中推断计算出另外频段的优化系数，对于不同频段的支持能力给予优化。

③ 城区 SPM 校正合理后的性能（校正后标准方差低于 6dB）和射线追踪模型未校正前的效果相当，而当无线环境变得更加复杂而且存在更多不同地物类型时，Crosswave 能得到与实际情况更接近的效果。

④ 由于 Crosswave 传播计算考虑更多的功能（穿透植被，水平垂直衍射，反射折射、室外到室内穿透等），其消耗的计算时间大于 SPM 模型。

⑤ Crosswave 射线传播模型在城区及农村场景效果均更佳接近真实情况，对于不同场景间的通用性及可延升性比普通经验或半经验模型更优，因此，射线传播模型能够更多满足目前无线系统多、无线环境复杂背景下的网络仿真及评估。

由此可知，相比传统经验公式模型而言，Crosswave 射线跟踪模型不仅能支持水平传播，同时在信号垂直衍射、山脉反射等方面都能更为真实的进行模拟。4 种典型传播模型的特点及选取建议，见表 5-67。

Crosswave 模型支持从微蜂窝、迷你蜂窝到宏蜂窝等所有的小区类型，满足任何类型的传播环境包括密集城区、城区、郊区、乡村等场景的要求。经验证，即使未校正的 Crosswave 模型已经达到普通传播模型校正后的效果，在具备条件的情况下，也可利用 CW 测量数据，进行传播环境的自动模型校正。

表5-67　无线网传播模型选取策略

模型名称	维度	频段	场景	无线应用特点	与偏差值	推荐度
Okumura-Hata	二维	150 MHz ～ 1500 MHz	市区、丘陵、开阔区等	适用于小区半径大于 1 km 且无天线分集的宏蜂窝系统，基站有效天线高度在 30 ～ 200 m 之间，移动台高度 1 ～ 10 m 之间	经验模型	★★
Cost-Hata	二维	1500 MHz ～ 2300 MHz	市区、丘陵、开阔区等	适用于基站到移动台距离 1 ～ 20 km 的宏蜂窝系统，基站有效天线高度在 30 ～ 200 m 之间，移动台高度 1 ～ 10 m 之间	经验模型	★★★
SPM 模型	二维	150 MHz ～ 2000 MHz	通用场景	对 Cost-Hata 进行优化，校正 K 值后使用	经验模型	★★★★
Crosswave（3D 射线模型）	三维	200 MHz ～ 5 GHz	密集城区、城区、郊区、乡村等场景	支持所有的小区类型，可模拟垂直衍射、水平面的导向传播及山脉区域的反射传播	根据地物特点进行自适应，经过大量实测验证的高精度 3D 射线模型	★★★★★

2. 传播模型校正

传播模型是移动通信网络规划的基础，传播模型的准确与否直接关系到小区规划的合理性与仿真结果的准确性。传播模型测试的目的就是通过测试几个典型站点的传播环境，来预测整个规划区域的无线传播特性。利用随机过程的理论分析移动通信的传播，可表示为：

$$r(x) = m(x)\ r_0(x)$$

其中，x 为传播距离；$r(x)$ 为接收信号；$r_0(x)$ 为瑞利衰落；$m(x)$ 为本地均值。本地均值也就是路径损耗和阴影衰落的合成，可以表示为：

$$m(x) = \frac{1}{2L}\int_{x-L}^{x+L} r(y)\mathrm{d}y$$

其中，$2L$ 为平均采样区间长度，也叫本征长度。因为地形地物在一段时间内基本固定，所以对于某一确定的基站，在某一确定地点的本地均值是确定的。该点平均值就是连续波（Continuous Wave，CW）测试期望测得的数据，也是与传播模型预测值最逼近的值。

CW 测试就是尽可能获取在某一地区各点地理位置的本地均值，即 $r(x)$ 与 $m(x)$ 之差尽可能小，因此要获得本地均值必须去除瑞利衰落的影响。对于一组测量数据取平均时，若本征长度太短，则仍有瑞利衰落的影响存在；若本征长度太长，则会把正态衰落也平均掉。因此在测试中 $2L$ 的长度的确定影响到所测数据与实际本地均值的逼近程度及传播模型预测的准确程度。根据李氏定理，在本征长度为 40 个 λ，采集 36 ～ 50 个抽样点能有效去除瑞利衰落的影响。

模型校正的原理如下，首先选定模型并设置各参数值，通常可选择该频率上的缺省值进行设置，也可以是其他地方类似地形的校正参数；然后以该模型进行无线传播预测，并将预测值与路测数据作比较，得到一个差值；再根据所得差值的统计结果反过来修改模型参数；经过不断地迭代、处理，直到预测值与路测数据的均方差及标准差达到最小，此时得到的模型各参数值就是我们所需的校正后的参数。

传播模型的准确程度直接影响无线网络规划的规模估算、站点分布、仿真及投资，是无线网络仿真的基础，在整个网络规划中具有十分重要的作用。随着我国移动通信网络的飞速发展，各运营商越来越重视传播模型与本地区环境相匹配。无线传播环境复杂、差异性大，必须通过实际的传播模型测试与校正，真实反映无线传播特性。传播模型测试和校正就是通过几个有代表性的测试站点，来预测整个规划区域的无线传播特性。

在传播模型校正中，除了信道模型外，还将讨论传输信道的一个重要特性——衰落。终端接收到的电波一般是直射波与绕射波、反射波以及散射波的叠加，这样就造成所接收信号的电场强度起伏不定，这种现象称为衰落。这种衰落是由多径引起的，所以称为多径衰落（快衰落），它使接收端的信号近似于瑞利（Rayleigh）分布，故多径衰落又称为瑞利衰落。

接收信号除瞬时值出现快衰落之外，场强中值也会出现缓慢变化。变化的原因主要有两个方面：一是地区位置的改变；二是由于气象条件变化，大气的条件发生缓变，以致电波的折射传播随时间变化而变化，多径传播到达固定接收点信号的时延随之变化。这种由阴影效应和气象原因引起的信号变化，称为慢衰落。慢衰落接收信号近似服从对数正态分布，变化幅度取决于障碍物状况、工作频率、障碍物和终端移动速度等。快衰落和慢衰落由相互独立的原因产生，随着终端的移动，这二者是构成移动通信接收信号不稳定的主要因素。

模型校正要消除快衰落的影响，对接收信号的中值场强进行校正。移动环境的复杂多变，给接收信号中值的准确计算带来困难。一般工程在大量场强测试的基础上，经过对数据的分析与统计处理，给出传播特性的计算公式，并建立对应的传播预测模型。

传播模型校正一般用网络仿真工具来做。为保证覆盖预测的准确性，应根据以下要求选取数字地图。

（1）宏蜂窝覆盖预测：市区数字地图精度≤20 m，郊区、农村数字地图精度≤100 m。

（2）微蜂窝覆盖预测：数字地图精度≤5 m。

经过传播模型校正后，预测模型和 CW 测试数据的误差应满足以下要求。

（1）模型校正后，预测与实测差值的平均值为 0 dB。

（2）模型校正后，预测与实测差值的均方差小于 8 dB。

5.8.3 仿真流程

无线仿真工具软件众多，功能和特性基本相似，以采用 Atoll 进行仿真为例，无线系统仿真基本包括创建工程、导入地图、工程参数导入、系统参数设置等几个主要步骤，Atoll 的 LTE 仿真步骤如图 5-27 所示。

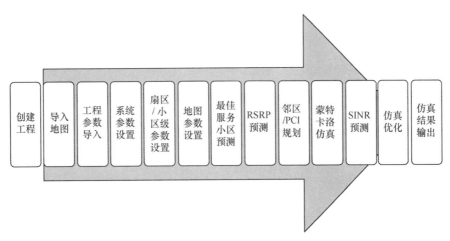

图5-27 Atoll的LTE仿真步骤

在开展无线仿真时，具体仿真参数的设置主要有以下 5 类。

1. 地图信息

仿真的地图信息设置主要根据地图文件提供的信息，正确设置地球参考系。

由于我们常见的 GPS 使用的是 WGS-84 参考系，为避免导入的路测数据及基站经纬度数据出现偏差，一般要求地图制作商提供 WGS-84 参考系的三维地图。在仿真地图参数选择和设置中，需要选择正确的投影系和投影带。

2. 系统信息

系统信息主要包括全局系统参数设置，例如，CP 设置、信道开销、起始频率、信道号、双工模式等。

3. 基站扇区信息

基站信息的导入主要有基站名、扇区名、天线的高度、天线方位角、下倾角等，还需要配置扇区参数：天线类型、天线端口、发射设备、传播模型。

其他的扇区参数设置包括：PCI、EPRE、最低接收电平等。

4. 终端信息

终端参数信息主要包括终端类型、发射功率、噪声指数、MIMO 收发天线数量等。

5. 仿真网络目标

仿真的目的是通过网络仿真评估网络规划方案，判断网络的覆盖和容量性能是否达到网络规划的目标，定位方案中存在的网络弱覆盖、过覆盖、干扰严重区域，指导网络规划的制定和优化调整。

网络仿真的目标主要包括覆盖、容量、速率和质量等目标。

对于 CIoT 系统而言，仿真流程与现有 4G 网络大同小异，无线系统仿真总体流程如图 5-28 所示。

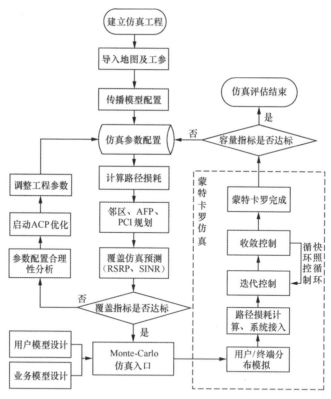

图5-28 无线系统仿真总体流程

5.8.4 NB-IoT 特殊设置

无线仿真工具软件众多，功能和特性基本相似，相比 eMTC，NB-IoT 采用相对较为独立的一套新标准，在仿真方面有些特殊参数设置。本书以 Atoll 为例，重点介绍 NB-IoT 部分特殊参数设置。

NB-IoT 是基于 LTE 的附加技术层，Atoll 中将 LTE 作为 NB-IoT 仿真的前提条件。

1. 设置 NB-IoT 频带

NB-IoT 频带主要参数包括：Duplexing Method（双工模式）、FDD DL Start Frequency（下行起始频率）、FDD UL Start Frequency（上行起始频率）、Inter-channel spacing（载波间隔）、EARFCN of the First Channel（起始频点号）、EARFCN of the Last Channel（最终频点号）、step（频点号步长）、Adjacent Channel Suppheression Factor（邻频抑制因子），NB-IoT 频带设置如图 5-29 所示。

Name	Duplexing Method	TDD: Start Frequency, FDD: DL Start Frequency (MHz)	FDD: UL Start Frequency (MHz)	Channel Width (MHz)	Inter-channel spacing (MHz)	Number of PRBs	Sampling Frequency (MHz)	Centre EARFCN of the First Channel	Centre EARFCN of the Last Channel	Step	Excluded Channels	Adjacent Channel Suppression Factor (dB)
E-UTRA Band 1 - 10MHz	FDD	2,110	1,920	10	0	50	15.36	50	550	100		28.23
E-UTRA Band 1 - 15MHz	FDD	2,110	1,920	15	0	75	23.04	75	525	150		26.99
E-UTRA Band 1 - 200kHz	FDD	2,110.01	1,920.01	0.2	-0.1	1	0.3072	0	599	1		32.56
E-UTRA Band 1 - 20MHz	FDD	2,110	1,920	20	0	100	30.72	100	500	200		25.23
E-UTRA Band 1 - 5MHz	FDD	2,110	1,920	5	0	25	7.68	25	575	50		28.23
E-UTRA Band 12 - 10MHz	FDD	729	699	10	0	50	15.36	5,060	5,060	100		28.23
E-UTRA Band 12 - 200kHz	FDD	729.01	699.01	0.2	-0.1	1	0.3072	5,010	5,010	1		32.56
E-UTRA Band 12 - 5MHz	FDD	729	699	5	0	25	7.68	5,035	5,135	50		28.23
E-UTRA Band 13 - 10MHz	FDD	746	777	10	0	50	15.36	5,230	5,230	100		28.23
E-UTRA Band 13 - 200kHz	FDD	746.01	777.01	0.2	-0.1	1	0.3072	5,180	5,279	1		32.56
E-UTRA Band 13 - 5MHz	FDD	746	777	5	0	25	7.68	5,205	5,255	50		28.23
E-UTRA Band 17 - 10MHz	FDD	734	704	10	0	50	15.36	5,780	5,780	100		28.23
E-UTRA Band 17 - 200kHz	FDD	734.01	704.01	0.2	-0.1	1	0.3072	5,730	5,829	1		32.56

图5-29 NB-IoT频带设置

频带设置完成后，可以利用NB-IoT频点查看工具，NB-IoT频带设置效果如图5-30所示。

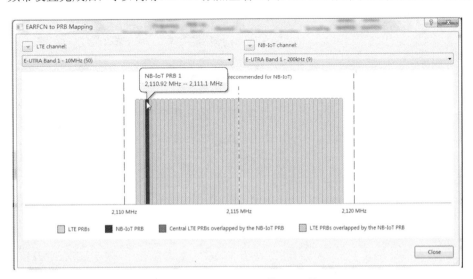

图5-30 NB-IoT频带设置效果

2. 设置 NB-IoT 承载

NB-IoT承载包括：Modulation QPSK（调制方式）、Channel Coding Rate（信道编码速率）、Bearer Efficiency（承载效率），NB-IoT 承载设置如图 5-31 所示。

Radio Bearer Index	Name	Modulation	Channel Coding Rate	Bearer Efficiency (bits/symbol)
1	QPSK 1/12	QPSK	0.076171	0.1523
2	QPSK 1/9	QPSK	0.117188	0.2344
3	QPSK 1/6	QPSK	0.188477	0.377
4	QPSK 1/3	QPSK	0.300781	0.6016
5	QPSK 1/2	QPSK	0.438477	0.877
6	QPSK 3/5	QPSK	0.587891	1.1758
7	16QAM 1/3	16QAM	0.369141	1.4766
8	16QAM 1/2	16QAM	0.478516	1.9141
9	16QAM 3/5	16QAM	0.601563	2.4063
10	64QAM 1/2	64QAM	0.455078	2.7305
11	64QAM 1/2	64QAM	0.553711	3.3223
12	64QAM 3/5	64QAM	0.650391	3.9023
13	64QAM 3/4	64QAM	0.753906	4.5234
14	64QAM 5/6	64QAM	0.852539	5.1152
15	64QAM 11/12	64QAM	0.925781	5.5547

图5-31　NB-IoT承载设置

3. 设置 NB-IoT 终端等级

NB-IoT 终端等级主要包括上下行每 TTI 传输最大比特流，上行方向 QPSK 调制、接收天线口数等，NB-IoT 终端等级如图 5-32 所示。

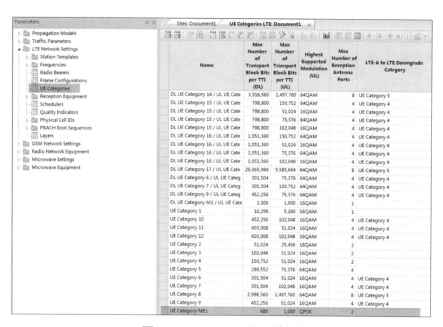

图5-32　NB-IoT终端等级

4. 设置 NB-IoT 接收设备

根据实际使用承载的差异，上下行可分别设置对应的接收设备，设置页面结果如图 5-33 所示。

Default NB-IoT Equipment Properties

General | Thresholds | Quality Graphs | (N)PDSCH/(N)PUSCH MIMO gains | (N)PBCH/(N)PDCCH MIMO gains

Radio Bearer Index	Mobility	Max BLER	Number of Transmission Antenna Ports	Number of Reception Antenna Ports	Max MIMO Gain	Diversity Gain (dB)	SU-MIMO Diversity Gain (dB)	MU-MIMO Diversity Gain (dB)
All	All	1	1	2		3.0103	0	0
All	All	1	2	1		3.0103	0	0
All	All	1	2	2		6.0206	0	0
*								

Default NB-IoT Equipment Properties

General | Thresholds | Quality Graphs | (N)PDSCH/(N)PUSCH MIMO gains | (N)PBCH/(N)PDCCH MIMO gains

Mobility	Number of Transmission Antennas	Number of Reception Antennas	(N)PBCH diversity gain (dB)	(N)PDCCH diversity gain (dB)
All	1	2	3.0103	3.0103
All	2	1	3.0103	3.0103
All	2	2	6.0206	6.0206
*				

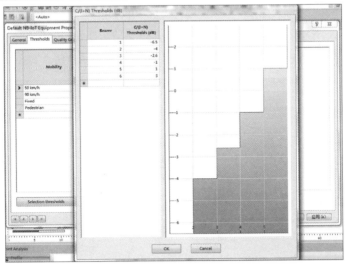

图5-33　NB-IoT上下行接收设备设置

5. 设置 NB-IoT 业务类型

NB-IoT 业务类型设置包括：（1）Type（业务类型）：IoT；（2）Highest/Lowest Bearer：上下行可用承载范围；（3）No. of supported tones：上行可用带宽范围设置。设置页面 NB-IoT

业务类型设置如图 5-34 所示。

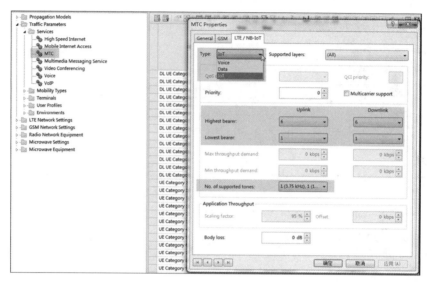

图5-34　NB-IoT业务类型设置

6. 设置 NB-IoT 终端类型

NB-IoT Terminal 终端类型定义参数包括：LTE Equipment（接收设备选择）、UE Category（终端等级设定）、NB-IoT multicarrier、NB 多载波支持、Diversity Support（MIMO 模式支持及端口数量设置），NB-IoT 终端类型设置如图 5-35 所示。

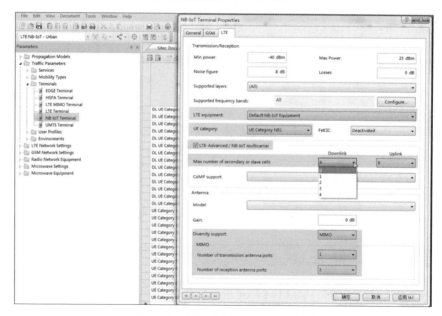

图5-35　NB-IoT终端类型设置

7. NB-IoT 网络建模

NB-IoT 网络建模主要包括：Site（站点表）、Transmitter（物理扇区表）、Cell（逻辑小区表）3 张基本参数表。其中，在 Transmitter 表中，In-Band/Guard-Band 部署时，LTE 与 NB-IoT 共享山区物理工参表，Stand-alone 组网时，NB-IoT 需要设置独立的扇区物理工参信息。

对于 Cell（小区表），NB-IoT 与 LTE 可以独立分开配置，NB-IoT 的 Cell 与 LTE 的 Cell 表主要差异包括如下几点。

Cell Type：独立单载波、多载波（主载波、辅载波）。

Frequency Band：需要设置当前所用 NB-IoT 对应的频带。

Channel Number：定义频带后应设置相应的信道号。

NPSS/NSSS：In-Band/Guard-Band 模式时，可设置与 LTE 相同。

NB-IoT 小区表设置参考如图 5-36 所示。

图5-36　NB-IoT小区表设置参考

8. NB-IoT 预测

NB-IoT 新增 IoT 业务类型，专门用于 NB-IoT 覆盖预测和容量分析。

图 5-37 所示的是 NB-IoT 指标预测模板，LTE 与 NB-IoT 具有相同的预测列表。采用 Atoll 仿真时，软件基于选择的业务输出相应的 LTE 或者 NB-IoT 结果，同时可以对 NB-IoT 于 LTE 系统之间干扰进行估算。

NB-IoT 支持的覆盖预测包括：最佳服务小区、NRSRP、NRSSI、NRSRQ、下行和上行信号电平、下行和上行 C/（I+N）、下行和上行服务区域、上下行有效带宽（tone 的数量）。

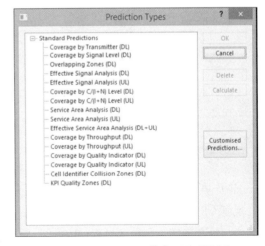

图5-37　NB-IoT指标预测模板

9. 仿真网络目标设定

仿真的目的是通过网络仿真评估网络规

划方案，判断网络的覆盖和容量性能是否达到网络规划的目标，定位方案中存在的网络弱覆盖、过覆盖、干扰严重区域，指导网络规划的制定和优化调整。

NB-IoT 网络仿真的目标主要包括覆盖、容量（连接数）等。

对于 NB-IoT，例如，按 $RSRP$>-120dB、$SINR$>-3dB 的指标门限，按业务覆盖率 99% 的标准进行规划。

5.8.5　预测指标

在仿真结果分析和规划优化中，常用的分析有如下 3 点。

1. 最佳服务小区

在网络结构优化中，最佳服务小区的作用是合理规划小区的覆盖，通过服务小区的布局，解决越区覆盖、覆盖不足、覆盖过远的问题。另外，创建某些话务地图时，Atoll 会基于最佳服务小区，这样在仿真中，用户的撒布会更加合理可控。图 5-38 所示的是一个仿真后最佳服务小区的图。从图 5-38 中可以看出，有些小区的覆盖并不合理，需要对扇区的方位角、下倾角进行优化调整，合理分配好每个小区的覆盖范围。

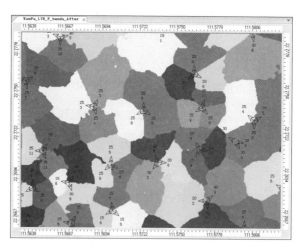

图5-38　Atoll LTE仿真最佳服务小区

2. RSRP

NB-IoT 仿真中，第二个分析和优化对象是 RSRP。以某区域 NB-IoT 仿真规划为例，在现有 GSM/FDD900 系统站址基础上，以 N:1 选址策略选取其中部分站点开通 NB-IoT 功能，参考现网工程参数进行 NB-IoT 仿真，得到当 N=4 和 N=3 时的 RSRP 覆盖效果如图 5-39（a）、图 5-39（b）所示。

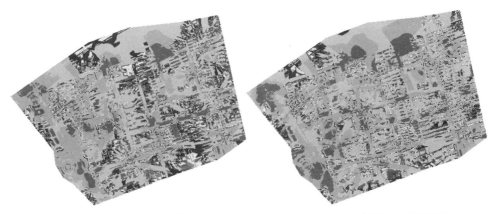

（a）4：1 组网 RSRP 覆盖效果 　　　　　　　（b）3：1 组网 RSRP 覆盖效果

图5-39　NB-IoT仿真RSRP效果

从图 5-39 中可以看出，当采用 4：1 组网时，还有不少覆盖的盲区、弱区，通过提升 NB-IoT 站点比例，改为 3：1 组网并进行仿真参数优化后，总体覆盖效果得到明显改善，进一步统计 3：1 组网时的 RSRP 覆盖率指标，见表 5-68。

表5-68　NB-IoT仿真RSRP覆盖率指标

RSRP（dBm）指标	4：1 组网时 NB-IoT 覆盖率	3：1 组网并优化后 NB-IoT 覆盖率
$RSRP \geq -80$	8.683%	11.692%
$RSRP \geq -90$	35.802%	47.92%
$RSRP \geq -100$	69.037%	80.088%
$RSRP \geq -105$	81.275%	86.768%
$RSRP \geq -110$	88.421%	92.403%
$RSRP \geq -120$	93.248%	99.366%
$RSRP \geq -inf$	100%	100%

从仿真 RSRP 覆盖率指标结果可以看出，当采用 3：1 进行选址规划的时候，$RSRP > -120dB$ 的比例高于 99%。

3. SINR

仿真中，第 3 个分析和优化对象是 SINR，也是最难优化的对象。仍以某区域 NB-IoT 仿真规划为例，当 $N=4$ 和 $N=3$ 时，得到 SINR 覆盖效果如图 5-40（a）、图 5-40（b）所示。

从图 5-40 中可以看出，采用 4：1 选址组网时，NB-IoT 总体干扰指标相对更佳，进一步统计两者 SINR 指标数据，见表 5-69。

从 SINR 指标统计结果看，采用 3：1 选址组网时，$SINR > -3$ 的比例大于 99%。结合覆盖分析结果，该区域最终采用 3：1 的站址选址进行 NB-IoT 建设。

（a）4 : 1 组网 SINR 覆盖效果　　　　　（b）3 : 1 组网 SINR 覆盖效果

图5-40　NB-IoT仿真SINR效果

表5-69　NB-IoT仿真SINR效果

SINR（dB）指标	4 : 1 组网时 NB-IoT 覆盖率	3 : 1 组网并优化后 NB-IoT 覆盖率
$SINR \geqslant 15$	69.6%	46.1%
$SINR \geqslant 10$	87.1%	65.1%
$SINR \geqslant 6$	95.6%	80.1%
$SINR \geqslant 3$	98.6%	89.4%
$SINR \geqslant 0$	99.8%	97.3%
$SINR \geqslant -3$	100%	99.9%
$SINR \geqslant -inf$	100%	100%

•• 5.9　工程部署方案

5.9.1　部署对现网影响

1. NB-IoT 部署影响

对于未部署 LTE FDD 的运营商，从一定程度而言，NB-IoT 的部署更接近于全新网络的部署，将涉及无线网及核心网的新建或改造及传输结构的调整，同时，若无现成空闲频谱，则需对现网频谱（如 GSM）进行调整（建议 Stand-alone 模式）。而对于已部署 LTE FDD 的运营商，NB-IoT 的部署可很大程度上利用现有设备与频谱，其部署相对简单。

从无线建设方案来看，可依托原有 2G 网络或 4G 网络进行建设。

（1）**依托 2G 网络建设**：从硬件上看，需考虑现有设备是否支持开通 NB-IoT，如果支持则可在基站上新增基带板以支持 NB-IoT，若不支持则还需要进行现有设备替换改造；从网络结构及规划上看，因 GSM 网络存在时间较长，很多场景下的规划及建设均出于降低

178

干扰及增加容量的考虑,与 NB-IoT 初期重点考虑覆盖的需求不同。因此网络结构存在一定差异,需在规划与建设上做一定考虑,例如,退频重耕后的频谱资源分配、载波配置、功率分配等。

(2)**依托 4G 网络建设**:若现网中已部署 LTE FDD 网络,NB-IoT 可考虑依托 4G 网络建设。在这种建议方案下,NB-IoT 可与现有设备共主控板及传输,但需新增基带板、RRU 及天馈系统从核心网上看,无论是依托 2G 或 4G 建设,都需要独立部署核心网或升级现网设备。

2. eMTC 部署影响

若在现网已部署 4G 网络的基础上再部署 eMTC 网络,在无线网络方面,可基于现有 4G 网络进行软件升级;在核心网方面,同样可通过软件升级实现。

可以看出,在 CIoT 系统部署中,对现网影响最大的是 NB-IoT 系统,下文将重点针对 NB-IoT 系统通过 900 MHz 频率重耕改造的方案及设计进行介绍。

5.9.2 站址获取策略

CIoT 采用了覆盖增强技术,理论分析 NB-IoT 优于现有 GSM 系统 20 dB 以上;而 eMTC 优于 GSM 系统 10 dB 以上,优于 LTE 系统 15 dB 以上。因此,CIoT 系统所需的站点数少于现有系统,在 CIoT 站址获取方面,可以充分利用现有站点资源,具体思路如下。

假设从 N 个现网站点中选 1 个作为 CIoT 站点,则 CIoT 站间距是现有系统站间距的 $\sqrt{N}$ 倍,此时 CIoT 系统相对现有系统的覆盖增益为:

$$G = 10 \times \log(\sqrt{N}) \times K$$

其中,G 为 CIoT 相对现有系统的覆盖增益,K 为距离传播损耗系数。

再结合现有系统规划与 CIoT 系统之间的覆盖 MCL 余量差值,可分析得出 N 的合理规划取值范围。以某地基于 GSM 900 MHz 站址进行 NB-IoT 选址规划为例,选取不同区域场景进行 GSM 宏基站 MR 数据分析,统计分析得到 NB-IoT 系统相对 GSM 覆盖增益值估算,见表 5-70。

表5-70 NB-IoT系统相对GSM覆盖增益值估算

场景类型	GSM 现网 95%MCL/dB	GSM 现网 99%MCL/dB	穿透损耗附加量 /dB	NB 实现覆盖率 95% 的 MCL 余量 /dB	NB 实现覆盖率 99% 的 MCL 余量 /dB
场景 1	141.34	144.77	14	8.66	5.23
场景 2	141.23	144.23	12	10.77	7.77
场景 3	134.87	138.32	11	18.13	14.68
场景 4	132.24	139.12	10	21.76	14.88

以哈塔模型距离传播损耗系数 3.6（站高 25 m）估算，NB-IoT 与现网 GSM 900 MHz 不同站址比例的覆盖增益，见表 5-71。

表5-71　NB-IoT与现网GSM 900 MHz不同站址比例的覆盖增益

站址（$N:1$）	NB-IoT 相对 GSM 站间距倍数（$\sqrt{N}$ /1）	NB-IoT 系统覆盖增益（dB）
1	1.00	0.00
2	1.41	5.42
3	1.73	8.59
4	2.00	10.84
5	2.24	12.58
6	2.45	14.01
7	2.65	15.21
8	2.83	16.26
9	3.00	17.18
10	3.16	18.00
11	3.32	18.75
12	3.46	19.43
13	3.6!	20.05
14	3.74	20.63
15	3.87	21.17

因此，根据以上理论计算分析结果，规划建议 NB-IoT 可从现网 N 个 GSM 900 MHz 站址中挑选 1 个，N 的取值区间为：对于场景 1 区域，$N=2$ 或 $N=3$ 最佳；对于场景 2 区域，$N=3$ 或者 $N=4$ 最佳；对于场景 3 区域，N 取值区间最佳为 $6 \leqslant N \leqslant 11$；对于场景 4 区域，$N$ 取值区间最佳为 $7 \leqslant N \leqslant 15$。

以国内某地区开展 NB-IoT 规划为例，该地区通过分析较适合采用场景 1 与场景 2 模型进行选址规划，其开展低频重耕部署 NB-IoT 系统时候，从 900 MHz 系统站点中按照 3:1 挑选站点开展 NB-IoT 的部署，选址示意如图 5-41 所示。

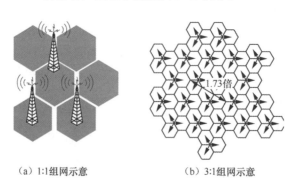

（a）1:1组网示意　　　　（b）3:1组网示意

图5-41　$N:1$组网站址规划示意

从站址分析可以看出，此时 NB-IoT 站间距相当于是 900 MHz 系统的 1.73 倍。

5.9.3　基站建设方式

对于 eMTC 系统，站点可直接与现有 LTE 站点完全兼容，系统建设中只需考虑哪部分站点开通相应的 eMTC 功能。

对于 NB-IoT 系统，需要独立组网，以 GSM 900 MHz 系统腾频改造为例，900 MHz 建设 NB-IoT 基站包括两种方式：（1）在现有 GSM 系统基础上进行升级改造；（2）对无 2G 站址的情况下，通过新址新建方式进行规划。由于现有 2G 网络成熟、站址资源丰富，因此，NB-IoT 建设中需要充分利用现有 2G 主设备及天面资源，结合设备实际可升级情况、天面可改造条件，制定不同的设备改造方案。基于 GSM 900 MHz 升级、新建，NB-IoT 组网方案比较，见表 5-72。

表5-72　NB-IoT组网方案比较

	方式一：GSM 升级建设 NB-IoT	方式二：新建 NB-IoT
优势	可以利旧现网多载波设备，可以共用天线	新建设备能力强，后续可以升级支持多系统 对 GSM 现网影响较小 从整个生命周期看，并不增加成本
劣势	现网多载波设备比例较低 现网设备对于 NB-IoT 多载波支持能力不足 升级后容易产生功率或 GSM 载波数受限 现网设备后续难以支持多模升级 NB-IoT 同频组网跟 GSM 特性不一致，共天线性能不能最优	设备完全新建，前期投入成本高 天馈新建，需考虑新增天馈系统的安装空间资源的条件

方式一：通过 2G 设备升级改造建设 NB-IoT 基站

采用 2G 升级涉及的主要工程量包括：新建/替换/利旧天馈系统；部分站点需要新建 RRU；新增主控板、基带板；新增传输、时钟。其优点是投资少、工程实施难度低；缺点是 NB-IoT 系统与 GSM 共用 1 套天馈系统，独立优化能力差，同时占用 GSM 射频单元输出功率 43 dBm，对现有 2G 覆盖有影响。在实际规则中，现有 2G 设备主要有机柜式和分布式两种类型，具体改造思路如下。

（1）机柜式设备需要评估现有射频板是否支持 2T2R，实际网络中存在部分老旧的 1T2R 板卡，针对 1T2R 板卡需要进一步考虑能否进行双拼改造。

①对支持双拼改造的 1T2R 设备，规划中需要考虑板卡拆除及拼装的建设条件。

②对不支持双拼改造的 1T2R 设备，建议采用 BBU+RRU 结构的分布式站点替换。

（2）分布式设备，需要评估现有 RRU 是否具备升级 NB-IoT 能力，对于不满足条件的老旧 RRU，建议采用新 RRU 进行替换升级；对于满足 NB-IoT 系统开通条件的，需进一步分析开通双模或者三模网络对应的各系统载波需求，评估功率是否满足多系统建设目标。

方式二：新址建设 NB-IoT 基站

对于新址建设站点，可以考虑 GSM+FDD+NB-IoT 同步部署，一方面有利于改善现有 2G 覆盖不足的问题；另一方面可以解决 NB 网络覆盖需求。对于站址选取，需要优先考虑现有塔桅资源进行建设，有利于提高建设进度，在工程量方面，需要安装整套系统。

5.9.4 无线设备选型

1. 无线主设备选型建议

eMTC 设备与现有 4G 系统兼容，对于 NB-IoT 而言，建议采用 BBU+RRU 设备组网，以 900 MHz 系统建设 NB-IoT 为例，无线网主设备建议采用 900 频段 2T2R、2T4R/4T4R 的设备，主设备技术要求，见表 5-73。

表5-73　主设备技术要求

设备类型	类别	主设备技术要求
BBU	工作模式	支持 NB-IoT Stand-alone/LTE FDD（eMTC）两模同时工作
	设备能力	单 BBU 至少同时支持（3 个 10M+3 个 20M）LTE FDD（eMTC）2T4R 小区及 3 个 NB-IoT Stand-alone 2T4R 小区
RRU	工作模式	支持 NB-IoT Stand-alone/LTE FDD（eMTC）两模同时工作
	射频单元下行发射功率	两通道及四通道射频模块总发射功率不低于 120W
	RRU 高低温环境可靠性	可在 −40℃到 +55℃ 的环境下长期正常工作，可在 +70℃ 环境下连续正常工作 5 小时
	RRU 交变湿度环境可靠性	可在 30℃～60℃，100% 湿度下正常工作

注：无线网主设备具体技术要求参见相关企业标准。

2. 天线选型要求

天线建议以定向双极化四通道智能天线为主，部分特殊场景可考虑双通道天线，900 MHz 系统建设 NB-IoT 可选用天线类别，见表 5-74。

表5-74　900 MHz 系统建设 NB-IoT 的天线选型

天线类别	端口
900 四通道天线（15dBi）	1 组每组 4 端口
900 四通道天线（16.5dBi）	1 组每组 4 端口

（续表）

天线类别	端口
900 四通道电调天线（15dBi）	1 组每组 4 端口
900 四通道电调天线（16.5dBi）	1 组每组 4 端口
1800 四通道天线（17.5dBi）	1 组每组 4 端口
1800 四通道电调天线（17.5dBi）	1 组每组 4 端口
"4+4" 900/1800 双频电调天线（15/17.5）	2 组每组 4 端口
"4+4" 900/1800 双频电调天线（16.5/17.5）	2 组每组 4 端口

四通道天线重点技术参数要求，见表 5-75。

表5-75 四通道天线重点技术参数要求

天线类型	频段	预设电下倾角/电调下倾角范围（°）	三阶互调（dBm,@2×43 dBm）	二阶互调（dBm,@2×43 dBm）	水平面半功率波束宽度（°）	垂直面半功率波束宽度（°）	增益（dBi）	前后比（dB）
900 四通道天线（15 dBi）	GSM	2～8	≤ -107	≤ -107	65±6	≥ 12	≥ 14.5	≥ 25
900 四通道天线（16.5 dBi）	GSM	2～8	≤ -107	≤ -107	65±6	≥ 8	≥ 16.5	≥ 25
900 四通道电调天线（15 dBi）	GSM	0～14	≤ -107	≤ -107	65±6	≥ 12	≥ 14.5	≥ 25
900 四通道电调天线（16.5 dBi）	GSM	2～12	≤ -107	≤ -107	65±6	≥ 8	≥ 16.5	≥ 25
1800 四通道天线（17.5 dBi）	DCS	0/3/6/9	≤ -107	—	65±6	≥ 7	≥ 17	≥ 25
1800 四通道电调天线（17.5 dBi）	DCS	2～12	≤ -107	—	65±6	≥ 7	≥ 17	≥ 25
"4+4" 900/1800 双频电调天线（15/17.5）	GSM	0～14	≤ -107	≤ -107	65±6	≥ 12	≥ 14.5	≥ 25
	DCS	2～12	≤ -107	—	65±6	≥ 7	≥ 17	≥ 25
"4+4" 900/1800 双频电调天线（16.5/17.5）	GSM	2～12	≤ -107	≤ -107	65±6	≥ 8	≥ 16.5	≥ 25
	DCS	2～12	≤ -107	—	65±6	≥ 7	≥ 17	≥ 25

5.9.5 设备及改造方案

eMTC 在无线网方面，可基于现有 4G 网络进行软件升级，设备改造要求不大，故本文重点以 900 MHz 系统改造为例，只分析部分典型厂家的主设备改造方案。

1. 华为

华为 900 MHz 升级站改造方案参考，见表 5-76。

表5-76　华为900 MHz设备升级改造方案参考

站型		现网设备分类	改造方案说明	改造方案聚类
现网升级替换站	室内机柜型（BTS）	BTS3012/312 等双载波设备、BTS3900，载波板为 GRFU\MRFU V1	替换为 BBU3910+RRU3959，老旧设备不利旧	方案 1A：新装 BBU3910+RRU3959
		BTS3900，载波板为 GRFU V2	BBU 板卡升级 +RRU3959	方案 2A：BBU3900 升级 + 新装 RRU3959+ 拆板入库
		BTS3900，载波板为 MRFU V2 及以上，硬件已支持	BBU 板卡升级 +RRU3959	方案 2A：BBU3900 升级 + 新装 RRU3959+ 拆板入库
			BBU 板卡升级 + 利旧其他站载波板，拼装为每小区 2 块 MRFU	方案 3：BBU3900 升级 + 增扩载波板
	分布式基站（DBS）	单通道：RRU3004、RRU3008 双通道：RRU3908V1	BBU 板卡升级 +RRU3959，RRU 不利旧	方案 2B：BBU3900 升级 + 新装 RRU3959+ 拆 RRU
		双通道：RRU3008 V2、RRU3908 V2、RRU3938（2×40w）	BBU 板卡升级 +RRU3959	方案 2C：BBU3900 升级 + 新装 RRU3959+ 拆 RRU 入库
		单通道：RRU3926、RRU3936（1×80w）	BBU 板卡升级 +RRU3959	方案 2C：BBU3900 升级 + 新装 RRU3959+ 拆 RRU 入库
	全改定	BTS3012/312	替换为 BBU3910+RRU3959，老旧设备不利旧	方案 1B：新装 BBU3910+RRU3959+ 新天线（2T2R）
		BTS3900/DBS3900	BBU 板卡升级，新增 RRU 及天线，老旧设备暂不考虑利旧	方案 2D：BBU3900 升级 + 新装 RRU3959+ 新天线（2T2R）

华为 90 MHz 设备升级改造主要工程量参考，见表 5-77。

表5-77　华为900 MHz设备升级改造主要工作量

改造方案	方案细分	单站工程量
整站替换	方案 1A：利旧天线	1. 增加 1 路 GE 传输（BBU–PTN）；2. 新增 1 个 BBU+3 个 RRU、BBU–RRU 之间光缆、RRU 供电线；3. 拆除原有设备机柜及 7/8 馈线；4. 新增 1 个 GPS 天线及馈线
	方案 1B：新增天线（全改定）	1. 方案 1A 所需工程量；2. 新增 3 副 2T2R 天线
BBU 升级 +RRU 替换	方案 2A：BTS 改 DBS	1. 增加 1 路 GE 传输（BBU–PTN）；2. 利旧机框，升级其 BBU 板卡；3. 拆除载波板入库（后期利旧）、拆除 7/8 馈线；4. 新增 3 个 RRU、BBU–RRU 之间光缆、RRU 供电线；5. 新增 1 个 GPS 天线及馈线
	方案 2B：新 RRU 替换老 RRU	1. 增加 1 路 GE 传输（BBU–PTN）；2. 升级 BBU 板卡；3. 拆除 RRU、光缆、供电线；4. 新增 3 个 RRU、BBU–RRU 之间光缆、RRU 供电线
	方案 2C：新 RRU 替换老 RRU	1. 方案 2B 所需工程量；2. 老旧 RRU 包装入库
	方案 2D：新 RRU 替换老 RRU，新增天线（全改定）	1. 方案 2C 所需工程量；2. 新增 3 副 2T2R 天线

（续表）

改造方案	方案细分	单站工程量
BTS 升级 改造	BBU 升级，载波板 双拼改造	1. 增加 1 路 GE 传输（BBU–PTN）；2. 升级 BBU 板卡；3. 新增载波板（单小区 2 块）

2. 爱立信

爱立信 900 MHz 设备升级站改造方案参考，见表 5-78。

表5-78　爱立信900 MHz设备升级改造方案参考

站型		现网设备型号	改造方案描述
现网升级 替换站	机柜式	RBS2206	替换为 RBS6601+RRU2219
		RBS6201+1×RUS01（每小区）	RBS6201 板卡升级 + 增补 RU 单元，拼装为每小区 2 块 RU 单元
		RBS6201+2×RUS01（每小区）	RBS6201 板卡升级
	分布式	RBS6601+RRUS01/02	RBS6601 板卡升级，RRU 替换为 RRU2219
		RBS6601+RRUS12	RBS6601 板卡升级，RRU 利旧

爱立信 900 MHz 设备升级改造主要工程量参考，见表 5-79。

表5-79　爱立信900 MHz设备升级改造主要工作量

基站升级改造方案分类	单站工程量
整体设备替换	1. 拆除原有机柜式设备
	2. 新增 1 个 BBU、3 个 RRU
	3. 增加 1 路 GE 传输（BBU–PTN）
	4. 拆除原有馈线，每扇区新增 1 根野战光缆
	5. 新增 1 个 GPS 天线和 1 根 GPS 馈线
	6. 无须更换天线
RRU 替换 + 板卡扩容	1. RBS6000 包括 RBS6601（分布式）和 RBS6201（机柜式）
	2. 扩展板插在 BBU 中
	3. 拆除原有 RRU，每扇区新增 1 个 RRU（双拼是通过 RRU 级联实现 MIMO）
	4. 增加 1 路 GE 传输（BBU–PTN）
	5. 新增 1 个 GPS 天线和 1 根 GPS 馈线
	6. 无须更换天线
纯板卡扩容	1. RBS6000 包括 RBS6601（分布式）和 RBS6201（机柜式）
	2. RBS6201（机柜式）需在机柜内扩 1 个 RRU
	3. 增加 1 路 GE 传输（BBU–PTN）
	4. 新增 1 个 GPS 天线和 1 根 GPS 馈线
	5. 无须更换天线

3. 中兴

中兴 900 MHz 设备改造升级替换方案参考，见表 5-80。

表5-80　中兴900 MHz设备升级改造方案参考

站型		现网设备型号	改造方案描述
现网升级替换站	机柜式	BS8800（B8200+RSU60E）	BBU 替换为 B8300，利旧 B8200 的电源模块和 GSM 基带板；RRU 替换为 R8862A/R8872A
	分布式	BS8700（B8200+R8860E）	BBU 替换为 B8300，利旧 B8200 的电源模块和 GSM 基带板；RRU 替换为 R8862A/R8872A
		BS8700（B8200+R8881）	BBU 替换为 B8300，利旧 B8200 的电源模块和 GSM 基带板；RRU 替换为 R8862A/R8872A
		BS8700（B8200+R8862）	BBU 替换为 B8300，利旧 B8200 的电源模块和 GSM 基带板；RRU 利旧

中兴 900 MHz 设备升级改造主要工程量参考，见表 5-81。

表5-81　中兴900 MHz设备升级改造主要工作量

基站升级改造方案分类	单站工程量
整体设备替换（异厂家替换）	整体替换为中兴设备
	1. 更换 BBU、RRU
	2. 增加 1 路 GE 传输
	3. 拆除原有 7/8 馈线，每扇区新增 1 根野战光缆
	4. 新增 1 个 GPS 天线和 1 根 GPS 馈线
	5. 无须更换天线
升级替换（中兴自有设备替换）	1. 升级替换 BBU、RRU
	2. 增加 1 路 GE 传输（BBU-PTN）
	3. 若原 RRU 为 RSU 系列（机柜式）的，拆除馈线，每扇区新增 1 根野战光缆
	4. 新增 1 个 GPS 天线和 1 根 GPS 馈线
	5. 无须更换天线

5.9.6　设计图规范及要求

进行 CIoT 系统设计时，需要重点绘制机房平面图、室内布线图、天馈系统图。

1. 机房平面图

机房平面图体现当期工程建设/改造方案,应包含机房尺寸,原有设备型号、尺寸、数量、位置等,原有设备用实线表示,拆除设备用虚线表示,新增设备用加粗实线表示,平面图文字说明应包含本站的工程的类型、频段、机房情况、本期新增设备、接电端子、接地端子等信息，若电源系统有扩容需求则需有文字说明，机房平面图设计样例如图 5-42 所示。

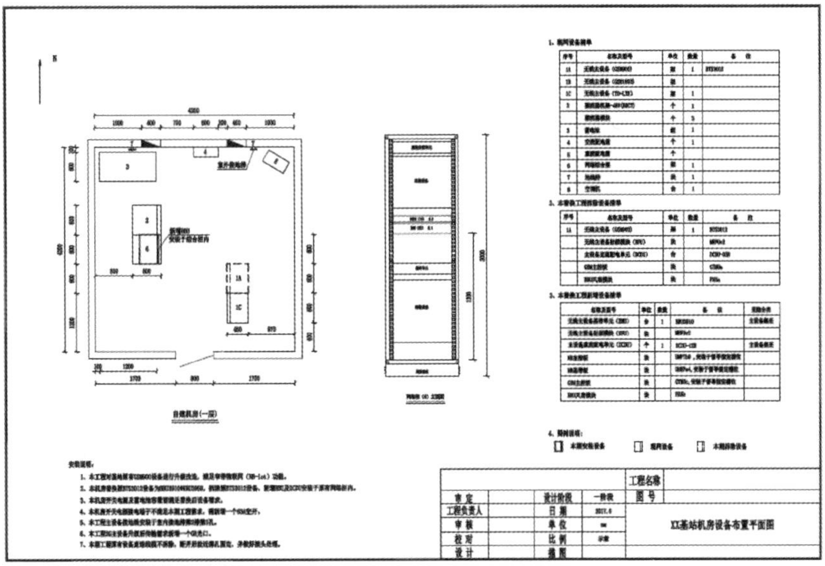

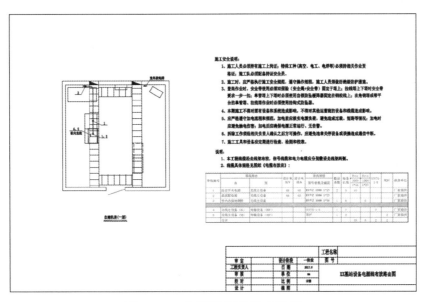

图5-42　机房布置平面

2. 室内布线图

室内布线图体现当期工程新增室内设备的电源线、信号线、接地线走线路由及相关说明。导线明细表：体现当期工程所涉室内线缆的布放长度、条数、规格。电源线部分路由设计如图 5-43 所示。

图5-43　电源线部分路由设计

3. 天馈系统图

　　天馈系统图包括侧视图及俯视图，其中侧视图需体现本期工程天面改造方案，含天馈系统材料表，机房、塔桅信息，塔桅各平台占用情况以及本期工程新增设备说明及各小区工参设置说明，线缆布放说明等。俯视图重点体现各天线具体点位以及各点位与机房（机柜）间线缆走线路由、长度及固定方式等。NB-IoT 改造天馈系统安装示意如图 5-44 所示。

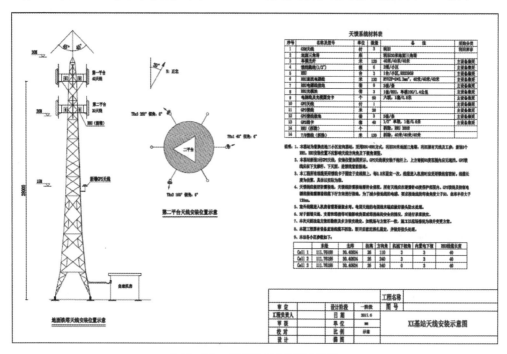

图5-44　天馈系统安装示意

参考文献

[1] 3GPP TS 36.211. 3rd Generation Partnership Project; Technical Specification Group Radio Access Network; Evolved Universal Terrestrial Radio Access (E-UTRA); Physical Channels and Modulation[EB/OL]. (2017-7-10).

[2] 3GPP TS 36.212.3rd Generation Partnership Project; Technical Specification Group Radio Access Network; Evolved Universal Terrestrial Radio Access (E-UTRA); Multiplexing and channel coding [EB/OL]. (2017-7-10).

[3] 3GPP TS 36.213. 3rd Generation Partnership Project; Technical Specification Group Radio Access Network; Evolved Universal Terrestrial Radio Access (E-UTRA); Physical layer procedures[EB/OL].

[4] 3GPP TS 36.300. 3rd Generation Partnership Project; Technical Specification Group Radio Access Network; Evolved Universal Terrestrial Radio Access (E-UTRA) and Evolved Universal Terrestrial Radio Access Network (E-UTRAN); Overall description; Stage 2 [EB/OL].

[5] 3GPP TR45.820. 3rd Generation Partnership Project; Technical Specification Group GSM/EDGE Radio Access Network; Cellular system support for ultra-low complexity and low throughput Internet of Things (CIoT) [EB/OL].

[6] GOZALVEZ J. New 3GPP standard for IoT [mobile radio][J].IEEE Vehicular Technology Magazine, 2016, 11(1): 14-20.

[7] 杨峰义，张建敏等 . 5G 蜂窝网络架构分析 [J]. 电信科学，2015，31（5）：46-56.

[8] 曲井致 . NB-IoT 低速率窄带物联网通信技术现状及发展趋势 [J]. 科技创新与应用，2016（31）：115-115.

[9] 程日涛，邓安达，孟繁丽等 . NB-IoT 规划目标及规划思路初探 [J]. 电信科学，2016(s1)：137-143.

[10] 邵华，王锐，童辉等 . LPWA 物联网关键技术性能对比及网络部署相关问题研究 [C] // 2016 全国无线及移动通信学术大会论文集，北京：人民邮电出版社，2016：470-475.

[11] 黄韬，刘昱，张诺亚 . NB-IoT 独立部署下的容量性能分析 [J]. 移动通信，2017，41（17）：78-84.

[12] 戴国华，余骏华 . NB-IoT 的产生背景、标准发展以及特性和业务研究 [J]. 移动通信，2016，40（7）：31-36.

[13] 徐芙蓉，李新，李秋香等 . NB-IoT 和 eMTC 覆盖能力对比 [J]. 移动通信，2017（23）：27-33.

[14] 赵静 . 低速率物联网蜂窝通信技术现状及发展趋势 [J]. 移动通信，2016，40（7）：27-30.

[15] 吴杰，程伟，梁月 . 运营商蜂窝物联网 NB-IoT 及 eMTC 的部署策略探讨 [J]. 中国新通信，2016，18（23）：64-65.

[16] 刘昕，刘从柏，刘湘梅 . NB-IoT 和 eMTC 商用部署策略 [J]. 电信科学，2017（S2）.

[17] 刁兴玲 . 物联网市场火热高通瞄准 eMTC 与 NB-IoT[J]. 通信世界，2016（18）：37.

[18] 李卫卫 . 从物联网的连接选择看 NB-IoT 与 eMTC 之争 [J]. 通信世界，2017（18）：43-44.

[19] 黄陈横 . eMTC 关键技术及组网规划方案 [J]. 邮电设计技术，2018（7）：17-22.

[20] 肖清华，汪丁鼎，许光斌等 . TD-LTE 网络规划设计与优化 [M]. 北京：人民邮电出版社，2013.7.

[21] 戴博，袁戈非，余媛芳 . 窄带物联网（NB-IoT）标准与关键技术 [M]. 北京：人民邮电出版社，2016. 11.

CIoT 业务及应用

Chapter 6

第六章

导读

　　蜂窝物联网 CIoT 的业务及应用是否能够达到规模成熟商用是整个产业链最为重要的事情。本章节首先分析了蜂窝物联网产业链和传统通信网的不同之处，从供给和需求角度定义了物联网产业发展的三个阶段。CIoT 网络由电信运营商牵头完成部署，其在建设进展、初期应用、套餐资费和商业模式上的探索值得我们认真分析总结。典型应用的示范和拉动效应对物联网产业快速发展有至关重要的作用，本章节选取了几个典型应用：智慧水表、智慧燃气、智慧停车、智慧畜牧、共享单车、车联网，并对此进行了逐一介绍。这些应用的解决方案对其他类似场景都可以复制推广，加快迁移现有承载在蜂窝网上的各类存量应用，从而推进各行各业的数字化、智能化转型之路。

传统通信业产业链 　　　　　物联网的产业链

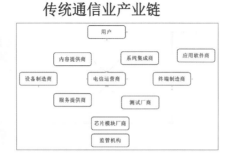
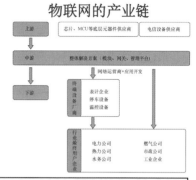

CIoT商用之路是一个循序渐进的过程，要从老的产业链转换为新的产业链去推动

CIoT的商用需要经历从**供给推动**到**需求拉动**

第一阶段：供给推动强于需求拉动，树立规模示范是核心
第二阶段：供给推动和需求拉动共同发力，扩大应用范围
第三阶段：需求拉动为主，产业链真正成熟

电信运营商已经完成了CIoT的网络部署，但规模应用及业务尚未能展开

资费套餐：主流模式是按接入点包年和包流量收费，超过一定范围后另行收费

商业模式：从智能管道向"云—管—端"综合方案转变，营收可以向网络的上下游延伸

典型应用

- 智慧水表
  - 存在问题：产销差、贸易结算
  - 传统智能水表：传输安全、高功耗、网络覆盖、大量水表接入 → NB-IoT智慧水表 → 智慧水务

- 智慧燃气
  - NB-IoT智慧燃气解决方案：解决燃气超标、提高数据安全、减低表俱功耗；网络覆盖、大规模连接

- 智慧停车

	NB-IoT 地磁	LoRa 地磁	ZigBee 智能锁	eMTC 视频桩
模块成本	约5美元	约5美元	低于5美元	高于5美元
续航	理论5年	理论5年	理论2年	理论5年
终端数量	约5万	约5万	万级	约5万
通信距离	长	长	短	长

eMTC成本高，ZigBee距离短，NB-IoT和LoRa是主流

- 智慧畜牧
  - 应用层：奶牛发情监测管理平台及配套App
  - 平台层：数据采集和存储的云平台
  - 网络层：NB-IoT网络
  - 感知层：奶牛活动量采集器

- 共享单车
  - 第一代 机械锁：发送解锁码到APP，手动开锁
  - 第二代 GSM+QR码：收到短信给SIM，谁底打开
  - 第三代 GPRS+GPS BT+传感器：开锁指令来自GPRS和手机的BT
  - 第四代 NB-IoT+eMTC：来自基站的控制开锁，低功耗
  - 2.通过4G LTE /DSRC 提供包括V2V、V2P、V2I和V2N的智能交通业务

- 车联网
  - 1.基于2/3G 的汽车娱乐和远程信息处理业务
  - 2.通过4GLTE/DSRC提供包括V2V、V2P、V2I和V2N的智能交通业务
  - 3.汽车与云端连接，结合精确位置信息，提供自动驾驶、编队行驶等业务

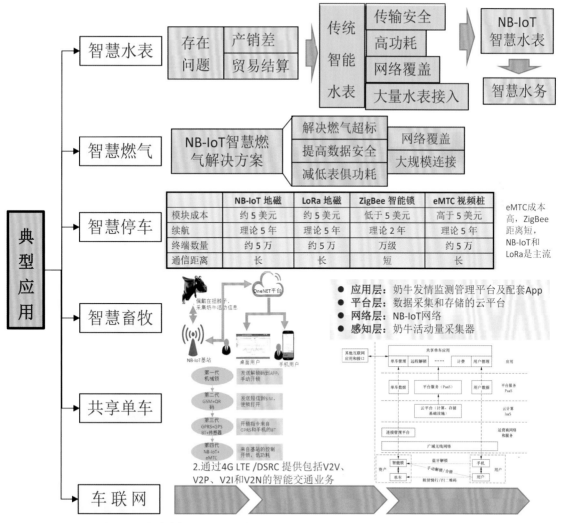

●● 6.1　产业链及发展阶段

电信运营商的 CIoT 商用之路是一个循序渐进的过程，一方面需要考虑自身蜂窝网络的升级改造，以使其能提供无处不在的 CIoT 网络服务；另一方面则要深入垂直行业领域，整合、改善现有业务并激活更多潜在的蜂窝物联网连接。

物联网将是电信运营商转型发力的重中之重，随着国家层面及三大运营商对蜂窝物联网的重视和落实，CIoT 进入越来越多的垂直行业，电信运营商对于蜂窝物联网的传统运营模式也将面临转型和变革。

当前，业务的多样性使物联网的运营变得更为复杂，不同垂直行业的各种物联网网络协议的对接，各个垂直行业业务系统的差异化，使电信运营商的服务运营成本随着 NB-IoT 应用类型的增多大幅度提升；另外，面对运营商的蓝海市场，电信运营商也不甘心仅扮演管道提供方的角色，势必尝试从管道运营向具有更大价值的设备端和云端运营方向转型，通过平台整合产业链的资源。

任何一项技术和网络的部署，其背后都有整个产业生态链的支持，有些关键环节甚至决定了网络部署的"圈地"的成败，因为产业生态链才是每个技术阵营最核心的生命力。

6.1.1　传统通信业的产业链

传统移动通信行业是以典型运营商为核心发展的产业生态，虽然最终用户对于终端、内容和运营商都可以选择，但行业中的所有产业群体都在很大程度上和电信运营商发生着各种联系，而且不少厂商对电信运营商的依赖性很强。传统通信业产业链如图 6-1 所示。

举例来说，设备制造商的直接客户是电信运营商，为电信运营商提供通信设备、建设通信网络；而电信运营商常常对手机终端进行补贴，并通过电信运营商广泛的渠道帮助

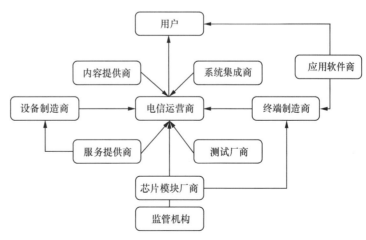

图6-1　传统通信业产业链

终端厂商销售手机，这使设备厂商和终端厂商对电信运营商有很强的依赖性。

移动互联网时代来临，电信运营商的核心作用遭到削弱。以苹果手机为代表的终端厂家通过 App 构建自己的产业链，一些 OTT 厂商将运营商管道化，而内容的丰富程度、终端的设计等因素在用户心中的地位不断提升，这对运营商核心作用有很大的影响。但是从本质上来讲，这一产业生态还是建立在人与人通信的基础上的，旨在为人们更好的交流和生活服务。

6.1.2　物联网新的产业链

在物联网时代，基于蜂窝物联网形成的产业生态和传统移动通信有很多重合。若从整体产业生态来看，芯片厂商、终端厂商、设备厂商、测试厂商仍将存在，应用软件商被物联网平台和平台上的开发者所替代，而原有的服务供应商和内容提供商更多地成为了解行业知识的系统集成商，用户的需求更多是应用。这样来看，确实有不少重合的地方。其中，对于低功率广域网络来说，比较重要的仍然是芯片、终端、设备、运营商、平台和应用。

不过，重合的部分也发生了非常明显的变化，因为这里面的"玩家"发生了很大的变化，其中，来自终端和用户的变化，使移动物联网产业生态虽然包括传统通信业生态的各个部分，但每个环节的重点及它们之间的关系发生了大幅变化，形成了新的生态。

1.多样化终端和同质化终端

在人与人的通信中，通信终端主要是手机，无论在品牌、外观还是性能上手机都可以算得上种类繁多。但是其核心功能还是同质化的，对于功能机来说，主要的功能就是通信和短信；对于智能机来说，除了功能机能实现的功能外，还有各种移动互联网的应用。即使品牌、外观、性能不同，但能够实现的功能都是一样的，只是体验不同而已。可以说手机就是一种同质化的终端，可以大规模批量生产和使用。

物联网的终端却是多样化的，理论上所有能够实现联网的硬件都可以算作物联网终端，如水表、井盖、路灯、门锁、箱包、手表、跟踪器等，这些终端不仅有品牌、外观、性能上的差别，更有功能上的千差万别，一个联网的水表和一个联网的门锁不可能具有相同的功能。物联网要进入各行各业，各行业终端肯定不一样，即使一个行业内，也存在大量不同的终端。虽然在各行业中会产生规模化的终端，但这些终端的数量和手机终端相比，还不具有高同质化、规模化的特点。

这种多样化的终端让大量原来和移动通信或互联网没有关系的终端制造商加入物联网行列。例如，以前的水表厂商就生产机械表、卡表，现在要生产内置通信模组并可以实现平台管控的物联网水表。

LPWAN 这种新型网络技术的商用，加速了终端厂商的多样化。此前很多种类的终端，由于其本身的特点及原有物联网通信方案的不足，不可能实现联网，而 LPWAN 补齐了这些短板，让大量传统终端有了联网的机会。

2. 多样化用户和统一用户

与多样化终端相对应的是多样化用户，手机用户主要是个人，而物联网用户在发展初期主要是各个行业、企业。虽然说用户归根到底是人，但每个人的需求有天壤之别，因此这里所说的用户主要指用户的需求。

传统移动通信的用户需求相对统一，和手机终端提供的功能基本匹配。而在物联网用户中，大量行业、企业用户的需求则和自身的业务、生产、经营密切相关，呈现多样化的特点。例如，远程医疗、智慧农业、智能家居等虽然使用了相对标准化的连接技术，但最终用户的需求才是改变自身行业发展的源动力。

另外，这些用户的需求的规模相对于手机用户的需求来说是非常小的，由于每个行业都有不同于其他行业的典型需求，每个行业又有多样化的需求，呈现碎片化的特点，满足每个需求都要设计对应的解决方案，各类解决方案无法大规模复制，所以多样化用户也带来了海量碎片化的市场。

这种多样化、碎片化的特点催生出的终端和用户群体，让物联网的产业链、产业生态呈现和传统移动通信不同的特点。蜂窝物联网产业链就是在这样的背景下形成的，已经具备了相对独立、完善的价值链、企业链、供需链和空间链，成为物联网产业中相对完善的子链。从简单角度来分，物联网的产业链可以分为上游、中游、下游，如图 6-2 所示。

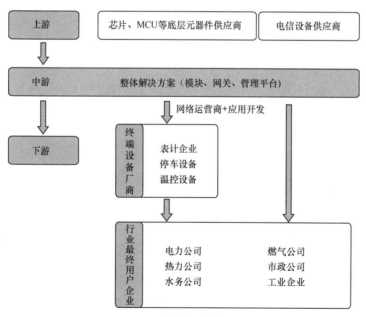

图6-2 物联网的产业链

6.1.3 产业发展阶段

物联网产业链积极推动各类试点应用落地。从供给侧角度出发，各类传统行业的需求者处于一个接受和跟随的状态，虽然表计、单车、家电行业已开始试点，但离规模化应用好像还比较远，蜂窝物联网的商用需要经历从供给推动到需求拉动的阶段性变化，整个过程会分为三个阶段。

第一阶段：供给推动强于需求拉动，树立规模示范是核心。

第二阶段：供给推动和需求拉动共同发力，应用大范围扩展。

第三阶段：需求拉动为主，产业链真正成熟。

1. 供给推动需求

这一阶段将出现在主流网络标准确定到大规模部署后 1～2 年内。水、燃气等计量表、城市中的共享单车，以及每年稳定出货量达到千万级的各类家电设备，都是物联网赋能者首先看重的批量化终端。因此在这一阶段，产业链的芯片商、运营商、设备商积极奔走，推动终端和应用厂商加入试商用的阵营，这是供给推动作用下的结果。

设备商、运营商在花巨资部署网络之初，面临的最大风险就是接入终端数量的不足，因此供给方需要在短期内寻找规模化、批量终端，促成这些终端接入网络，正如当年 3G 商用初期，运营商每年支出数百亿进行终端补贴，快速增加入网终端数量一样。表计、单车、家电类终端作为低功耗广域网络电信的目标群体和需求方，具有规模化、同质化的特点，且已经开始尝试加入物联网。

这一阶段的特点是供给推动强于需求拉动，由于物联网应用的生命周期较长，各需求方在面对这一新鲜事物时考虑的不一定是最先进的技术，而是网络是否无缝覆盖、成本是否足够低、方案是否足够稳定完善、现有设备更新改造是否复杂，从而保障自身生产的稳定性，故很多需求方还持观望态度，不会出现规模化、大面积爆发的应用需求，而是示范性应用。

2. 供给携手需求

第二阶段将出现在低功耗广域网络示范效应稳定运行 1～2 年以后，有一定规模的终端接入，网络稳定，芯片、模组、终端设备的成本进一步下降，需要一定周期来实施的应用也准备就绪，各类行业应用也看到了 LPWAN 网络为其带来的好处。此时对网络的需求开始逐渐放量，公共事业、农业、工业、物流、家居、消费电子等各领域开始应用，需求方的力量开始加码，供求双方共同发力来推动产业进展。

这一阶段的特点是供给方和需求方共同推动，运营商、设备商等供给方仍然以具有规模化终端和应用的对象为主，但大量分散的终端自发需求增多，仅有少量终端的用户可以通过便捷的网络接入实现行业应用，低功耗广域网络应用开始大规模扩展。

3. 需求拉动供给

第三阶段是在 LPWAN 正式商用 4～5 年之后，预计接入该网络的终端和应用较为丰富，运营商已探索出适用的商业模式，此种类型的网络成为物联网网络层成熟的连接方式。此时网络接入成本更低，各种需要 LPWAN 的长尾、碎片化需求也开始不断增加，随着物联网产业生态系统的完善，基于低功耗广域网络的应用非常成熟。这一阶段的特点是供给方主动性开始下降，更多的是需求驱动，产业生态系统比较完善，各环节竞争充分。

就目前物联网的发展状态看，LPWAN 产业仍处在第一阶段的中期，赋能供给方是这一产业推进的主力，这一阶段是对供给方产品和服务的考验时期，芯片、网络、设备及端到端的应用中的各类问题需要花费大量的精力去一一解决，示范应用是近 1～2 年主要的工作内容。即使芯片的出货量达到千万级别，对于十多亿乃至百亿的目标连接数来说，还处于初级阶段，远远未达到规模化应用的程度。

●●6.2 运营商建设及试点应用

6.2.1 建设进展

当前人与人连接增长乏力，传统业务比较饱和，物联网成为运营商争相拓展的新蓝海，中国电信、中国移动、中国联通、沃达丰、德国电信等均将 NB-IoT 作为其重要战略之一。自从 2016 年 6 月工业和信息化部 NB-IoT 首个协议版本冻结，短短两年时间，全球已有 30 多个国家的 45 个运营商部署了 NB-IoT 商用网络，激活站点达到百万。到 2018 年年底，NB-IoT 商用网络的数量已达到 105 张，覆盖全球 45% 的面积和 65% 的人口。

2017 年，工业和信息化部下发文件《工业和信息化部办公厅关于全面推进移动物联网（NB-IoT）建设发展的通知》以下简称《通知》，《通知》要求到 2020 年，NB-IoT 网络实现全国普遍覆盖，而向室内、交通路网、地下管网等应用场景实现深度覆盖，基站规模达 150 万个。

1. 中国电信

中国电信在发展 NB-IoT 网络上一直是最积极也是成效最大的。中国电信将物联网作为公司"十三五"五大业务生态圈之一，提出了物联网用户 2017 年实现净增 2500 万户，实现了 2018 年过亿的目标。2017 年年初，中国电信正式发布了"中国电信 NB-IoT 企业标准 V1.0"，同时启动了江苏、浙江、河南、福建、广东和四川 6 省 12 个城市的大规模外场试验，并于 2017 年 6 月完成了 NB-IoT 试商用，完成基于 800 MHz 的 NB-IoT 网络部署，全网 31 万个基站实现同步升级，建成了全球最大的 NB-IoT 网络。

之后中国电信又推出全球首款 NB-IoT 套餐，该套餐计费模式摒弃了在 NB-IoT 中价值极低的流量收费模式，以"连接次数"去计费。其中，包年套餐价格为 20 元 / 户 / 年，生命周期套餐共 7 个档位，分别为 2 年 / 户 35 元、3 年 / 户 50 元，4 年 / 户 65 元、5 年 / 户 80 元、6 年 / 户 90 元、7 年 / 户 100 元，以及 8 年 / 户 105 元。

特别是在落地方面，中国电信经过对 NB-IoT 网络和物联网平台的联动优化，大大提高了智慧城市中水、电、气等抄表的上报成功率，降低了上报过程中的低时延等问题。所以，中国电信在水表、电表和气表市场上占有很大份额。2017 年，也是中国电信物联网业务发展的突破之年：2017 年 3 月在深圳率先商用基于 NB-IoT 的智慧水务；2017 年 4 月在江西鹰潭全网开通，参与智慧城市建设；2017 年 5 月集团宣布建成数量达到 31 万的 NB-IoT 商用网络；2017 年 6 月又在上海发布物联网开放平台；2017 年 7 月中国电信北京公司联合天翼物联产业联盟、华为共同举办主题为"物联时代智慧新北京"的中国电信新一代物联网 NB-IoT 在京正式商用发布会，会上有四大看点：（1）正式公布中电信物联网业务套餐；（2）北京电信与多家模组厂商签署了战略合作协议，共同打造北京物联网产业生态圈，打造"智慧北京"；（3）中国电信与共享单车厂商、NB 芯片厂商共同发布了基于 NB-IoT 技术的智能单车正式商用，先在北京规模投放，并陆续向全国市场推广；（4）中国电信宣布对物联网模组和物联网项目提供 3 亿元的补贴，其中，2 亿元补贴模块产品，1 亿元根据项目需要补贴 2G/3G/4G 模块产品，以促进行业门槛和成本的降低，丰富终端产业链。

2. 中国移动

中国移动最早和产业合作推动了 NB-IoT 标准的制定，并完成了全球首个基于 NB-IoT 标准的端到端互通、首个端到端的实验室验证及外场验证。中国移动第一阶段将建成 NB-IoT 网络，实现低成本、低功耗等特性。目前，中国移动全面实施了"大连接"战略，其已建成全球最大物联网平台，用户超过 2700 万，物联网接入规模近 1 亿。在技术路线上中国移动全面发力，包括 TD-LTE、eMTC、NB-IoT 和 GPRS。

2017 年 6 月，中国移动正式获得在 900 MHz 频段上部署蜂窝窄带物联网（NB-IoT）技术的许可。目前，由于 NB-IoT 标准只能支持 FDD 制式，之前中国移动没有 FDD LTE 牌照，所以并没有大规模部署 NB-IoT 网络。截至 2018 年 4 月 3 日，中国移动获发 FDD 牌照，这对于发展 NB-IoT 网络是极其有利的。

2017 年，中国移动 NB-IoT 已开通 346 个城市，实现端到端规模商用。2018 年，中国移动的 NB-IoT 网络将连续覆盖扩至全国县市城区。

中国移动宣布 2018 年拿出 20 亿专项补贴给物联网的建设，其中一半用于支持 NB-IoT 模组，为厂商提供 60% ～ 80% 不等的补贴率，另一半用于支持 4G 物联网模组，最高给予 50% 的补贴，并首次公开了 NB-IoT 资费，包括 20 元和 40 元两档包年资费。中国移动将立足并全面推进"端—管—云"，携手产业打造最强的移动物联网生态系统，从 3 个方面发力：(1) 要进行"智能化"的物联网运营；(2) 要大力开展工业互联网、物联网的规模应用，努力当好"数字中国"建设的生力军，2018 年新增 1.2 亿个物联网连接；(3) 深耕政务、工业、农业、教育、医疗、金融等垂直行业，服务好产业园区、专业市场、小微企业，推出更符合客户需求、更有竞争力的信息化应用和整体解决方案，支持传统产业向数字化、智能化、绿色化转型升级。中国移动物联网目标及举措如图 6-3 所示。

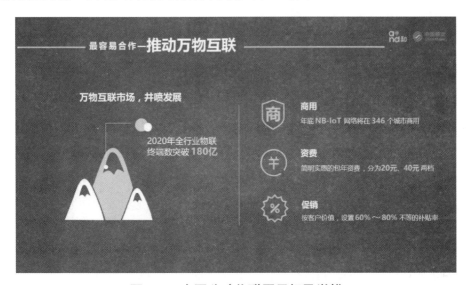

图6-3　中国移动物联网目标及举措

3. 中国联通

中国联通将物联网列为三大创新战略之一。2016 年 11 月，广东开通首个 NB-IoT 商用网络。中国联通认为 2017 年是 NB-IoT 的试点年，2018 年是商用元年。2018 年 3 月 16 日，中国联通在南京成立联通物联网公司，注册资本达 4 亿元，定位中国联通对外业务、资本合作的主体，这是中国联通物联网对外合作的平台。

中国联通已经在 2017 年第三季度完成了 NB-IoT 核心网建设。到 2018 年 5 月，NB-IoT 基站规模将超过 30 万个，基本可以做到全国覆盖，这也将是继中国电信之后第二张覆盖全国的 NB-IoT 网络。

2017 年 6 月，中国联通发布了物联网新一代连接管理平台，目前，该平台已经超过了 8000 万的连接，拥有近两万的行业客户，其中，每月新增连接数在 300 万～ 400 万，已经成为全球最大的单一连接管理平台，到 2018 年年底，中国联通物联网连接数将突破 1.3 亿个。

同时，中国联通与全球超过 50 家运营商使用同一平台，意味着 50 家运营商的终端可以通过一个平台去管理。

此外，在物联网国际化上，中国联通采取了两种方式：其一是 SIM 卡，2018 年 4 月中国联通打通了欧洲的方向，未来 SIM 号码可以到欧洲直接写成当地某一家运营商的号码，享受当地的资费；其二是和国际运营商做跨平台对接。

6.2.2 初期试点应用

NB-IoT 标准为了满足物联网的需求而应运而生，中国市场启动迅速，三大电信运营商都在 2017 年上半年完成初步网络部署和商用。在电信运营商的大力推动下，相信 NB-IoT 网络将成为未来物联网的主流通信网之一，随着应用场景的不断扩展，NB-IoT 网络将会不断演进以满足各种不同垂直区域的不同需求。NB-IoT 的具体应用场景非常广泛，包括智慧城市中的市政领域、智能制造领域、农业领域、消费领域等。

智慧城市：NB-IoT 技术比较适合固定的应用场景，在固定的城市基础设施、民生工程场景下具有广泛的应用前景，尤其是市政公共设施是其最佳的适用应用场景，即民生工程、智慧城市（水表、智能停车、智能路灯、煤气管网系统、监控、环保、水文、垃圾管理等）。

智能制造：工厂也需要一整套基础设施（流水线、安全、能源、消防），需要大量的传感器和数据采集的物联网应用，NB-IoT 技术正好可以协助企业采集关键的机床、生产线、工业机器人的生产运营数据并将其传输至管理系统，对企业整体业务流程进行全程记录；实现在制品的自动识别和实时管理、产品生命周期的实时跟踪和提高企业生产管理的工作效率和服务水平。

农业与环境领域：随着农业领域集约化、高附加值化、规模化的发展趋势，农业的基础设施在规模化过程中也非常依赖传感器采集数据（温度、湿度、空气质量等指标），NB-IoT 提供了廉价的通信模式，NB-IoT 可以应用在温室大棚、畜牧业养殖、农业机械等场景或设备中。精确地采集包括温度、水质、空气、湿度、光照、土壤酸碱度等在内的环境信息，并将这些数据进行汇集分析，帮助生产者有针对性地开展农业生产，并为农产品电子商务、质量安全追溯、配方施肥等奠定基础，加快推进向智慧农业的转型升级。

消费领域：智能家居是主要应用场景和领域之一，NB-IoT 可以作为主要或备份通信手段来满足智能家电设备"永远在线"的需求，实现家居智能化的需求。在 NB-IoT 技术的助力下，极大程度地丰富了用户接入方式，能够实现设备与设备、设备与人之间的便捷互联互通，创造出更丰富的智能生活场景，让用户更好地体验家电物联网带来的便利。实现对智能家电产品的远程控制、安防报警、运行状态监控等。为用户提供了安防、娱乐、客厅、卧室灯生活场景的智能化体验，全面实现了智慧家电的互联互通，使人、家电、服务三张网串联在一起。

其他领域：共享单车可以通过 NB-IoT 来解决定位和功耗问题。可穿戴设备、远程医疗诊断终端设备、慢病管理系统、老人小孩宠物管理设备都属于 NB-IoT 的应用场景。

最后，我们也要正视现有的 2G/3G/4G 蜂窝网上的物联网应用在短期内难以迁移到

NB-IoT/eMTC 蜂窝物联网上，这些物联网应用主要集中在车辆服务、智能表计、移动支付（无线 POS 机）、智慧物流、环境监测等领域，这些领域所对应的均为行业终端，终端改造成本、终端生命周期、现有终端入户改造工程实施受限成为阻碍其向其他网络服务迁移的障碍。

1. 智慧水务—智能水表

启动时间：2017 年 6 月

落地城市：陕西省汉阳县

实施企业：陕西省水务集团水务科技有限公司、中国电信股份有限公司陕西分公司、西安中兴物联软件有限公司、西安斯特大禹水务有限公司。

项目概况：智慧水务项目是 NB-IoT 技术进入陕西的一个重要里程碑，NB-IoT 超声波水表商用示范项目采用了目前全球物联网最前沿的科技。智能水表减少水费缴纳中间环节，清除了居民分摊管网维护费用及公摊水费，居民用水成本显著下降。同时智能水表还可以远程控制用水量，如果家里无人时跑水漏水，耗水量明显不正常时，水表会自动报警。据预测，基于 NB-IoT 技术的智能水表将以 28% 的增速快速发展。预计未来 5 年智能水表市场规模将超过 400 亿元，市场空间巨大。据测算，2017 年全球智能水表安装数将上升至 3250 万只，占全部水表的比例将超过 30%。目前，中国智能水表的安装比例不足 15%，预计从 2017 年起年均复合增长率超过 30%。

2. 智能管井—智能井盖

启动时间：2016 年 12 月

落地城市：江西省吉安市

实施企业：中兴物联、中国移动等

项目概况：中兴物联无线智慧地井监测系统和首批地井监测终端在江西省吉安市顺利部署，标志着智慧地井监测系统全国首个样板点成功树立，进一步提升了吉安市政府精细化管理水平，无线智慧地井监测解决方案属于"智慧市政"大概念中的一个重要组成部分。

智能井盖通过 NB-IoT 信息化手段，将城市里匮乏地井信息纳入智慧城市管理范畴，帮助市政管理者提升精细化管理水平，节约维护费用，精确及时地定位问题地井区域，避免造成人身和财务损失；监控平台管理井盖终端、汇总和处理井盖状态，推送报警信息，通过内置"天地图"动态显示故障井盖地理位置信息，输出分析报表。当地井况异常，管理人员可及时根据监控平台和手机 App 获取报警信息、锁定险情、快速定位并及时处置地井异常状况，减少事故发生。

3. 智慧市政—智能停车

启动时间：2017 年 3 月

落地城市：福建省平潭县金井湾

实施企业：大唐移动、中国移动

项目概况：大唐移动智慧停车解决方案采用 NB-IoT 技术，车辆检测器可直接上报给运营商无线网络，安装施工简单，车辆检测即插即用，采用手机 App 及停车管理数据平台。大唐移动智慧停车解决方案中路侧停车系统包括地磁模块（内置 NB-IoT 通信模组）、信息诱导提示屏、停车管理员使用的 PDA/ 手机 App、车位收费管理系统等子模块，利用地磁车位检测器对车位占用状态进行采集，停车管理平台根据停车时长和计费规则自动生成计费数据，并推动到收费员的手持终端上。系统的设备运行状态、车位占用状态、收费记录明细等信息均上传至停车管理平台，数据实时下发至室外信息诱导屏，告知车主各区域的剩余车位数量，进行区域车位引导。

4. 智慧市政—智能路灯

启动时间：2017 年 6 月

落地城市：江西省鹰潭市信江新区

实施企业：中国电信、华为、泰华智慧

项目概况：江西省鹰潭市信江新区智慧路灯是全球首个规模化商用的 NB-IoT 智慧路灯项目，覆盖新区所有道路共计 2888 杆路灯，实现对每盏灯的开关及对节能控制的调节。在各方努力下，目前，智慧路灯已经正式进入运营管理阶段，点亮美丽鹰潭。

城市智慧照明是智慧能源的开端，以 NB-IoT 新一代通信技术为支撑，实现了整个城市一张网，对城市道路的每盏灯实现全面感知、智能控制、广泛交互和深度融合，在满足市民正常照明需求的前提下，通过智能调光、降功率、按需开关灯等管理方式，减少过度照明，电能节约率可达 30% ～ 60%，真正实现节能减排，减少对大气的污染，建设节约型、环境友好型社会。

5. 智慧市政—智能燃气表

启动时间：2016 年 11 月

落地城市：广东省深圳市

实施企业：深圳市燃气集团股份有限公司、中国电信、华为、金卡高科技股份有限公司

项目概况：面向未来的智慧燃气系统框架，基于物联网、大数据存储与分析，云计算、移动互联网。NB-IoT 智能燃气表终端实现数据存储、数据上报、远程开关阀、远程抄读、

远程参数配置等通信业务功能。燃气超标业务平台实现了开户、换表、充值、调价、通信采集、智能阀控、通信准确性等业务功能。

"智慧燃气"信息化项目的实施为广大市民带来便利，最直观的是以前不少地方的燃气用量需要人工报数，自从用上了利用物联网技术的智能燃气表后，用气量的采集就能自动完成，省时又省力，该项目覆盖超过了 1 万户家庭。

在"十三五"期间，我国智能燃气表的市场规模超过 400 亿元，而家庭使用的燃气表多为 IC 卡燃气表，随着物联网技术的发展，基于 NB-IoT 的智能燃气表将进入集中替换器，市场潜力巨大。

6. 智慧市政—智能垃圾箱

启动时间：2016 年 6 月

落地城市：四川省成都市

实施企业：成都奇跃科技有限公司，华为、中国电信

项目概况：2016 年 5 月，基于 NB-IoT 技术的智能垃圾桶在成都欢乐谷投放使用，同时春熙路、太古里也在试点。2017 年，计划在成都投放 2000 台左右，2018 年，完成西部地区布点。太阳能充电、容量监测、防火防爆防腐蚀、LED 高清显示屏、免费 Wi-Fi、卫星定位、杀菌除味、实施监测人流量数据、垃圾分类情况等功能强大的智慧垃圾桶成为城市新亮点。展望未来，作为智能城市建设的环保卫士，智能垃圾桶也将成为城市网络的一个节点，自动反馈城市各处垃圾的存储状况、人流密集程度、社会治安状况等，这不仅仅是智能垃圾桶的发明，更是人类智慧生活的体现。

6.2.3 资费套餐

1. 中国电信

中国电信于 2017 年 6 月 20 日推出全球首个 NB-IoT 资费套餐，分为连接服务费和高频功能费，连接服务费又分为包年套餐和生命周期套餐。中国电信物联网资费，见表 6-1。

表6-1 中国电信物联网资费

连接服务费	包年套餐（元 / 户 / 年）	生命周期套餐（元 / 户）						
		2 年	3 年	4 年	5 年	6 年	7 年	8 年
	20	35	50	65	80	90	100	105
高频功能费	20 元 / 户 / 高频使用							

高频功能费是指合同期的每个合同年内，每达到 20000 次连接频次所收取的高频使用费用，即在合同年内，连接使用超出 2 万次的高频使用用户要额外收取 20 元 / 户 / 年。

计费方式非常简单，连接费用 = 电信 NB-IoT 连接总数 × 每个 NB-IoT 连接的连接单价，若超出连接频次，则额外收取费用。

中国电信的专用套餐设计，有以下 4 个特点。

（1）通过连接点收费，而不是流量收费，规避了物物连接流量小、价值低的问题。

（2）从目前的套餐设计看，物联网卡不限制流量，那么对物联网平台的要求就较高了，能否通过物联网平台限制网速，规避可能出现的未实名制、黑卡、套取流量等问题，就成为这个套餐能否顺利商用的关键点。

（3）在物联网收入层级中，平台收入实际上是超过网络收入的，这个套餐设计尚未体现物联网平台的价值，需要进一步关注。

（4）相比竞争对手的 M2M 行业卡，电信不仅有更为高效节能的 NB-IoT 网络，而且资费也颇为低廉。这样的资费设计，相信不仅仅是从竞争层面考虑的，更体现了电信在物联网领域要以量取胜，而不是以单价获取价值的理念，同时并不能把网络连接作为主要价值来源。

2. 中国移动

在 2017 年 11 月举行的中国移动全球合作伙伴大会上，中国移动首次公开了 NB-IoT 资费，推出简明实惠的包年资费，包括 20 元和 40 元的 A、B 两档，见表 6-2。

表6-2　中国移动物联网资费

套餐档位	A 档	B 档
价格	20 元 / 卡 / 年	40 元 / 卡 / 年
套内流量	50M/ 卡 / 年	300M/ 卡 / 年

3. 中国联通

中国联通物联网资费设置了两种使用方式：VPDN 定向流量和互联网流量（即通用流量），两种方式的资费标准不同，见表 6-3。

表6-3　中国联通物联网资费

流量分类	资费计划内全国流量（月）	VPDN 定向流量		互联网流量	
		价格（元）	包外资费	价格（元）	包外资费
极小流量	1MB	1.2	0.0003 元 /kB	1	0.0003 元 /kB
	3MB	1.5		1.2	
	5MB	1.8		1.4	

该资费单个"连接"按包月流量收费，设置了 3 档包月总流量包，超出流量部分按"包外资费"来计费。资费套餐中还包含了每月 1 元的"平台使用费"。

物联网卡按单用户每月流量标准一般分为大流量（1 GB 以上）、中流量（150 MB ～ 1 GB）、小流量（10 MB ～ 100 MB）和极小流量（<10 MB）。什么是"极小流量"？极小流量场景主要针对一些 NB-IoT 应用。物联网套餐中的流量分类，见表 6-4。

表6-4　物联网套餐中的流量分类

分类	通用行业	适用场景	单用户月用量	场景特征
极小流量	智能抄表	水、电、气热力智能表具自动抄表	< 10 MB	• 文本类信息的传输 • 单次适用流量小活每月连接次数较少 • 一次性预付较长费用
	无线 POS	无线 POS		
	消费电子设备	手环、血压计、血糖仪		
小流量	车辆服务	营运车辆轨迹跟踪、车辆运行数据采集上传	10 MB ～ 100 MB	• 文本、数字等信息的传输 • 流量小，每天连接次数较小 • 用于数据采集、定位等用途较多
	生产及环境监测	自动售货机 / 服务机、库存管理数据跟踪上传		
		特种行业监测（如电梯维保、农业、水利等）		
	消费电子设备	健康检测及诊断设备等		
中流量	车辆服务	非视频类娱乐、车载导航等	100 MB ～ 1 GB	• 数字化图片、音频等信息的传输 • 流量中等、实时性要求不高 • 场景宽泛
	移动媒体	电子广告屏、移动阅读设备、游戏 / 数码设备等		
	生产及环境监测	移动执法、智能家居等		
大流量	车辆服务	营运车辆非实时监控、车载娱乐信息化	1GB ～ 15GB	• 数字、音频、视频等信息的传输 • 流量大、非每天在线 • 场景宽泛
	移动媒体	现场媒体数据传输、远程教育、远程医疗		
	生产及环境监测	移动执法、恶劣生产环境非实时监控		

4. 美国 AT&T eMTC 资费

2017 年 5 月，美国运营商美国电话电报公司（American Telephone & Telegraph，AT&T）宣布建成覆盖全美的 eMTC 网络时，制定了 eMTC 业务套餐，分为 1 年、3 年、5 年、10 年和月套餐包 5 种类型，每个套餐包包含一定的数据流量。AT&T 含 0kB 流量的套餐，低档为 1.5 美元 / 月 / 设备，包含 0kB 流量，超出流量按 2.49 美元 /MB 收费，还需 2 美元的激活费。0kB 流量表示连接要收费，流量也要收费。美国 AT&T 物联网资费，见表 6-5。

表6-5　美国AT&T物联网资费

0kB	500kB	1MB
$1.50/mo.	$2.50/mo.	$4.25/mo.
Activation Fee: $2.00	Activation Fee: $2.00	Activation Fee: $2.00
Plan Overage: $2.49/MB	Plan Overage: $2.49/MB	Plan Overage: $2.49/MB
Term: Monthly	Term: Monthly	Term: Monthly

5. 美国 Verizon eMTC 资费

美国另一家运营商 Verizon（威瑞森电信）在 2017 年 3 月也推出 eMTC 业务套餐，按月收费，月套餐内含一定流量，超出流量另收费，见表 6-6。

表6-6　美国Verizon物联网资费

Share Group	A'		1					2			
Allowance	200kB	500kB	1MB	5MB	25MB	50MB	150MB	250MB	1GB	5GB	10GB
Monthly Access	$2.00	$3.00	$5.00	$7.00	$10.00	$15.00	$18.00	$20.00	$25.00	$50.00	$80.00
Overage Rate/MB	$1.00		$1.00					$0.015			

与 AT&T 一样，其套餐规则的总趋势是用得越多，连接越多，越便宜。

例如，最低档每月每设备接入费用为 2 美元，内含 200kB 流量，超过流量按 1 美元 / MB 收费。最高档每月每个设备的接入费用为 80 美元，内含 10GB 流量，超出流量仅按 0.015 美元 /MB 收费。

6. 德国电信 NB-IoT 资费

德国电信是 NB-IoT 的大力推动者，其于 2017 年 6 月 26 日发布了 NB-IoT 资费套餐，分两档。

（1）NB-IoT 接入

这是一种只提供连接的套餐包，起步价为 199 欧元，包含 25 张 SIM 卡，每张 SIM 卡 500kB，6 个月起。

（2）NB-IoT 接入以及物联云

这是一个服务更全面的套餐包，除了 NB-IoT 接入服务外，还可接入德国电信的物联网云平台实现设备管理、数据采集和分析等，起步价为 299 欧元。

德国电信是欧洲运营商，同时也是第二个推出 NB-IoT 业务套餐的运营商，其方案对行业有一定影响。

6.2.4 商业模式

在移动互联网为流量主导的时期，运营商为产业链提供智能管道，努力通过流量经营来实现更多的增值。而在物联网时代，尤其是当连接更多地通过低功耗广域网络接入时，仅提供一个智能管道会更快速地陷入增量不增收的泥潭。基于此，国内外运营商将物联网管理平台作为其核心能力建设，并基于设备管理平台为各类第三方应用管理平台提供基础能力，从"管"的提供者向"云"的提供者延伸。另外，面向不同行业、不同应用场景提供定制化物联网卡、通信模组，也向终端领域延伸。由此看来，从智能管道向"云—管—端"综合方案转变，成为运营商在物联网业务中的主要方向，此时的营收可以向网络的上下游延伸，这也是运营商在 NB-IoT 必须思考和面对的严峻课题。

物联网已经成为国内外电信运营商数字化转型的重要选择之一。经过几年的布局，目前，物联网已经成为国际电信运营商连接规模增长的重要驱动。总体而言，国际领先运营商物联网业务整体水平较高，他们在物联网领域聚焦模组、网络服务、使能平台服务、解决方案服务、大数据分析 5 种产品形态，并通过对应的商业模式获得收益。国际领先运营商产品形态和商业模式，见表 6-7。

表6-7　国际领先运营商产品形态和商业模式

产品形态	商业模式	案例
模组	销售收入	西班牙电信提供"环境套件 1""环境套件 2""开发套件""位置模块""提醒模块"5 种组合模块或者单独模块。其中，"环境套件 1"定价为 99.95 欧元，包括信息模块、电池模块、环境模块以及 12 个月的联网服务
网络服务	通信费	AT&T 与保时捷公司合作，为用户提供 LTE 接入服务，AT&T 的用户每个月只需支付 10 美元，就可将保时捷汽车连接到现有的 Mobile Share Value 计划，用户的汽车销耗的流量与其手机流量统一计费、统一入账
使能平台服务	能力接入费	AT&T 使能平台 IoT Connection Kit，包括测试 SIM 卡、网络服务、APIs、测试工具和资讯服务。开发者需要支付 11 美元，即可获得三张测试 SIM 卡和每张卡每月 10MB 的流量，以及为期 6 个月的 AT&T 设备控制中心接入权
解决方案	服务费	Vodafone、西班牙电信、德国电信等国际运营商通过提供工作、企业、医疗或家庭等垂直领域的解决方案按项目收取服务费
大数据分析	服务费	SKT 通过其物联网联接规模获得规模数据资产，通过为客户提供大数据分析服务获得收入

在重点领域选择方面，基于"具有规模效益""能发挥网络优势""客户又付费意愿""与现有业务协同"四大原则，国际运营商重点布局的垂直行业集中在交通物流、医疗卫生、公共事业、能源环保四大行业。国际运营商重点布局的垂直行业，见表 6-8。

表6-8 国际运营商重点布局的垂直行业

领域	美国 AT&T	美国 Verizon	德国电信	法国 Orange	英国 Vodafone	日本 NTT DoCoMo
公共事业	★	★	★	★	★	★
智能家庭	★	★	★	★		★
交通物流	★	★	★	★	★	★
工业制造	★		★	★		★
医疗卫生	★		★	★		
能源环保	★		★		★	★
金融保险	★				★	
安全监控			★			★
零售			★		★	

在运营体系方面，国际电信运营商主要存在两种模式。

（1）物联网营销服务环节与产品创新研发环节分离运营体系，以德国电信和日本 NTT DoCoMo 为代表。这种运营体系的优点是可以充分利用公司原有的营销服务资源和网络资源；缺点是物联网业务自身缺乏统一的运营体系，前后端组织的协同成本比较大，而且不利于物联网在个人或家庭数字化领域的拓展。

（2）独立的一体化物联网组织运营体系，以 AT&T 为代表。这种运营体系的优点是组织相对独立，可赋予更多的经营管理空间，而且物联网组织运营体系是前后端统一化的，内部协调成本较低，也能够根据公司的资源能力和市场需求进行全面、系统的布局；缺点是不能充分利用公司现有的网络资源和营销服务资源，对其自身的技术能力、管理能力要求较高。

运营商所在的网络层价值最低，物联网整体价值占比只有 20%。因此，国际标杆运营商尝试通过战略联盟、风险投资、联合投资等方式，与技术型、运营型和市场型伙伴进行合作，以拓展应用层和平台层价值。

（1）**技术型合作伙伴**：与芯片制造商、模块 / 设备提供商、应用开发商等合作，如 Vodafone 公司，多家技术型合作伙伴将特定领域的专业服务能力与 Vodafone 公司 M2M 产品结合，为用户提供端到端的解决方案。

（2）**运营合作伙伴**：包括平台提供商（如 NTT DoCoMo 在与虚拟运营商 Jasper 合作中，前者使用后者提供的物联网平台）和系统集成商（如 DT 与 IBM、T-System 的合作）。

（3）**市场型合作伙伴**：即拥有大量用户基础的企业（如汽车制造商和健康设备零售商等），如 NTT DoCoMo 为特斯拉 Model S 提供 M2M 连接和移动通信支持，特斯拉 Model S 的车主在日本将享受使用高分辨率地图的远程导航、在线音乐等服务。

基于国内电信运营商业务模式与商业模式的现状，结合国际领先者的标杆经验，国内电信运营商可以从以下几个方面构建适合自身的生态链和商业模式。

（1）**在战略定位上**，运营商需要根据自身实际量力而为。根据国际发展经验和国内运营商实际情况，服务平台是较为适宜的定位，因为单纯的管道定位发展空间受限，二全方位的方案提供者定位需要运营商具备充分的行业经验、强大的产业联盟、较为成熟的市场需求等诸多条件，而这些条件是国内运营商在短期内无法满足的。平台是数据流的集中、处理和疏散中心，也是物联网的核心价值所在，更是运营商创新商业模式的关键。对于运营商来说，布局平台不一定具备优势，也不一定能带来收益，但如果不布局平台，运营商将失去物联网价值挖潜的机会。

（2）**在平台建设方面，运营商需要思考适宜的商业模式。**一个技术成熟、服务完善、产品类型众多、应用界面友好的应用，将是由设备提供商、技术方案商、运营商、内容服务商协力合作的结果。运营商应联合产业链上下游企业，借鉴 4G 发展经验，共同构筑成熟的端到端的产业链，促进蜂窝物联网产业快速发展。一方面，运营商需要思考如何吸引这些合作伙伴，国际上通用的办法有产业联盟、联合投资、收购兼并等方式；另一方面，运营商需要思考如何留住这些合作伙伴，促进平台的繁荣发展，国际上通用的做法是打造生态系统，让相关主体能够在平台上找到自己的合作伙伴和需求市场，真正地促进相关主题业务的发展。

（3）**在重点领域选择方面，运营商需要遵守循序渐进的原则。**优先选择有痛点的几个行业率先突破，提炼成标杆典型应用，再逐步推广到有类似行业背景和需求的领域，如此反复实践、推广营销，直至落地，最终形成覆盖各行各业的物联网解决方案库。

●● 6.3 主要典型应用

6.3.1 智慧水表

1. 存在问题

目前，供水行业商业运行模式是：供水企业—水表—客户。作为供水企业与客户联系的重要纽带—水表，其安全、可靠、准确计量和科学规范管理十分重要。长期以来，供水行业在运营管理中存在许多痛点，例如，因供水设施故障导致的漏损问题、因水表故障导致的贸易纠纷问题、因人工费用上升导致的运营成本增加等。

首先，产销差是供水企业最大的痛点。产销差居高不下将直接影响供水企业的经济效益。据中国城镇供水排水协会 2016 年统计，2015 年，国内 603 个建制市供水企业平均产销差为 20.72%，按总供水量为 415 亿立方米计算，产销差水量（即管网漏损、计量损失、盗用水、无效益用水等）每月达到 86 亿立方米，相当于三峡水库五分之一的库容量。产销差主要来自几个方面：一是物理漏损，主要是供水管网的漏损，这类漏损由于管网大多埋于地下而不易及时发现；二是表观漏损，主要是水表计量误差；三是免费及非法用水等。

虽然针对产销差问题，国内许多供水企业采取了很多防控措施，但由于供水区域大、人工监控成本高、人工管理滞后等原因，产销差控制形式依然严峻。

其次，贸易结算问题。水表作为供水企业与客户进行贸易结算的重要依据，一旦出现故障或者人工抄录数据错误等情况，都势必导致客户或供水企业利益受损。目前，大多数供水企业都是通过人工以 1 个月、2 个月甚至更长时间为周期抄读一次水表，发现问题的周期长、历史用水状况无法还原，需耗费大量人力物力解决纠纷。同时，由于水表人工管理周期长，易产生违法用水行为，从而增加了供水企业的产销差。

最后，运营成本不断上升问题。为了解决这些问题，许多供水企业开始使用智慧水表，按照解决方案可以分为传统智能水表和 NB-IoT 新型智能水表两大类。

2. 传统智能水表弊端

传统智能水表因为数据传输和数据本身的安全、智能水表设备功耗大、无线网络覆盖能力弱等问题，增加了管理的难度和成本。

（1）**数据传输安全问题**

许多供水企业通过小无线等技术进行智能水表的数据传输。由于利用的是非授权频段建立的自组网，其抗干扰性、数据管理技术水平良莠不齐，数据传输、数据管理的安全令人担忧。

（2）**功耗问题**

传统智能水表的高功耗问题，是供水企业迫切需要解决的问题。如需外接电源，将增加沟通成本；如内置电池，则由于功耗大，需要频繁更换电池，将增加维护成本和管理难度。目前，国内小口径水表一般国家强制周期更换时间为 6 年，但目前许多智能水表的电池仅能使用 2～3 年。如果供水企业对数据发送频次要求稍高，则电池可能需要每年甚至在更短时间内更换。

（3）**网络覆盖问题**

水表一般安装在楼道内、室内或地下，安装环境复杂。因此对网络要求较高，为保证传输效果往往需要加装信号放大器，但效果不尽如人意。

（4）**大量水表的接入问题**

未来供水企业水表都将逐步智能化，仅深圳地区水表数量就超过 300 万只。一方面，数量众多的水表，如使用"小无线"等方式进行数据传输，则将增加供水企业的管理难度和成本；另一方面，不同供应商生产的智能水表通信方式不统一，供水企业在大规模使用智能水表时，需耗费大量的人力、物力、财力解决智能水表间的互联互通问题。

3. NB-IoT 智慧水表解决方案

NB-IoT 智慧水表解决方案是围绕水务公司精细化运营管理需求构建的端到端行业解决

方案，借助物联网、云计算、大数据等技术，将海量水务信息进行及时采集、分析和处理，帮助水务公司提升运营管理效率，以更加精细和动态的方式管理水务系统的整个生产、管理和服务流程，实现水务企业管理创新和对外服务创新，从而实现智能化管理和决策。智慧水表网络架构如图 6-4 所示。

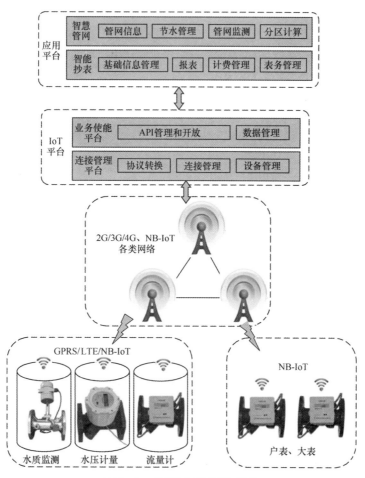

图6-4　智慧水表网络架构

NB-IoT 智慧水表解决方案按照云、管、端的系统架构来建设，以满足 ICT 未来演进的需求，方案包括终端层、网络层、云平台、IoT 平台、水务应用等几个层面，通过物联网、云计算、大数据等技术将各个层面整合统一为有机的整体，支撑智慧水务应用的构建和快速上线。

（1）终端层

终端设备是物联网的基础载体，随着物联网的发展，终端由原有的哑终端逐步向智能终端演进，通过增加各种传感器、通信模块使终端可控、可管、可互通，包括智慧水表、水压计、流量计、水质监测设备、水泵站监测设备等多种水务智能终端，终端设备通过集成 NB-IoT 标准模组，与基站连接实现通信能力，并将信息上报给 IoT 平台。

（2）网络层

网络层是整个物联网的通信基础，基于 800/900 MHz 的 NB-IoT 网络承载抄表等水务业务，具有低速率、低功耗、低成本、广覆盖的特点，符合物联网通信的需求，使用较窄的频段实现广覆盖、大连接能力，相较于传统的蜂窝网络，成本会大大降低，与其他非授权频段的 LPWAN 技术相比，NB-IoT 网络基于授权频段组建网络，其抗干扰能力、数据安全性、技术服务等方面均有高安全性保障。

（3）云计算平台

云计算平台具备弹性可伸缩、高可靠和经济性的特点，通过云计算数据中心，来支撑物联网数据汇聚和存储，支持智慧水务应用的搭建和可靠运行。例如，深圳水务和中国电信合作，通过中国电信天翼云承载。

- 利用天翼云 2+3 的资源池布局优势，可以就近部署应用，保证数据传输质量。
- 利用中国电信 DCI 网络优势，可以实现就近部署数据采集点，通过"云间高速"提供按需即时开通的稳定带宽服务，实现数据采集点和平台之间稳定高速数据传输。
- 利用中国电信云安全服务，可以抵御全球范围的分布式拒绝服务（Distributed Denial of Service，DDoS）共计，保证数据采集的稳定性。

（4）IoT 平台

IoT 平台提供连接管理、设备管理、数据管理、能力开放等基础功能，支持多种物联网终端设备快速计入及水务应用的快速集成，支撑客户聚焦应用和业务创新。平台提供连接感知、连接诊断、连接控制等连接状态查询和管理功能。通过统一的协议和接口实现不同终端的接入，上层行业应用无须关心终端设备具体物理连接和数据传输，实现终端对象化管理。平台提供灵活高效的数据管理，包括数据采集、分类、结构化存储、数据调用、使用量分析，提供分析性的业务定制报表。业务模块化设计，业务逻辑可实现灵活编排，满足行业应用的快速开发需求。

（5）应用层

应用层是物联网业务的上层控制核心，水务行业在 NB-IoT 智能管道、IoT 平台的基础上，可聚焦自身的应用开发，使物联网得到更好的体现。智慧水务应用系统通过 IoT 平台获得来自设备层的数据，并统一管理水表、流量计等各种水务设备，IoT 平台可以屏蔽不同类型的设备和连接协议的差异性，使用统一的标准和协议与应用层连接。

4. 技术特点和优势

为解决供水企业抄表的痛点及传统智能水表存在的问题，NB-IoT 智慧水表随即出现，旨在提供一个可复制的解决方案。该方案运用了 NB-IoT 高安全、广覆盖、低功耗、大连接广域通信技术，实现对智慧水表的流量信息实时采集、设备状态监控、控制指令下发等远程操作，将采集的水表数据和状态信息进行及时分析和处理，从而实现更有针对性、科学性的动态管理，提升智慧水表的管理效率和服务水平。

NB-IoT 智慧水表具有以下 3 个特点。

（1）采用先进的 NB-IoT 广域通信技术，电信无线频谱资源，实时采集城市供水终端信息。

（2）端到端的安全技术保障数据安全和接入安全。

（3）信息共享平台，构建基于物联网和云计算的智能表务管理平台。

NB-IoT 智慧水表的技术优势有以下 6 个方面。

（1）针对水务抄表普遍存在的痛点：NB-IoT 智慧水表有助于降低抄表成本、实时数据分析、科学表务管理、及时故障排查，降低运营成本，提高运营效率。

（2）针对传统智能水表的数据安全问题：NB-IoT 智慧水表端到端的安全管理方案，保障数据的可靠性。电信网络基于授权频段组建的网络，其抗干扰能力、数据安全性、技术服务等方面均有高安全保障，同时易于推广，为计费水表的数据整体安全提供可靠保障。

（3）针对传统智能水表的功耗问题：配合低功耗的信号采集单元，NB-IoT 技术显著降低能耗，测试表明，在普通环境下按照一天两次数据采集频次，可以满足连续使用 6 年的规格要求。

（4）针对传统智能水表的网络覆盖问题：广域低功耗 NB-IoT 技术，具备广覆盖、容量大、可靠性高的优势，可协助解决水表安装密集或分散，安装位置条件复杂等网络覆盖问题。

（5）针对传统智能水表的大规模连接问题：建立统一的 IoT 平台，可以承接不同的物联网应用，自来水集团公司应用解决多家供应商协议的兼容性，简化不同供应商的集成，满足水表终端接入便捷性的要求，满足互联互通互换的大规模连接问题。

（6）后续可拓展到水务的其他领域：满足智慧水务应用的同时，可拓展到智能管网、漏损监测、水质监测、业务增值等智慧水务的相关业务。

5. 发展趋势及展望

（1）从智慧水表到智慧水务的跨越

未来，随着水表、流量计、压力计、水质检测仪等海量水务基础设施设备接入 NB-IoT 网络，海量设备的统一接入与互联、信息监测、智能监控等全生命周期管理及如何更好地使用这些设备产生的数据将是水务企业面临的新问题，而基于云计算、大数据技术的物联网云平台可以很好地解决这个问题。而 NB-IoT 网络、大数据、云计算与水务企业过程控制和内部管理深度融合，通过挖掘和运用水务信息资源，提升管理效率和效能，智慧地管理城市的供水、用水、耗水、排水、污水收集处理、再生水综合利用等将成为现实。智慧水务逻辑架构如图 6-5 所示。

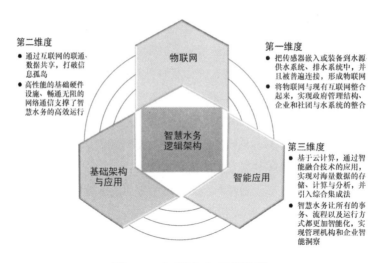

第二维度
● 通过互联网的联通、数据共享，打破信息孤岛
● 高性能的基础硬件设施、畅通无阻的网络通信支撑了智慧水务的高效运行

物联网

智慧水务逻辑架构

基础架构与应用

智能应用

第一维度
● 把传感器嵌入或装备到水源供水系统、排水系统中，并且被普遍连接，形成物联网
● 将物联网与现有互联网整合起来，实现政府管理结构、企业和社团与水系统的整合

第三维度
● 基于云计算，通过智能融合技术的应用，实现对海量数据的存储、计算与分析，并引入综合集成法
● 智慧水务让所有的事务、流程以及运行方式都更加智能化，实现管理机构和企业智能洞察

图6-5　智慧水务逻辑架构

智慧水务不是一套简单的设备，而是完整的解决方案和服务体系，需要关注 3 个层次：设备层（表计、传感器、执行器等）、网络层（数据的网络接入问题）以及平台层（云、大数据、数据挖掘、数学建模、控制策略等）。智慧水务网络架构如图 6-6 所示。

（2）智慧水务发展趋势

智慧水务将沿着数字化到智慧化进而最终形成生态化的发展趋势，如图 6-7 所示。当前水务企业所处的阶段普遍为第一阶段，数字化是智慧水务的基础，对内可以实现各类信息流的数据积累和可视化，对外可以实现合作联通的数据

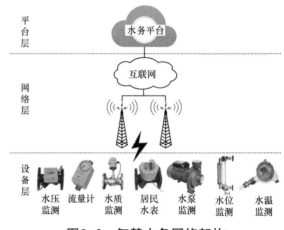

图6-6　智慧水务网络架构

和流程打通，而在数字化形成一定规模后，构建以智慧水务使能平台为核心的智慧化运营体系将成为业务转型的重心，在完成了水务企业平台化建设和自身转型后，可以向水行业甚至实施跨界业务拓展，通过业务相关性形成集约效应，打造新生态圈。

数字化将先从包括智慧水表在内的基础设施建设开始，调研机构 Frost&Sullivan（弗若斯特沙利文咨询公司）报告显示，在全球智慧水务市场中基础设施部分占主导地位，智慧水表和自动计量基础设施（AMI）水表和水位传感器自 2016 年 1 月以来已经占到了市场总收入的 37%。

随着智慧水务基础设施的部署，物联网智慧水表、在线水质检测传感器等新技术将为水务系统带来革新。然而当前，大多数水务部门无法合理利用庞大的现有数据。为此，必

须将软硬件供应商及数据管理服务商结合在一起，以 ICT 和分析为基础的水务大数据也将爆发并保障水务部门在数字革命中受益，如认知计算将安排自来水厂的运作，而不是依靠经验丰富的管理人员来进行自来水的优化整体操作。

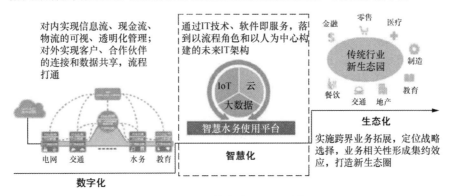

图6-7　智慧水务发展趋势

同时，需要注意的是，智慧水务建设的本质是一场管理理念和管理方式的变革，不仅仅是利用计算机技术简单代替人工管理模式，而是需要对业务流程进行优化和重组，这一过程是企业改革、实现现代化管理的过程，会涉及企业的体制、机构、人员、规章制度的变化和调整。

（3）智慧水务的发展展望

智慧水务合作各方基于 NB-IoT 智慧水表合作，通过多种方式，积极促进企业建立自主技术体系，形成可重用的核心产品，并通过在行业领域推广产业化应用，带动全局发展，增强行业影响力，并以合作为基础，建立 NB-IoT 智慧水表行业标准，利用技术革新和不停迭代，带动整体技术进步。

借助 NB-IoT 技术优势，结合运营商云计算、大数据、平台等服务能力，在智慧水表、管网监测、水压水质监测、井盖监控、消防栓监控、水务信息化应用整合等一系列领域开展技术应用创新，打造水务行业多方面智能化、智慧化。同时，通过推动智慧水务应用的发展，助力水务行业运营管理转型升级，实现水务企业对内管理创新和对外服务创新，通过企业的精细化管理，降低能耗、内耗、时间成本的消耗，提高公司效益，提升企业核心竞争力；同时，提升对外服务水平，及时响应客户需求，对外合理开放处理过程，承担更多社会责任，提升社会服务能力。

6.3.2　智慧燃气

1. 存在问题

近年来城市燃气取得了巨大的发展，但由于城市燃气业务涉及城市安全、百姓服务满意、企业自身盈利、区域能源供需平衡等多方面的挑战，燃气企业运营一直存在诸多管理难题，例如，抄表难、收费难、缴费难。目前，在中国的燃气表市场存量中，各类智能表具占据了 30%～40%，其中大部分是 IC 卡预付费智能表，真正意义的远程自动抄表燃气表比例不高，现有的燃气表按照通信作业模式划分，主要有以下 5 个方面。

- 普通机械表，机械计量非智能，需人工上门抄表。
- IC 卡预付费表，预付费、单户控制，需要卡片作为介质。
- 有线远传表，需提前布线，用有线方式连接。
- 短距离无线表，点对点或者集中抄收、远程控制。
- GPRS 物联网表，基于 GPRS 蜂窝网络定时抄收、远程控制。

燃气企业在使用智能燃气表的过程中，因为数据传输稳定性差、表具功耗大、无线网络覆盖能力弱等问题，一直阻碍了智慧抄表的广泛应用，主要体现在以下 4 个方面。

（1）**数据传输问题**

目前，许多燃气企业是通过小无线等技术进行智能燃气表数据的传输，由于利用的是非授权频段建立的自组网，其干扰性、数据管理技术水平良莠不齐，数据传输不稳定，安全和可靠性令人担忧。

（2）**功耗问题**

作为防爆要求极高的燃气表，传统智能燃气表的高功耗问题是燃气企业迫切需要解决的问题。如需外接电源，将增加沟通成本；如内置电池，由于功耗大，所以需要频繁更换电池，将增加维护成本和管理难度。目前，国内民用燃气国家强制更换周期为 10 年，许多智能气表寿命一致性较差，难以达到业务要求。

（3）**网络覆盖问题**

目前，国内很多气表安装在楼道内、室内或地下，安装环境相对复杂，因此对网络要求较高，为保证传输效果往往需要加装信号放大器，但效果不尽人意，造成超标率极不稳定。

（4）**多厂家多表具接入问题**

燃气企业抄表智能化的需求催生了数量众多的智能表厂，趋于竞争压力，各厂商的通信协议通常私有，且不断推出新型号表具和协议版本，各厂商提供不同的后台软件，为燃气企业智能抄表应用带来更大隐患。若用小无线方式进行数据传输，难实现大量智能气表数据通信的统一网络搭建，若采用众多小区域单独管理模式，将增加燃气企业的管理难度和成本。此外，不同供应商生产的智能气表通信方式不统一，燃气企业在大规模使用智能气表时，需耗费大量人力物力财力解决智能气表间的系统互联互通问题。

2. NB-IoT 方案优势

NB-IoT 技术应用在智慧燃气方面，可以高安全、低成本地实现对智能燃气表的流量信息稳定地实施采集、设备状态监测、控制指令下发等远程操作，将采集的燃气表数据和状态信息进行及时分析和处理，从而实现更有针对性、科学性的动态管理，提升智慧燃气的管理效率和服务水平。

NB-IoT 智慧燃气解决方案的优势有助于解决燃气行业和传统燃气表面临的普遍问题，具体描述如下。

- **针对燃气超标普遍存在的痛点**：NB-IoT 智慧燃气有助于降低抄表成本，进行实时数据分析、科学表务管理、及时的故障排查，降低运营成本，提高运营高效率。
- **针对数据安全问题**：NB-IoT 智慧燃气端到端的安全管理方案，保障数据可靠性。电信网络基于授权频段组建的网络，其抗干扰能力、数据安全性、技术服务等方面均有高安全性保障，同时易于推广，对于计费气表的数据整体安全提供可靠保障。
- **针对功耗问题**：配合低功耗的信号采集单元，NB-IoT 技术显著降低能耗，经测试表明，在普通应用场景下 NB-IoT 燃气表功耗可以满足 10 年的使用要求。
- **针对网络覆盖问题**：广域低功耗 NB-IoT 技术，具备广覆盖、容量大、可靠性高的优势，可以协助解决燃气表安装密集或分散、安装位置条件复杂等网络覆盖问题。
- **针对大规模连接问题**：建立统一的 IoT 平台，可以承接不同的物联网应用。为燃气应用解决多家供应商协议的兼容性，简化不同供应商的集成，满足燃气终端接入便捷性的要求，满足互联互通的大规模连接问题。

3. 整体解决方案

NB-IoT 智慧燃气解决方案是以智能计量、智能管网建设为基础，基于物联网、大数据存储和分析、云计算、移动互联网，结合燃气行业特征，突破传统服务模式，拓展全新服务渠道，提供系统化综合用能方案，创造面向未来的智慧燃气系统框架，提供最优服务，创造更多的利润空间。智慧燃气整体解决方案如图 6-8 所示。

NB-IoT 智慧燃气解决方案按照云、管、端的系统架构来建设，以满足 ICT 未来演进的需要，方案包括终端层、网络层、云平台、燃气应用层等几个层面，通过物联网、云计算、大数据等技术将各个层面整合为有机的整体，支撑智慧燃气应用的构建和快速上线。

（1）终端层——物联网感知端融合

终端设备是物联网的基础载体，随着物联网的发展，终端由原有的哑终端逐步向智能终端演进，通过增加各种传感器、通信模块使得终端可控、可管、可互通，包括智慧民用物联网表，智能工商业流量计、智能管网、智能 DTU 以及智能家居相关的多种智能终端，终端设备通过集成的 NB-IoT 标准模组，与 NB-IoT 基站连接来实现通信能力，智能终端通过 NB-IoT 基站将信息上传给 IoT 平台。

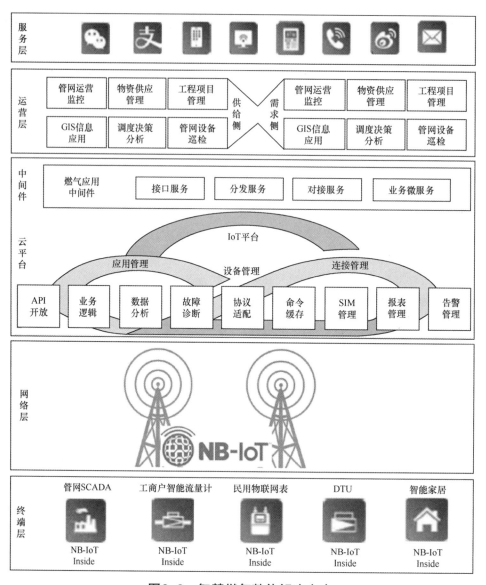

图6-8 智慧燃气整体解决方案

（2）网络层——NB-IoT 简易部署、广覆盖

网络是整个物联网的通信基础，不同的物联网场景和设备使用不同的网络接入技术和连接方式。智慧燃气场景基于 800/900 MHz 频段的 NB-IoT 网络承载抄表等燃气业务，具有大连接、低功耗、低成本、广覆盖的特点，符合智慧燃气通信的需求。在网络部署上，NB-IoT 仅适用 180 kHz 带宽，可采用带内部署（In-Band）、保护带部署（Guard-Band）、独立部署（Stand-alone）方式灵活部署，通过现有 GUL 网络简单升级即可实现全国覆盖，与其他的 LPWAN 技术相比，NB-IoT 具有建网成本低、部署速度快、覆盖范围广等优势。

800/900 MHz 频段在信号穿透力和覆盖度上具有较大优势，能够充分保障智慧燃气等业务在复杂应用环境下的数据信号传输的稳定性与可靠性。电信运营商通过整合通信网络能力与 IT 运营能力，为燃气公司、燃气表厂提供可感知、可诊断、可控制的智能网络，满足客户对终端的工作状态、通信状态等进行实时自主查询、管理的需求。同时，为满足物联网客户在终端制造和销售工程中的生产测试阶段、库存阶段、正式使用阶段对网络的不同使用需求，电信运营商提供号码的一次激活期、静默期、二次激活期。

（3）平台层——统一平台多业务汇聚管理

IoT 平台提供连接感知、连接诊断、连接控制等连接状态查询及管理功能；通过统一的协议和接口实现不同的终端的接入，上层行业应用无须关心终端设备具体物理连接和数据传输，实现终端对象化管理；平台提供灵活高效的数据管理，包括数据采集、分类、结构化存储、数据调用、使用量分析，提供分析性的业务定制报表。业务模块化设计，业务逻辑可实行灵活编排，满足行业应用的快速开发需求。

针对燃气行业的特定场景，华为和金卡联合制定燃气标准化设备模型（燃气标准报文 Profile），IoT 平台提供插件管理功能，实现南向对接服务，方便各类智能表具厂商根据标准、多协议快速接入和设备管理功能，同时支援燃气业务标准微服务套件与后台 CIS 系统集成，实现计费客服业务操作和远程设备采集控制无缝对接，省去了燃气公司复杂的多设备和多系统集成工作。智慧燃气端到端集成与接入方案如图 6-9 所示。

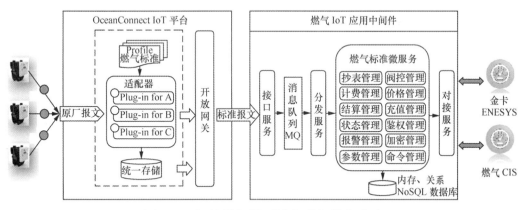

图6-9　智慧燃气端到端集成与接入方案

同时，IoT 平台与 NB-IoT 无线网络协同，提供即时下发、离线命令下发管理、周期性数据安全上报、批量设备远程升级等功能，相对传统解决方案降低功耗 50%，延长设备使用寿命；同时支持经济、高效的按次计费、主力精细化运维。

（4）运营层——丰富的燃气应用

IoT 应用是物联网业务的上层控制核心，燃气行业在 IoT 平台的基础上，可聚焦自身的应用开发，使物联网得到更好的体现。智慧燃气应用系统通过 IoT 平台获取来自终端层的数据，帮助燃气企业实现从客户管理、表具计量、计费客服等燃气需求侧的管理，以及管网建设、生产运营、设备运维的供给侧精细化管理。智慧燃气应用场景如图 6-10 所示。

图6-10　智慧燃气应用场景

（5）服务层——更智能、更便捷、更高效

在物联网时代下，用户生活变得更智能、更便捷、更高效，IoT 技术结合智慧燃气改变了用户感知燃气的方式，通过 IoT 平台，结合微信、支付宝、掌厅、网厅、ATM 机等主流服务渠道，用户可获取燃气用量、账单、安检情况等相关信息，同时通过主流渠道快速实现缴费、查询等业务办理，与燃气企业实时互动。

4. 方案价值

（1）为城市保驾护航

一般情况下，燃气管道内压力越大越容易导致管网异常、泄露，从而形成安全隐患，加之偷盗气现象屡见不鲜，燃气爆炸事件频频发生。NB-IoT 智慧燃气基于物联网技术实现城市管网空中数据传输与采集，确保实时在线监控管网的压力、流量、温度等信息，并为生产、调度和管理提供必要的参考依据。同时通过构建各部门之间的信息互联通道，保证任务及时流转。一旦发现有燃气安全隐患，及时报警关阀，相关部门人员可迅速前往现场处理，为城市安全保驾护航，降低社会管理成本，提高社会稳定性。

（2）给燃气服务增添智慧

NB-IoT 智慧燃气集合云计算、大数据和移动互联网，打造智慧燃气的在线服务。通过远程抄表，燃气企业可将燃气数据精准、高效、多维度地反馈给百姓，百姓随时随地查询账单信息，并完成空中充值，打破了传统的统一出账单、统一外出缴费的模式，完美地解决用户缴费难问题，提高用户满意度和幸福感，为民谋福祉，打造绿色、环保、智慧化生活。

（3）助燃气企业降本增效

与燃气企业现有的管理模式和运营模式相比，NB-IoT 智慧燃气使燃气企业对所有表具运行了如指掌，使偷漏气带来的供销差问题得到改善；互联互通、统一标准提高了表具的维护和管理效率；改变了上门抄表的方式，确保了人力的可拓展性；提高了客户管理、外勤管理、工程管理、调度分析管理等能力，降低营业厅、呼叫中心的运维压力；助力燃气企业降本增效，提高资金回笼率，提升与用户的互动性。此外，燃气企业还可以通过增值服务与大数据挖掘带来新的盈利点，提高企业效益。

（4）使区域能源供需平衡

基于 NB-IoT 智慧燃气互联互通的特点，及其对大数据的精准分析能力，了解不同区域的能源用量情况，通过智能调度优化改善能源分布结构，提高集中供能能力，提升清洁低碳能源使用占比，高效用能，协同互补，推动社会可持续发展。

5. 商业模式

NB-IoT 智慧燃气解决方案通过 NB-IoT 网络传输，连接到 IoT 平台，将形成庞大的数据资产，为燃气企业的智慧运营提供精准依据，并分析用户画像，获取增值收益。同时，用户通过该数据实现在线自助业务办理，增强与燃气企业互动，提高用户黏性。

庞大的数据给燃气企业带来种种价值，足以获得企业重视，同时也给燃气行业带来全新的挑战，例如，性能、安全、可靠性等，为了让燃气行业轻松迎接数据时代的机遇和变革，可采用多种灵活的商业模式，满足市场诉求。

- 私有云模式：燃气企业可在本地投资基础设施，部署端到端解决方案。
- 公有云模式：燃气企业按需租用基础设施信息化服务，降低一次投资成本。

6. 发展趋势和展望

未来的智慧燃气正在向智慧家庭、智慧社区及智慧城市延伸，因此基于统一的 IoT 平台实现跨行业的设备管理和联动是基础。基于 IoT 平台，除了智慧燃气基础设施，每家每户的智慧家庭终端，如烟雾探测器、声光报警器，每个小区的门禁系统、户外摄像头，每个城市的物理安防系统都可以在 IoT 平台实现统一接入与互联、信息监测、全生命周期管理等。基于 NB-IoT 技术的智慧燃气延展生态如图 6-11 所示。

图6-11　基于NB-IoT技术的智慧燃气延展生态

6.3.3　智慧停车

1. 存在问题

据公安部最新统计，截至 2017 年年底，全国机动车保有量达 3.10 亿辆，其中，汽车为 2.17 亿辆；机动车驾驶人达 3.85 亿人，其中汽车驾驶人 3.42 亿人。全国有 7 个城市的汽车保有量已超 300 万辆，其中，北京达 564 万辆，位居第一，而与之相对的是日益严峻的停车位缺口。

国家发展改革委的数据显示，2017 年，我国停车位缺口超过 5000 万个。其中，大城市小汽车与停车位的平均比例约为 1：0.8，中小城市约为 1：0.5，远低于发达国家的 1：1.3。与之对应的停车费交易规模大概是 5000 亿元，且每年保持 20% 的增速，预计至 2020 年，中国泊车收费将超万亿元，而在万亿级市场的背后是整体车位和车辆的配比严重失衡带来的城市停车"难题"。智能化泊车缓解城市拥堵势在必行。

艾瑞咨询的一份报告显示，北京、上海、广州、深圳作为中国的 4 个超级城市，停车泊位量早已无法满足现有的停车需求，4 个城市的平均停车泊位缺口率为 76.3%，每个城市至少有超过 200 万的车辆无正规车位可停。停车面临的困境和问题如图 6-12 所示。

图6-12　停车面临的困境和问题

与此同时，大量的经营性停车场却存在长期空置的问题，近一半的停车泊位并没有得到合理利用，可以有效解决泊位资源重组的智慧停车场整体覆盖率不足十分之一。

总体来说，城市停车管理面临以下问题。

- 泊位供需矛盾突出，停车难、乱停车现象普遍。
- 车主服务体验不佳。
- 经营性停车场空置率高。
- 信息化、智能化水平不高，管理效率低。

对于上面提到的这些问题，政府早已颁布相关文件大力支持城市智慧停车项目的发展，以期尽快解决上述问题。2015 年，国家发改委、国土资源部、交通部、公安部等联合发布《关于加强城市停车设施建设的指导意见》，其核心是推动智能停车产业化和市场化。2016 年，住建部发布《关于加强城市停车设施管理的通知》，发改委发布《关于印发 2016 年停车场建设工作要点的通知》。迄今为止，80 多个城市出台了 150 多个停车政策文件。

在 2018 年两会期间，全国人大代表建议推广智慧停车管理模式，提交《关于加快推广城市智慧停车促进智慧城市建设的建议》等智慧停车相关议题。在政策东风、技术水平、市场需求的情况下，将会有大量企业投入智慧停车的产业链。

统计显示，2009 年我国智慧停车市场规模仅为 11.5 亿元，到 2016 年市场规模达到 62 亿元。随着后期城市停车难、停车贵等问题的凸显，智慧停车将成为城市发展的主要需求。未来几年市场规模以 20% 左右的速度继续扩大，规划智慧停车业务的发展，节约时间成本，至 2020 年，行业市场规模有望超过 150 亿元。

蚂蚁金服和支付宝等众多企业纷纷在近期进军智慧停车领域，其布局情况，见表 6-9。

表6-9 近期智慧停车入局企业简析

领域	公司简称	布局情况
金融领域	蚂蚁金服	2 亿元入股捷顺科技，推动智慧停车业务的发展
	支付宝	联合 ETCP 在多地布局支付宝停车业务
	招商银行	招商银行"一网通智慧停车"实现无感支付
科技公司	花花出行	2017 年 12 月，花花出行获得数千万元天使轮融次，入局互联网停车行业
	小猫停车	一款全方位自动缴费，实现无卡收费、快速通行的智能化停车场管理系统
	安居宝	主要涉及国内社区安防业务，凭借本身停车硬件优势，布局智慧停车发展
家居企业	红星美凯龙	入股互联网停车公司"停简单"，开启智慧停车行业发展

2. 概念及关键构成

安装在地面上的传感器或安装在灯杆以及楼宇上的摄像头，可以检测停车位是否被占用。这些检测数据被无线路由发送到某个网关，然后再被传送到一个基于云端的智能停车平台，并与来自其他传感器的数据聚合在一起，创建一个实时的停车地图。

司机在他们的手机上使用这张地图，可以更便捷地找到停车位，避免了盲目找寻，同时也方便了停车管理人员，提高了他们的引证执法效率，因为地图可以指引他们找到那些违规停车的车辆。

简单来说，所谓智慧停车，就是通过自动化技术帮助汽车司机快速找到一个可用的停车位，并为司机提供精确的导航路线，在这个过程中，大量来自传感器的实时数据将被传输到安装在司机手持设备的专用 App 上。

从基本概念可以看出，城市智慧停车的关键点在于停车传感器、网关硬件、服务器、App 的连接融合。

无论上面哪一个环节的技术标准达不到商用水平，智慧停车这一应用场景都无法实现。这都与物联网通信技术的发展密不可分。

在 LPWAN 技术爆发之前，无论是蓝牙、Wi-Fi，还是红外等技术，由于其自身功耗、通信距离、终端数量等原因，都不能完全满足城市智慧停车大规模应用场景需求。

3. 典型解决方案

最近几年，LPWAN 技术飞快发展，伴随着它的商用化进程，城市智慧停车应用场景已经有了技术支持。鉴于此，目前城市智慧停车主要采取以下 4 个主流物联网技术方案。

方案一：基于 NB-IoT 的"地磁＋PAD"方案

基于 NB-IoT 地磁的停车场方案如图 6-13 所示。

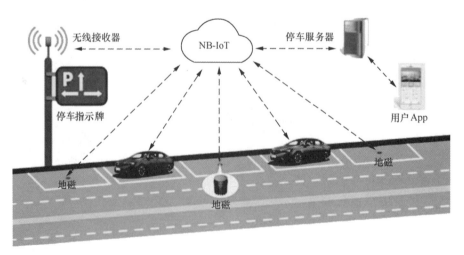

图6-13　基于NB-IoT地磁的停车场方案

基于 NB-IoT 地磁的智慧停车整体架构如图 6-14 所示。

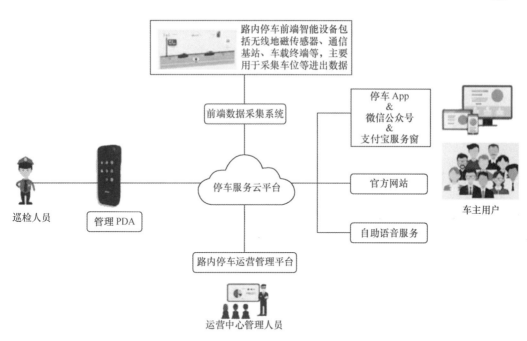

图6-14　基于NB-IoT地磁的智慧停车整体架构

此方案采用运营商（电信、联通、移动）NB-IoT 窄带物联网网络，兼容 NB-IoT 和 LTE CAT-M1，在基站网络覆盖范围内均能实现联网通信，无须架设转发网关。NB-IoT 地磁停车系统的主要技术参数见表 6-10。

表6-10　基于NB-IoT地磁停车系统的主要技术参数

响应时间	2～3s
检测准确率	准确率 ≥ 99.9%
基站挂载数量	单个基站小区可支持 5 万个 NB-IoT 终端接入
抗干扰	传感器检测区域为 360 度，无须考虑安装方向。不受温度变化、潮湿或其他环境的干扰。通过内部的自适应机器学习算法滤除相邻车道停车、非机动车干扰等异常干扰
数据安全	具有无线通信数据加密功能
工作温度	–20℃ 至 85℃
功耗	3.6 V 供电，0.15 mAh@ 低功耗模式，1.5 mAh@ 检测模式，寿命大于万小时
安防	采用防水、防压设计，符合 IP68 防护标准
使用寿命	内置大容量、低自放电率的锂亚电池，结合低功耗设计，使用寿命大于 5 年
系统防护	支持程序在线升级，可通过手机平台在线参数修改，支持低电压自动告警

方案二：基于 LoRa 组网的地磁方案

基于 LoRa 地磁的智慧停车组网示意如图 6-15 所示。

此方案在车位上安装 LoRa 无线地磁，地磁根据车位上的磁场变化数据自动传输 LoRa 网关，网关再传输到云平台服务器上，云平台服务器将数据信息反馈到第三方应用平台进行显示，提高停车场的信息化、智能化管理水平。

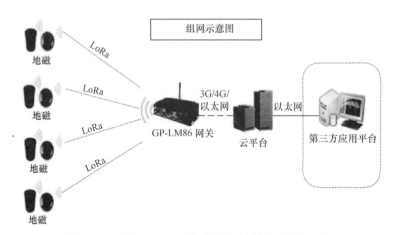

图6-15　基于LoRa地磁的智慧停车组网示意

其中，地磁能动态跟踪环境参数变化，准确判断车位状态信息。地磁单元作为前端监控，把采集的数据通过无线传输到 LoRa 网关。

方案三：基于 ZigBee 的智能锁方案

基于 ZigBee 智慧停车方案如图 6-16 所示。

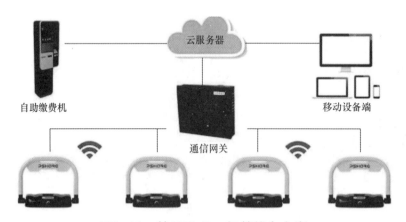

图6-16　基于ZigBee智慧停车方案

与前面两个方案不同的是，方案三把车库地磁更换成了智能车位锁，采用 ZigBee 通信模式。利用停车系统的云端存储设备对停车位资源进行 App 端的实时展现。用户可对停车位资源进行查看、预订和对已获得权限的锁进行操作。管理方可通过后台对停车场进行数据查看、停车费管理及异常报警。

方案四：基于 eMTC 的视频桩方案

本方案采取 eMTC 技术，与前述方案最大的不同是用路边"视频桩"替换了车位地磁、智能车位锁。基于 eMTC 智慧停车方案如图 6-17 所示。

图6-17　基于eMTC智慧停车方案

可以看出，主流的四种方案都是采用的 LPWAN 通信技术，除了该技术共有的广覆盖、低功耗、低成本、大连接等相同之处外，它们还有哪些区别？孰优孰劣？市场如何呢？

由于城市智慧停车的应用场景对时延不敏感，对成本、续航、终端数量、通信距离等比较敏感，集中智慧停车方案比较，见表 6-11。

表6-11　集中智慧停车方案比较

	NB-IoT 地磁	LoRa 地磁	ZigBee 智能锁	eMTC 视频桩
模块成本	约 5 美元	约 5 美元	低于 5 美元	高于 5 美元
续航	理论 5 年	理论 5 年	理论 2 年	理论 5 年
终端数量	约 5 万	约 5 万	万级	约 5 万
通信距离	长	长	短	长

表 6-11 中的数据表明 eMTC 成本较高，ZigBee 通信距离较短。综合来看，NB-IoT 地磁和 LoRa 地磁方案是大规模应用的主流方向。

除此之外，eMTC 还具有移动性较好、支持语音功能、传输速率高等优点，未来可能会是一个发展方向。不过，就目前市场来看，eMTC 视频桩并没有成熟的应用案例。

除了物联网技术的突破发展带动智慧停车项目的落地之外，日益增长的机动车辆与城市道路交通发展滞后的矛盾也正在促使智慧停车项目的尽快落地。

4. 具体案例

此项目是优橙科技有限公司携手银江股份有限公司中标的广安市政府主城区智能化停

车收费管理系统项目，是"基于 NB-IoT 的地磁＋PAD 方案"的具体应用案例。

该项目将会在广安市主城区 5000 个路面泊位中部署基于 NB-IoT 窄带物联网技术的无线地磁传感器。通过"地磁车检器 +POS 机 + 云平台 +App"的模式，实现车位数据采集、状态监控、自动计费、自助缴费、欠费追缴、违停干预、执法监管等智能化功能。基于 NB-IoT 地磁的智慧停车项目架构如图 6-18 所示。

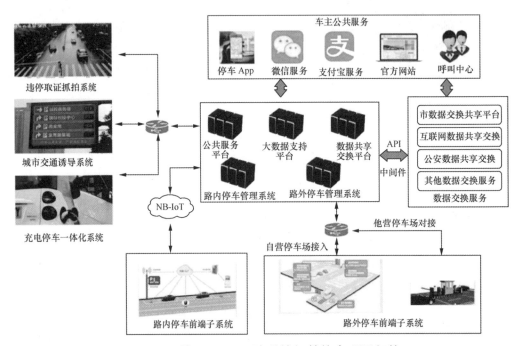

图6-18　基于NB-IoT地磁的智慧停车项目架构

城市管理所面对的几个问题，随着智慧停车的发展、大规模项目的投入建设，必然会大大缓解。待构建智慧城市的大量项目落地、投入建设、使用后，相信"停车难"的问题将不复存在。

6.3.4　智慧畜牧

1. 方案概述

（1）行业背景

2007 年 9 月 27 日，国务院发布的《关于促进奶业持续健康发展重点工作》中，强调推进养殖方式改变；农业部也发布了《国务院关于促进奶业持续健康发展的意见》的通知，指出要确保奶业健康持续发展。2018 年 6 月 11 日，国务院发布《关于推进奶业振兴保障乳品质量安全的意见》，提出"加强优质奶源基地建设"，并给出四大具体措施，其中一项措施"发展标准化规模养殖"明确强调：推广应用奶牛场物联网和智能化设施设备，提升奶牛养殖机械化、信息化、智能化水平。

发达国家平均每头奶牛的产奶量，以色列每年每头奶牛可产奶 11.8 吨，世界平均每头奶牛的年产奶量可达到 6.6 吨，而我国只有 2.5 吨，发情的检出率与产奶量密切相关，发情检出率越高则产奶量越高。因此，我国奶牛数字化养殖技术水平亟待提高。

（2）**行业痛点**

在畜牧业有一句行话：有奶没奶在于配，奶多奶少在于喂。要实现奶牛及时配种，及时准确地检测出奶牛发情期至关重要。但是目前大多数中小型奶牛养殖场采用的传统奶牛发情监测方法效率低下，业内的奶牛发情监测系统也在部署、施工、成本、准确性方面有诸多不足。目前，业内奶牛发情监测系统大多基于近距离通信。此类系统需要在牧场架设基站，覆盖差、价格高，不能及时准确地上报奶牛发情数据。同时，业内奶牛发情监测产品优劣势差异较大，很多产品使用较复杂，对牧场人员的使用门槛较高，售后相对迟缓。因此，急需支持大连接、广覆盖、低功耗、性能稳定、使用简单、性价比高的设备，从而实现现代化的奶牛发情监测。

（3）**建设目标**

围绕前面分析的"奶牛发情监测难度大、信息传输不及时、产品使用复杂、价格偏高"等问题，基于无线通信、物联网等高科技手段，推出畜牧物联网解决方案。

方案旨在依靠物联网技术，通过实时监测奶牛的活动量（计步器），判定奶牛的发情状态，结合 NB-IoT 无线网络传输技术，实现奶牛活动量的数据上传，实时告知牧场人员奶牛的发情与健康状况，帮助牧场人员判断奶牛的最佳配种时间，减少因漏检奶牛发情带来的损失。方案具有发情监测精确度高、设备功耗低、性价比高、安装便捷等特点。

2. 中国移动解决方案

（1）**应用场景**

畜牧物联网解决方案适用于各种大中小型奶牛养殖场，针对奶牛的定位、奶牛发情监控。

（2）**方案架构**

基于 NB-IoT 网络，24 小时不间断地监测奶牛活动量并将数据上传至 One NET 平台，后台的业务系统通过 One NET 平台提供开放的 API 接口获取监测数据并判别奶牛发情情况，将奶牛发情信息通过手机短信实时告知牧场人员。畜牧物联网解决方案系统拓扑如图 6-19 所示。

方案各层具体释义如下。

● **感知层**：由奶牛活动量采集器组成，可实时监测奶牛的活动量（计步数）并自动上传数据。

● **网络层**：实现数据的互联互通，提供传输通道，由运营商提供，需支持 NB-IoT 传输。

● **平台层**：实现所有硬件设备的数据采集和存储的云平台，并提供开发接口，简化方案整体架构和总体投资成本。

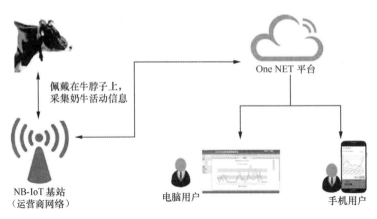

图6-19　畜牧物联网解决方案系统拓扑

● **应用层**：由奶牛发情监测管理平台及配套手机 App 构成，实现牛舍和牛只管理、设备管理、告警信息管理、系统管理，统计报表等功能。用户可以随时通过平台连接的电脑端和移动端（App）来实现远程监控管理。

（3）**奶牛活动量采集器**

奶牛活动量采集器通过对奶牛运动量的监测，判断奶牛发情状况与健康状况，可以有效提示育种人员开展奶牛繁殖和保健工作，减少人工观察的误差，降低奶牛空怀期时间及饲养成本，快速提升牧场繁殖水平。产品采用全封闭设计，防水防潮，可以在泥泞或积水的牧场环境下使用。产品采用了 NB-IoT 物联网无线通信技术模组，具有超低功耗、广覆盖、信号穿透力更强等优点，电池采用高性能高容量锂电池，可持续工作 3 ～ 5 年。设备安装简便，无须大规模施工，可降低部署成本。奶牛活动量采集器佩戴项圈如图 6-20 所示。

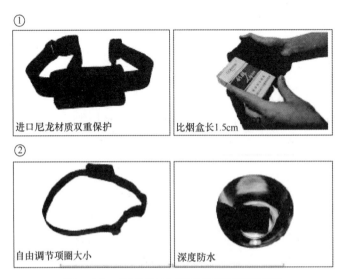

图6-20　奶牛活动量采集器佩戴项圈

奶牛活动量采集器设备参数，见表6-12。

表6-12　奶牛活动量采集器设备参数

数据存储	本地存储 24 小时数据
工作温度	−30℃～ +85℃
存储温度	−40℃～ +85℃
防护等级	IP66
设备重量	0.7 kg
使用时长	3～5 年
佩戴方式	通过项圈佩戴在牛脖颈处或牛蹄处
定位功能	选配 GPS 定位功能（工作时间 15 天）

（4）网络层通信方式

奶牛发情监测设备集成 NB-IoT 传输模块实时监测奶牛活动量，并通过 NB-IoT 基站实时传输至中移物联网有限公司 One NET 平台，经处理后由业务平台精准判断环境状态和设备自身运行状态。

NB-IoT 成为万物互联网络的一个重要分支。NB-IoT 支持待机时间长、对网络连接要求较高设备的高效连接。NB-IoT 设备电池寿命可以提高至至少 10 年，同时还能提供非常全面的室内蜂窝数据连接覆盖。

NB 技术新颖，厂商支持较多，会成为后续各大运营商及各设备制造厂家的统一方向，兼容性好，平台连接数多，方便扩容；同时部署简单，客户无须单独架设基站，仅支持无线方式连接运营商网络，对运营商无线信号环境要求较高，会成为未来万物互联技术的主导。

（5）One NET 平台

One NET 平台是中移物联网有限公司基于物联网、云计算和大数据等技术打造的开放生态环境。One NET 平台提供了 300 多种开放 API 和系列化 Agent 帮助伙伴加速应用上线，简化终端接入，保障网络连接，实现与上下游伙伴产品的无缝连接，同时提供面向合作伙伴的一站式服务，包括各类技术支持、营销支持和商业合作。

One NET 平台向下采集所有奶牛活动量采集器的数据，并进行存储，提升数据存储的安全性和稳定性。平台实现奶牛活动量采集器和基站设备的管理与连接，同时向应用层提供接口服务，提供应用数据。

One NET 平台支持高效、便捷的奶牛活动量采集器接入方式，实现感知层设备的监控管理、在线调试、实时控制功能。

（6）奶牛发情监测管理平台

奶牛发情监测管理平台采用成熟、主流的技术构建，提供日常奶牛发情预警管理、牛舍管理、牛只信息管理、奶牛活动量曲线等报表管理、系统管理功能。

- 活动量预警管理：牛只当前活动量比日常活动量高出一定阈值，并持续一定时间段，由此判断奶牛的发情。例如，牛号 122840，发情时间为 2017-05-30 17:00:00。
- 牛舍信息管理：牧场牛舍信息的增删改，包括牛舍的容量、属性、位置等信息。
- 牛只信息管理：牧场人员通过采集器扫码绑定牛只信息并自动录入系统，识别牛只转舍等功能。
- 报表管理：统计牛只发情数据，并推送信息；统计牧场时间区间内未发情牛只，便于牛场进行针对性工作；统计无活动量牛只信息；统计牧场发情配种数据量，数据占比。
- 系统管理：包括菜单管理、权限管理、用户管理、角色管理等功能。

3. 价值与优势

（1）方案价值

畜牧物联网解决方案帮助牧场人员大幅提升奶牛发情的检出率，减少奶牛发情漏检次数，提升奶牛养殖场繁殖水平，降低因漏检奶牛发情带来的经济损失，具有重要意义。据统计，使用本系统之后，奶牛发情检出率由之前人工检出的 75% 提升至 95%，减少因漏检一个发情期造成超过 2000 元的损失。

（2）方案优势

方案建设主要依托运营商的建设能力和运营能力，提供本地化的服务和技术支持，拥有更专业更稳定的售后保障体系，同时方案本身具有前瞻性，满足后续发展需求，更加方便扩容与维护，节省总拥有成本（Totol Cost of Ownership，TCO）。

① 前瞻性

畜牧物联网解决方案采用主流 NB-IoT 无线物联网通信技术，网络部署去除中间环节，设备单点独立联网，架构更可靠，运维更省力，同时安装调试简单快捷、部署成本低，使整体方案更具先进性、可靠性。

② 性能与安全

畜牧物联网解决方案包括底层设备终端、One NET 开放平台、系统管理平台。随着底层设备的不断增加，数据量越来越大，系统的稳定性和安全性越来越重要，尤其是作为底层设备数据的承载层 One NET 平台的稳定性更为突出。One NET 平台在设计初期就充分考虑了平台海量连接时的稳定性和安全性，由移动运营商级服务器支持，保障整个方案的接入量和响应时长。

③ 可扩展性

系统有良好的可扩展性，包括功能性扩展和性能扩展。在功能性扩展方面，One NET 平台采用松耦合式架构，可方便子系统扩展及大数据分析；在性能扩展方面，One NET 平台采用分布式部署，可以满足设备大量增加后的弹性扩容和大并发接入。

④ 服务能力

● 一站式服务：基于中国移动基础服务，One NET 协同各省公司打包资费套餐（含宽带网络、物联卡费、模组费、平台服务费等），大大降低系统启动的繁杂性。

● 本地化服务：一点接入，全国服务。One NET 打造行业级设备集群，协同各省公司建设本地化物联网平台，实现快速接入和本地化服务体系。

● 售后维护服务：中国移动的服务网点遍布全国，售后服务可以实时响应，快速保障客户业务稳定性，解决运营维护难题。提供交钥匙工程，用专业服务保障业务快速上线，稳定运行。

4. 中国电信"小牧童"产品

为了开拓畜牧行业物联网市场，2017 年 2 月，中国电信联合华为和银川奥特，通过解决方案和商业模式创新，推出基于 NB-IoT 的牛联网产品"小牧童"，极大地改进了传统奶牛监控系统。

（1）技术方案

"小牧童"将智能项圈采集到的奶牛体征数据，通过 NB-IoT 网络传输到中国电信物联网平台，然后进入部署在天翼云上的奶牛信息管理平台。奶牛管理层、饲养员、兽医等通过网页或手机客户端，可以实时获取奶牛体征信息。"小牧童"奶牛发情监测系统架构如图 6-21 所示。

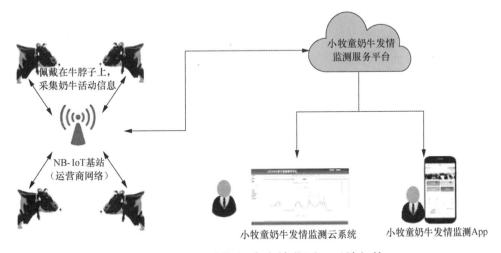

图6-21　"小牧童"奶牛发情监测云系统架构

作为中国电信集成的产品，"小牧童"由中国电信面向牧场进行销售服务。因此端到端的可靠性保障是规模商用的重点。以下对该产品的几个重点指标进行介绍。

① 功耗

因项圈需要终身佩戴，而且牛场环境恶劣，终端要求 IP65 级防护，电池续航时间不能少于 5 年，项圈的 MCU 和传感器都采用低功耗产品。在奶牛体征监控场景中，数据需要 3 小时上报一次，上报频度远高于智能抄表一天一次的频率。若增加电池不仅会增加成本，也增加了项圈的重量，因此线圈对功耗的要求极为苛刻。在解决方案设计中，除了开启 PSM 等 NB-IoT 常规节电特性外，额外推动芯片、基站、核心网配合支持 CDRX 特性和 RA 特性，使项圈终端续航时间从 5 年延长到 7 年。

② 拥塞

大型奶牛场的奶牛数量动辄 1 万～2 万头，而项圈终端每天上报数据 8 次，因此多终端接入是非常常见的场景。在实验室测试中发现，多个终端同时上报业务，会导致基站底噪抬升，无法接入。在解决方案中，采用了 Backoff、Preamble 参数优化等手段，提升了系统的健壮性。终端侧也通过了错峰机制，分散接入网络上传数据，更好地适配了 NB-IoT 网络特性。

当前，"小牧童"已完成与中国电信物联网开放平台的对接，平台支持芯片固件升级与设备 MCU 软件升级、端到端快速故障定位、百万级并发亿级连接能力，这些都将保障产品的规模化发展。

（2）商业方案

运营商要想在物联网领域获得更多收益，就不能只提供连接，还要提供连接管理平台和应用使能平台，同时引入合作伙伴的行业解决方案，即上层应用和终端，向行业客户提供端到端解决方案，从而获得连接之上的溢价，并且提供客户黏性。通过与运营商合作，合作伙伴可以基于应用使能平台专注于行业应用开发，借助运营商覆盖全国的渠道快速获取用户，并且分享获得的收益。行业用户无须具备 IT 能力，也可以享受物联网业务带来的效能提升。"小牧童"产品的商业模式，就是按照上述模式来设计的，这使中国电信的 NB-IoT 网络、销售渠道、客服能力等得到最大化应用，使其跨越卖管道、卖平台的阶段，直接卖服务，从行业旁观者变为主导者，销售收入比纯粹管道销售增加 4～5 倍，并且形成中国电信行业生态，为未来发展绿色食品溯源等各种新应用做好准备。

（3）未来展望

"小牧童"的应用不只局限于奶牛养殖场。在家畜饲养行业，对于驴、马、羊、猪等，都利用技术手段监控动物健康、生理周期、位置等信息的需求，从而科学地缩短胎间距，提升繁殖效率。到 2020 年，全球需要连接的动物，乐观估计数量将超过 10 亿。

通过 NB-IoT 等 IC 技术将动物连接起来，主力畜牧行业整体升级，实现科学饲养，不仅能提升行业效益、降低药物使用率，而且能提高畜牧产品的品质，畜牧行业必将迎来更为广阔的发展前景。

6.3.5 共享单车

共享单车在中国的很多城市经常可见，同时也被输往世界上很多的城市。其本质是一个典型的"物联网 + 互联网"应用，应用的一边是车（物），另一边是用户（人），即通过云端的控制来向用户提供单车租赁服务。共享单车成为物联网应用的一个典型范例，适用于低功耗、广覆盖、大连接应用场景下物联网发挥的作用。共享单车的由来是共享经济，共享经济和物联网及自行车结合起来，解决了短距离便捷交通出行的需求。

1. 整体架构

共享单车系统架构如图 6-22 所示。

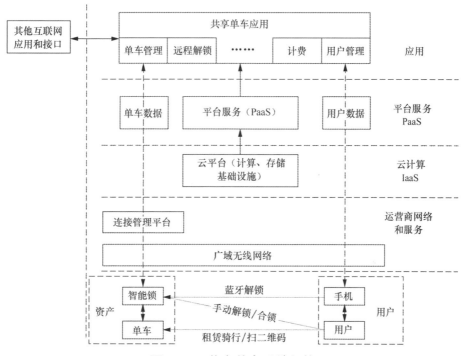

图6-22　共享单车系统架构

（1）云计算基础平台

共享单车的云端应用，是一个建立在云计算之上的大规模双向实时应用。云计算一方面能够保证共享单车应用的快速部署和高扩展性；另一方面能够应付大规模高并发场景，满足百万级数量的连接需要。

（2）数据资产

云端应用需要采集、存储并管理两类关键数据：单车数据（物联网特性的资产数据：包括单车的通信连接状态、车锁状态、使用记录等），单车数据由智能锁通过通信模块和SIM 卡，经过电信运营商的网络以及运营商的物联网平台，上传到共享单车的服务平台；用户数据（互联网特性的用户数据：除了用户基本信息、消费记录、用户账户、征信信息等，还包括用户的行为数据，骑行的路径和位置信息）。正如本小节开头所述，共享单车是"物联网＋互联网"应用，所以企业资产（单车）和用户数据是共享单车企业的核心资产。

（3）平台服务

由于共享单车一方面涉及海量的物联网数据、用户数据的管理；另一方面又要随时跟进用户需求而做功能开发和优化，所以应用之下会先构建平台服务（PaaS）。配备平台服务层，一方面能够使应用承载百万量级的高并发数据流；另一方面又能做到资源和能力的动态调配、功能的灵活开发。

（4）集成应用

云端的共享单车应用系统集成外部的互联网功能，例如，支付、二维码应用、电子地图等，将单车和用户连接起来，形成一套完整的租赁服务流程（地图寻车——扫二维码——用户解锁——骑行使用——合锁还车——支付结算）。

在整个租赁过程中，"智能（决策）"其实都是在云端实现的。云端应用主导了和用户的交互，以及操作智能锁的开关，而智能锁在服务过程中只是执行用户操作和云端指令。此外，云端应用还可以实现许多扩展应用，例如，互联网市场营销、电子围栏、单车预约服务等。

2. 产业链

共享单车的整个商业产业链如图 6-23 所示。

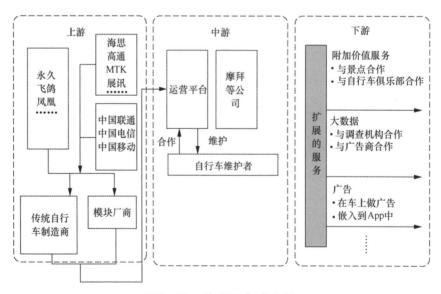

图6-23　共享单车产业链

首先，上游现有传统的自行车及零配件厂商，像永久、飞鸽、凤凰等品牌，他们和一些主要的技术开发平台商，如海思、高通、MTK、展讯等芯片厂商，再加上三大电信运营商，整合在一起，把模组安装到自行车上，利用目前的供应商平台使共享单车应运而生。同时共享单车还可以延伸一些增值服务。例如，可以和广告商合作，也可以和旅游景点合作，还可以和自行车俱乐部、校园合作。另外，共享单车还会产生一些大数据，例如，骑了多远、消耗了多少热量，未来还可能知道你的心率等健康指标，这些数据上传到云端，专门的研究机构可基于这些数据做针对性研究。

3. 业务发展方向

共享单车业务的发展方向如下。

（1）**整体业务趋势**：企业需要进行更深层次的精细化运营，智慧管理是下一个发力点。

（2）**商业模式**：需要由依靠企业自身优势获取资源，升级为携手生态伙伴推动业态创新，共享发展成果。

作为共享单车发展的核心以及一切增值业务的入口——智能车锁的升级与普及是共享单车企业面临的首要任务。

4. 智能锁发展

智能锁是共享单车的一个主要部件。目前，智能锁基本都是由控制、通信、感知、执行、供电等几大模块组成。模块的主要功能如下。

- **控制芯片（单片机）**：智能锁系统的控制中枢，整体负责通信、车锁控制和状态信息收集。
- **移动通信芯片（Modem）**：内置电信运营商的 SIM 卡，负责与云端应用后台进行通信。
- **蓝牙通信模块**：主要用于连接用户手机并实现解锁，也与电子围栏的应用实现有关。
- **GPS 通信模块**：物理定位功能。
- **车锁的传感器**：感知车锁的开、关状态，并将车锁状态信息向控制芯片上报。
- **车锁的执行器**：控制芯片通过执行器对车锁进行开、关操作。
- **蜂鸣器**：用于异常状态的发声告警。
- **电源模块**：电池、充电模块（芯片）、充电装置（太阳能电池板、电机和测速传感器等）。

共享单车应用，其实就是通过"单车—云端—用户手机"之间的信息传递来完成的，其中，最关键的是开关智能锁的过程。

共享单车发展的时间虽然不长，但是智能锁已经演进了四代，如图 6-24 所示。

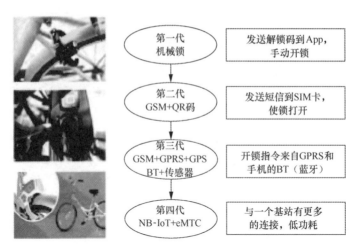

图6-24　共享单车中智能锁的发展

（1）机械锁

第一代共享单车使用的是传统的机械锁，用户通过 App 收到一个解锁密码，手工把锁打开，这个锁本身没有电子器件。这种方式使用一段时间后弊端很明显，机械锁容易被破解和损坏。

（2）短信开锁，GSM 模块

第二代共享单车，车锁内置的是 GSM 模块，用户手机扫描车体二维码，大约 10 秒，电机带动和锁鞘"啪"的一声，解锁成功。

GSM 模块的原理是采用短信解锁，智能车锁与插了 SIM 卡的功能手机类似，10 秒左右的解锁时间也正是短信投递的时间。短信解锁的方式有其优势，开锁比较稳定，开锁不需要通过 GPRS/3G 流量。但同时，短信解锁的方式也有很大的劣势，例如，锁需要始终与网络保持长时间连接，就是说这个"手机"始终是开机的状态，时刻要接收信号，而目前 GSM 终端待机时长（不含业务）仅 20 天左右，其中的耗电就需要通过其他方式转化为电能为其充电。

（3）GPRS 开锁，GPRS/3G 模块

第三代共享单车的开锁速度有了明显提升，这主要是采用了由服务器通过 GPRS/3G 流量开锁的方式。

GPRS 开锁的好处是等待时间明显缩短，从短信开锁的 10 秒左右变成了 3 秒，提升了用户体验。而且随着网络流量价格的降低，GPRS 开锁比短信开锁更便宜，获取的信息量也更大。GPRS 开锁的劣势是，如果采用 3G 或者 4G 模块的话，4G 通信模块成本过高，一般需要 200 元以上。随着物联网的兴起，虽然国内已经有多家蜂窝通信模块厂商，但现有蜂窝通信技术的高功耗、高成本的硬伤，还是不如其他制式更有优势。

（4）LTE IoT 开锁，eMTC/NB-IoT 模块

第四代是加入了 eMTC/NB-IoT 模块，共享单车和专用的蜂窝物联网技术很好地结合起来了，可以发挥蜂窝物联网广覆盖和大容量的优势。eMTC/NB-IoT 聚焦于低功耗、广覆盖（LPWA）物联网（IoT）市场，是一种可在全球范围内广泛应用的新兴技术。

- 低功耗：软件方面可以通过物理层优化、新的节电特性、高层协议优化及操作系统优化实现；硬件实现低功耗可通过提升集成度、器件性能优化、架构优化等几种方式实现。最终的效果是，终端电池寿命理论状态将可达到 10 年。

- 低成本：相较于 3G 模组 20 美元的成本，多模 LTE IoT 模组通过规模商用将使成本减半。目前，NB-IoT 芯片在百万左右量产级别上，价格为 5 美元 / 个，在千万到亿量产级别上价格可以下降至 1 美元 / 个。同时，运营商模组补贴的政策也将大大降低产品价格，芯片和模组的成本在短期内会降低，从而替代传统的 GSM、GPRS 通信模组场景，加速应用的落地。

- 广深覆盖，NB-IoT 覆盖半径约是 GSM/LTE 的 4 倍，eMTC 覆盖半径约是 GSM/LTE 的 3 倍。

- 海量终端连接，eMTC/NB-IoT 经过优化，基本可以达到 5 万连接数 / 小区。

虽然共享单车已渐渐成为很多人每天生活的一部分，但它们明显还不够完美，共享单车领域的企业需要不断打磨它们的产品和服务。当然，它们也并不是孤军奋战的。智能锁厂家会持续地参与研发并生产新的锁件，运营商网络的迭代演进能进一步保证单车时刻在线，云计算服务企业会不断优化云端应用的系统架构和通用能力，而各类互联网企业则继续按需提供配套的信息服务，上下游企业的服务使共享单车企业只需要关注自己的应用逻辑和核心资产，把商业思考都聚焦在车和用户的价值释放上。

和共享单车一样，更多的共享产品也在相似的技术、服务环境中酝酿和推广。在新的智能产品运营中、在新的商业合作中，系统和系统间、物与物间的关联度增加了，交互的数据流变宽了，彼此间服务的自动化程度和智能化程度都提高了，社会对信息价值的进一步整合使一个更加（连接）广泛、（感知）敏锐、（计算）聪慧的世界正在逐渐形成，而这个世界就是物联网世界。

6.3.6 车联网

1. 背景概述

基于无线通信的智能网联车技术起源于 20 世纪的美国。作为拥有汽车的大国，美国是将通信技术用于汽车主动安全应用的发起者和主要推动者。1999 年 10 月，在美国交通运输部（Department of Transportation，USDOT）和产业界的多年研究和推动下，美国联邦通信

委员会（Federal Communications Commission，FCC）批准将 5.9 GHz 的 75 MHz（5850 MHz ～ 5925 MHz）频率作为专用频率分配给基于专用短距离通信（Dedicated ShortRange Communication，DSRC）通信技术的智能交通业务，无线通信在智能交通领域的应用正式启动。以电气和电子工程师协会（Institute of Electrical and Electronics Engineers，IEEE）和机动车工程师学会（Society of Automotive Engineers，SAE）为主的标准化组织，联合制定了适用于汽车行驶环境和智能交通应用的一系列 DSRC 标准，DSRC 系列标准包括 IEEE 802.11p、IEEE 1609 系列和 SAE J2735、J2945 标准。根据美国国会的授权，美国高速公路管理局（National Highway Traffic Safety Administration，NHTSA）于 2014 年启动了车车通信的预立法程序，并于 2016 年完成立法程序。2009 年，欧盟委员会通过法案 M/453，委托欧洲电信标准化协会（European Telecommunications Standards Institute，ETSI）、欧洲标准化委员会（European Committeefor Standardization，CEN）和欧洲电工标准化委员会（European Committee for ElectrotechnicalStandardization，CENELEC）三大欧洲标准化组织制定用于智能交通的标准系列。2014 年 2 月，ETSI 和 CEN 共同发布了该标准的第一版本，其中，包括辅助汽车安全行驶的 ITS-G5 标准和基于蜂窝网络提供紧急呼叫服务的紧急呼叫（emergency Call，eCall）标准。日本在 20 世纪成立了 ITS 论坛，推动智能交通系统的研究、产业化和政策制定，并先后分配了 760 MHz 和 5.8 GHz 两段频率用于 ITS 系统。同时，日本沿用了美国 DSRC 概念，通过修改 IEEE 协议制定了日本版的车联网协议。

我国 ITS 产业起步很早，早期较经典的应用是交通运输部领导的电子不停车收费（Electronic Toll Collection，ETC）系统，目前，已经实现跨省互通，并计划在近期完成全国联网。近年来，随着国内汽车保有量的激增，行驶安全也得到了重视，相关的智能网联车技术也成为热点。同时，由于"互联网＋"战略的推动，智能汽车概念在国内也得到了极大地关注。2015 年 9 月 29 日，国务院正式提出中国的智能网联汽车计划。我国首个智能网联汽车示范区将在上海开展。同时，国内已经通过部省合作推动在浙江、北京和重庆立项建设 3 个"智能网联汽车"示范基地。

2. 发展阶段

智能网联车是智能交通系统的一个重要组成部分，其范畴既包括以导航、道路信息服务和远程车况诊断为代表的汽车信息和娱乐类业务，也包括碰撞预警、车辆失控预警、预防行人碰撞等安全类业务。在欧洲被定义为基于通信的智能交通系统（Intelligent Transport Systems Communication，ITSC）。

智能网联车（智能交通系统）的发展大致分为以下 3 个阶段。

（1）第一个阶段是以基于 2G、3G 蜂窝通信网络的汽车娱乐和以 eCall 为代表的远程信息处理业务。

（2）第二个阶段是通过 4G LTE 和 DSRC 等通信系统将汽车互联，提供包括车到车（Vehicle to Vehicle，V2V）、车到人（Vehicle to Pedestrian，V2P）、车到基础设施（Vehicle to Infrastructure，V2I）和车到网络（Vehicle to Network，V2N）的智能交通业务。

（3）第三个阶段是将汽车与云端连接，结合精确位置信息，提供自动驾驶、编队行驶等业务，预计届时会出现出行业务提供商，提供运输即服务（Transportation as a Service，TaaS）。

目前，产业正处于第二阶段向第三阶段过渡的时期。

各种智能交通系统的研究项目涉及大量的智能网联车应用场景，可分为汽车行驶安全、效率提升和信息服务三大类。作为移动通信产业的主要推动力，3GPP 对三类服务都有所研究，并将车辆之间的通信划分为车辆直接通信和网络转发两种方式。3GPP 的研究报告提供了 27 个典型的应用场景，其中，针对交通安全有碰撞预警、车辆失控预警、预防行人碰撞等 13 个场景，此外还包含车辆协作巡航、道路排队信息、车况远程诊断等 14 个为车辆提供信息服务和提升交通效率的应用场景。

3. 基本架构

在传统的 Radar（雷达）/ 激光雷达（Light Detection And Ranging，LiDAR）/Sensor（传感器）/Camera（照相机）的基础之上，智能网联汽车通过车—车通信（V2V），车—路边基础设施通信（V2I），车—人通信（V2P）以及车—网络 / 云端通信（V2N/V2C）可以给高级驾驶辅助系统（Advanced Driving Assistant System，ADAS）及自动驾驶系统带来显著价值。通过给车辆及车辆驾驶员提供 360 度非视距信息，可以显著提升交通及道路的安全性，而通过车—车、车—路以及车和网络协同，可以有效改善交通拥堵，提升交通运行效率，并且可以提供及时、精准的信息服务，包括实时导航、支付、自动停车、车载娱乐等。智能网汽车应用场景示意如图 6-25 所示。

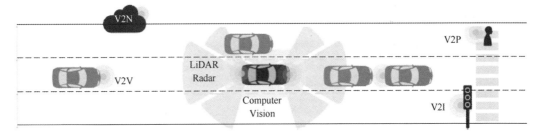

图6-25 智能网汽车应用场景示意

图 6-26 为智能网联汽车系统基本结构。

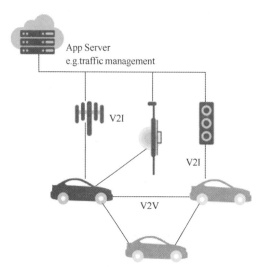

图6-26 智能网联汽车系统基本机构

4. 应用场景

智能网联汽车相关应用场景和需求主要涉及三大类：交通安全类（Safety）、交通效率类（Traffic Efficiency）以及信息服务类（Infotainment/Telematics）。涉及的通信方式主要包括车—车（V2V）、车—基础设施（V2I）、车—行人（V2P）以及车—网络 / 云平台（V2N/V2C）。智能网联汽车主要的应用场景，见表 6-13。

表6-13 智能网联汽车主要应用场景

应用场景		优先级		V2X
		基本	扩展	
交通安全	前向碰撞预警	√		V2V
	跟车过近提醒		√	V2V
	RSU 提醒碰撞（V2V 不可能的情况下）		√	V2I
	碰撞不可避免告警		√	V2V/V2X
	左转辅助 / 告警	√		V2V
	汇入主路辅助 / 碰撞告警	√		V2V
	交叉路口碰撞告警（有无信号灯、非视距，存在路边单元）	√		V2I
	交叉路口碰撞告警（有无信号灯、非视距，不存在路边单元）	√		V2V
	超车辅助 / 逆向超车提醒 / 借道超车	√		V2V
	盲区告警 / 换道辅助	√		V2V
	紧急制动预警（紧急电子刹车灯）	√		V2V
	车辆安全功能失控告警	√		V2V
	异常车辆告警（包含前方静止 / 限速车辆）	√		V2V
	静止车辆提醒（交通意外，车辆故障等造成）	√		V2V
	摩托车靠近告警	√		V2V/V2P

（续表）

应用场景		优先级		V2X
		基本	扩展	
交通安全	慢速车辆预警（拖拉机、大货车等）		√	V2V
	非机动车（电动车、自行车等）靠近预警		√	V2P
	非机动车（电动车、自行车等）横穿预警/行人横穿预警	√		V3P
	紧急车辆提示	√		V2V/V2I/V2N
	大车靠近预警		√	V2I
	逆向行驶提醒（提醒本车及其他车）		√	V2V
	前方拥堵/排队提醒（仅有路边单元、仅依靠V2V和两者结合）		√	V2I/V2V/V2N
	道路施工提醒		√	V2X
	前方事故提醒		√	V2I
	道路湿滑/危险路段提醒（大风、大雾、结冰等）	√		V2I
	协作信息分享（危险路段、道路湿滑、大风、大雾、前方事故等）		√	V2I
	闯红灯/黄灯告警	√		V2I
	自适应近/远灯（如会车灯光自动切换）		√	V2V
	火车靠近/道口提醒		√	V2I/V2P
	限高/限重/限宽提醒		√	V2I
	疲劳驾驶提醒		√	V2V
	注意力分散提醒		√	V2V
	超载告警/超员告警		√	V2N/V2P
交通效率	减速区/限速提醒（隧道限速、普通限速、弯道限速等）	√		V2I/V2N/V2V
	减速/停车标志提醒（倒三角/"停"）		√	V2I
	减速/停车标志违反警告		√	V2X
	车道引导	√		V2I/V2V/V2N
	交通信息及建设路径（路边单元提醒）		√	V2I/V2N
	增强导航（接入 Internet）		√	V2N/V2I
	商用车导航		√	V2N
	十字路口通行辅助		√	V2V/V2I/V2N
	专用道动态使用（普通车动态借用专用车道）/专用车道分时使用（分时专用车道）/潮汐车道/紧急车道		√	V2I
	禁入及绕道提示（道路封闭、临时交通管制等）		√	V2I
	车内标牌	√		V2I
	电子不停车收费	√		V2I
	货车/大车车道错误提醒（高速长期占用最左侧车道）		√	V2I
	自适应巡航（后车有驾驶员）		√	V2V
	自适应巡航（后车无驾驶员）		√	V2V

（续表）

应用场景		优先级		V2X
		基本	扩展	
信息服务	兴趣点提醒		√	V2I/V2N
	近场支付	√		V2I/V2N
	自动停车引导及控制	√		V2I/V2N
	充电站目的地引导（有线 / 无线电站）		√	V2I/V2N
	电动汽车自动泊车及无线充电		√	V2I/V2N
	本地电子商务		√	V2I/V2N
	汽车租赁 / 分享		√	V2I/V2N
	电动车分时租用		√	V2I/V2N
	媒体下载		√	V2I/V2N
	地图管理、下载 / 更新		√	V2I/V2N
	经济 / 节能驾驶		√	V2X
	即时信息（V2V）		√	V2V
	个人数据同步		√	V2I/V2N
	SOS/eCall 业务	√		V2I/V2N
	车辆被盗 / 损坏（包括整车和部件）警报	√		V2I/V2N
	车辆远程诊断、维修保养提示	√		V2I/V2N
	车辆关系管理（嵌入 Internet）		√	V2I/V2N
	车辆生命周期管理数据收集		√	V2I/V2N
	按需保险业务（即开即交保等）		√	V2I/V2N
	车辆软件数据推送和更新		√	V2I/V2N
	卸货区管理		√	V2I/V2N
	车辆和 RSU 数据校准		√	V2I
	电子号牌		√	V2I

5. 通信技术

3GPP 近年来积极推动基于蜂窝（Cellular）的 V2X 技术规范，特别是基于 LTE 技术体制的系列规范，并且决定在 Release 14 完成 LTE V2X 标准化工作。2015 年 6 月，3GPP 开始立项研究 LTE V2X 的空中接口技术。为了加快车—车直接通信（基于 PC5 的 LTE V2V）技术的标准化工作，于同次会议启动了 LTE V2V（基于 PC5 的车—车通信）标准项目。到目前为止，基于 PC5 的车—车通信已完成标准化工作（2016 年 9 月），2017 年 3 月，3GPP 完成 Release14 LTE V2X 核心标准制定，2018 年 6 月，基于 R15 版本的 LTE eV2X 正式完成，支持 5G V2X 的 3GPP R16+ 版本于 2018 年 6 月启动研究，预计在 2020 年年底完成，将与 LTE V2X/LTE eV2X 形成互补关系。对于上层的标准，3GPP 并不涉及，而是充分考虑和已有标准及产业应用的结合，从而很好地重用已有的上层协议和产业。LTE V2X 和其他协议标准的关系如图 6-27 所示。

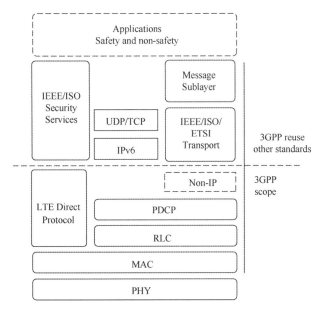

图6-27   LTE V2X和其他协议标准的关系

3GPP TS 22.185 给出了 LTE V2X 总体设计性能需求（此处只列出部分，其他可参考 TS 22.185[40]）。

不管是否有 LTE/E-UTRAN 网络覆盖，LTE V2X 均能进行通信。

- LTE V2X 需提供机制针对特定的消息（如安全 VS. 非安全相关）设定传输优先级。
- LTE V2X 需要提供相应机制使应用服务器或者 RSU 能够控制某些消息分布的范围。
- LTE V2X 需要能够以最有效的方法改进定位精度。

与此同时，TS 22.185 还给出了时延、可靠性、LTE V2X 承载消息大小、消息频率、覆盖范围（Range）、速度、安全（Security）等要求。

对于时延和可靠性要求，LTE V2X 支持以下功能。

- 不管是直接传输还是通过 RSU 转发，V2V 和 V2P 应用之间的最大时延不超过 100 ms。
- 对于特定的应用（如本文中的 7.1.3），V2V 应用之间的最大时延不超过 20 ms。
- V2I 应用之间的最大时延不超过 100 ms。
- V2N 应用之间的端到端时间不得超过 1000 ms。
- 保证信息可靠传输，从而做到不需要应用层面的重传机制。

对于承载的消息大小，LTE V2X 支持。

- 不包括安全（Security）相关的信息，支持周期性触发的 Payload 为 50～300 bytes 的消息。
- 不包括安全（Security）相关的信息，支持由事件触发的 Payload 上限为 1200 bytes 的消息。

需要注意的是，LTE V2X 对具体消息类型不敏感，只关注消息的时延要求、消息大小等特征。

对于消息频率，LTE V2X 支持以下功能。

- 每秒 10 个消息，即消息频率为 10 Hz。

对于覆盖（Range）要求，LTE V2X 支持以下功能。

- 通信覆盖范围满足驾驶员有足够的反应时间，例如，4s。

对于移动速度，LTE V2X 支持以下功能。

- 不管是否有网络覆盖，V2V 最大相对速度为 280 km/h。

- 不管是否有网络覆盖，V2V 和 V2P 的最大绝对速度为 160 km/h。

- 不管是否有网络覆盖，V2I 的最大绝对速度为 160 km/h。

注：在 3GPP 后续工作中，移动速度提升到的相对速度为 500 km/h，绝对速度为 250 km/h。

对于 Security 要求，LTE V2X 支持以下功能。

- 对终端（车）的鉴权机制，不管该终端（车）是否需要网络提供 V2X 服务。

- V2N 的单独鉴权机制。

- 终端（车）的匿名传输机制以及传输的完整性保护。

- 终端（车）的隐私，在一定时间之外（由具体应用要求），终端（车）不能够被其他终端（车）追踪（track）或者持续识别。

依据管制要求，终端（车）不被运营商或者其他第三方机构识别或者追踪，LTE V2X 能够满足所有基本应用的时延、消息频率、通信方式（V2V\V2I\V2P\V2N）的要求。

对于应用层规范，综上所述，国际合作式智能交通系统（Cooperative Intelligent Transport Systems and Services，C-ITS）和 SAE-China（中国汽车工程学会）制定的应用层标准和数据交互标准已覆盖，后续的工作需侧重推动已有应用规范互通测试、推进各项应用的成熟以及细化相应规范细节。对于网络层，IEEE 已经制定了系列规范，并且 C-ITS 和国际标准化组织（International Organization for Standardization，ISO）层面也正在推动相应的规范制定和落实。

●●6.4 小结

2016 年物联网产业生态的各种要素初见端倪，2017 年是物联网真正开始影响各产业的元年。不论是了解物联网核心产业链发展到什么程度，还是想对物联网对行业变革的作用有初步了解，一张囊括产业主要参与方的逻辑性图谱是快速获取这些信息的最好工具。在这里本书编者大力推荐物联网智库联合阿里云 IoT 事业部推出的物联网产业生态图谱，他们在对产业链各环节核心企业和机构进行了大量调研的基础上，精心绘制出的物联网生态全景图，基本上反映出物联网产业生态发展全貌。物联网产业全景如图 6-28 所示。

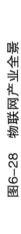

图6-28 物联网产业全景

6.4.1 规模连接驱动物联网成熟度

在知名市场研究机构 Gartner（高德纳咨询公司）发布的 2016 新兴技术成熟度曲线中，"物联网"一词已不再像往年一样出现在该曲线中，因为物联网技术不再是"新兴的"，而是正慢慢地融入我们的生产生活；截至 2018 年 8 月发布的新兴技术成熟度曲线中如图 6-29 所示，"物联网"一词依然脱离了该曲线，可以看出其成熟度进一步增强。这种成熟度在物联网连接规模上可见一斑。

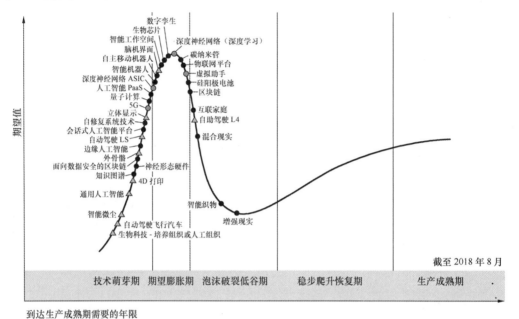

图6-29　截至2018年8月新兴技术成熟度曲线

一直以来，物联网的连接数成为该领域广阔市场规模的一大指标，各类机构预测连接数从 200 亿到 1000 亿不等。然而，已经实现的连接数才是物联网产业成熟的重要指标，也更有意义。从国内公开数据来看，中国移动物联网连接数已经超过 2 亿，中国联通物联网连接数超过 7000 万，中国电信物联网连接数接近 5000 万，这个总数为 3.2 亿的连接数目大部分是通过广域蜂窝网络实现的，而局域的连接数量级更是超过了广域连接数。这些已实现连接的数亿级终端，给产业链上下游企业带来了新的市场空间，更为重要的是给应用物联网的各行业用户带来新的价值。

国际知名运营商沃达丰在最新发布的《物联网市场晴雨表》中委托第三方研究机构对全球 1200 多家各垂直行业企业进行调研，其中，包括 100 多家中国企业，结果显示越是拥有更多物联网设备的企业，其带来的收益越高。例如，在那些拥有 5 万台以上物联网连接设备的企业中，有 **67%** 的企业表示已从物联网应用中获得非常可观的收益，物联网为其带来的平均收入的增幅超过 19%，这一数字对于大部分行业来说都是超高增幅。

这些已经实现的数字表明，当前规模的连接驱动物联网方案逐渐成熟，正在影响着国民经济各个行业的变革。

6.4.2 加快现有蜂窝网承载的业务规模迁移至蜂窝物联网

中国的物联网用户最近两年高速增长，用户规模位居世界第一，连接数高达 4 亿多，占全球 60% 以上。但是这些用户基本都是承载在 2G 网络上，而且目前每个月还在以 2000 万的速度在增长，2G 网络已经不堪重负。另外，关闭 2G 网络是未来趋势，目前美日等国家的运营商都已经关闭了 2G 网络，NB-IoT&eMTC 将是未来物联网的必然方向。在 2018 年 3 月的 3GPP 全会上，全球代表一致通过，在 R16 协议，不再研究面向低功耗广域网的网络技术，标志着 NB-IoT 和 eMTC 将作为 5G 物联技术的一部分。所以，不管是在未来网络技术的演进上，还是在技术的生命力上，NB-IoT 和 eMTC 都将确定是未来物联网的主流技术。适时将需求引导到 NB-IoT 和 eMTC 上来将是明智之举。为了降低 2G 网络压力，顺应物联网的未来趋势，呼吁行业尽快把 2G 用户和连接尽快向 NB-IoT 和 eMTC 切换，同时希望政府在政策上对 NB-IoT&eMTC 技术加大引导，鼓励牵引行业基于业务类型优先选择 NB-IoT 及 eMTC 网络部署业务。

NB-IoT 解决方案在行业规模商用应用中得到了持续的验证，承受住考验，现在芯片和网络问题和障碍已经得到解决。从统计结果来看，目前的绝大多数问题都集中在终端侧，因为行业的定制化需求以及合伙伙伴的能力差异，影响了项目进度。为了更好地加强 NB-IoT 产业终端的质量并规范话务模型，最大化利用网络资源，希望 NB-IoT 终端质量可以得到国家层面的监管，强制检测，发放终端入网认证，否则不予入网。我们也发现一些问题，由于网络干扰，网络优化是仍然需要进一步加强的。

目前，有些开发者或者使用者抱怨 NB-IoT 不如 GSM，这个是对 NB-IoT 不够了解导致的。如果将 NB-IoT 简单理解为跟 GSM 的使用方法一样，认为是纯管道，不做任何业务模型适配，这样不加思考的设计，势必会给运营商网络的接入性能带来巨大的冲击，从而使业务成功率下降。这些问题并不意味着 NB-IoT 技术本身不行，而是需要行业开发者基于业务模型分析后完成适配开发。

6.4.3 LPWAN 快速拉动行业数字化转型

2017 年，物联网领域最大的一股推动力量必然是低功耗广域网络 LPWAN，中国形成世界上最大的 NB-IoT/eMTC 产业阵营。在这些阵营中供给方的大力拉动下，不少行业的数字化转型雏形已现。

2017 年年初，江西鹰潭建成全网覆盖的 NB-IoT 商用网络。在不到一年的时间里，这个仅有 100 多万人口、科技产业薄弱的小城市成为物联网的明星城市，孵化出超过 30 类行业应用示范。中国电信首次建成全球规模最大的 NB-IoT 商用网络、发布全球首个 NB-IoT 套餐，到中国移动数百亿级 NB-IoT 招标，10 亿元巨资投入模组补贴，全球规模最大的 NB-IoT 市场在中国开启。

全球最大的 NB-IoT/eMTC 产业生态的形成，在短期内对国内不少行业的数字化转型起到强有力的拉动作用。因为低功耗广域网络供给方的努力，从 2018 年开始，水务、燃气、热力等传统的公用事业数字化转型开始加速，远程资产管理有了新的手段，楼宇、照明等产业智慧化改造开启。低功耗广域网络从诞生开始，就不是仅仅发展技术，而是紧密地和合适的行业应用结合起来，以应用导向带动技术进步。在这样的背景下，不少行业的生产经营模式开始改变，对于应用物联网进行产业变革的探讨不再是物联网本身圈子中的话题，各传统行业将物联网带来的改变作为本行业中的热门话题。

6.4.4 规模化的物联网应用开始验证

2016 年，物联网的概念还不够清晰，而从 2017 年起，人们开始感受到物联网给生活带来的变化，但人们并不会纠结物联网的概念，共享单车、智慧零售等物联网行业应用正是在这方面开始规模化验证的产物。

2018 年，热门的智慧零售中有大量传感器、长短距通信、物联网平台等技术的支撑，其中，比较普及的智能零售柜，在各大商场、地铁等公共场所比比皆是，人们在便捷地使用过程中，实际上已经在体验物联网带来的新的生活方式。

大型企业正在努力搭建新的平台，让人们能够直接体验物联网带来的新的生产生活变革，但不会去纠结概念。例如，阿里云 IoT 事业部推出的阿里云 Link Market（物联网市场），正是要打破物联网神秘的面纱，将物联网场景化地呈现给最终用户，使他们有直观感受，而在后台组织产业链企业实现场景化的方案。

物联网不再是产业链内部企业自娱自乐，而是将这些技术、能力以直观、场景化和可体验的方式提供给最终用户，让他们"感同身受"。

6.4.5 人工智能 + 物联网拉开序幕

智联网的概念最早出现在 2017 年："受过训练的 AI 系统，目前在特定领域的表现已可超越人类，而相关软件技术迅速发展的背后，与专用芯片的进步息息相关。在芯片对人工智能的支持更加完善后，物联网（IoT）将可望进化成 AIoT（AI+IoT）。智能机器人的遍地开花只是个开端，人工智能终端芯片引领的边缘运算，其将带来的商机更让人引颈期盼"。

具体来说，AIoT 是指融合 AI 技术和 IoT 技术，通过物联网产生、收集海量的数据存储于云端、边缘端，再通过大数据分析，以及更高形式的人工智能，形成智能化的应用场景和应用模式，服务实体经济，为人类的生产活动、生活所需提供更好的服务，实现万物数据化、万物互联化。

AIoT 是 AI 与 IoT 融会发展的产物。IoT 通过各种设备（例如，传感器、RFID、Wi-Fi、LPWA、使能平台、连接平台等）将现实世界的物体"万物互联"，以实现信息的传递和处理。对于 AI，物联网肩负了一个至关重要的任务：内外部环境信息获取后，产生海量的数据，上传至云端或者边缘节点，为感知、云计算、控制、认知提供源源不断的信息供给。AI 构建了一个大脑，凭借其算法与行业规则引擎，形成"逻辑""想法""指令""调优"能力；AI 算法的"智能"只能通过不断分析、数据验证、调参、改进算法模型才会变得"聪明"。

IoT 则相当于大脑之外的神经网络，既能搜集数据，也能传递和反馈信息。IoT 一旦内嵌 AI，就能由连接变成分析、逻辑、推理与智能，懂得外在环境和应用场景的交互，具备自感知、自改进，从而自动高效地应用到产业，提升生产效能，丰富用户体验。影响和渗透是双向的，借助 IoT，AI 不再是科研和实验技术，"AI+IoT"可以渗透若干场景，落地到现实生活，借助来源丰富的数据不断更新提升 AI 算法效能，让 AI 更具生命力和活力。

AIoT 成为物联网变革各行各业的有利工具。在过去的一年中，人工智能的热度到达一个巅峰，不少观点认为其泡沫期到来，未来与具体行业的融合有广阔市场。和物联网类似，它也属于一种赋能的工具，给国民经济各行各业提供新方法、新视野和新玩法。当人工智能与传统行业融合时，尤其是对传统行业的核心生产经营流程进行优化、革新、重构时，需要物联网深入各行业的核心生产经营流程，获取感知数据和行业知识，在此基础上通过人工智能的能力来变革行业。

可以说 AI 与 IoT 两者形成了一种奇妙的化学反应，创造出了更多科技创新应用，简单的 IoT "互联"上升到 AIoT "智联"程度。在可预见的未来，AIoT 必将改变现有的物联网发展格局，颠覆既有市场形态、产品形式、服务模式，开启全新的社会生产生活，形成经济发展新动能，推动新经济发展，进一步改善生活体验。

参考文献

[1] 彭昭. 智联网——未来的未来 [M]. 北京：电子工业出版社，2018 年.

[2] 赵小飞. 物联网沙场"狙击枪" [M]. 北京：电子工业出版社，2017 年.

[3] 黄超平，闫洁，温上东. 蜂窝物联网业务模式与商业模式 [J]. 移动通信，2016.12.

演进和展望

Chapter 7

第七章

导读

　　物联网技术属于基础使能平台，它需要和最新的信息技术相融合，尤其是对物联网发展和安全有关键作用的技术，如边缘计算、区块链、eSIM。通过与这些技术有效融合，物联网一方面可提升物联网的技术性能和安全能力；另一方面这些技术本身也可找到很好的实践平台和应用典范。本章最后着重论述了物联网的安全问题，这是物联网能否成功商业化发展的关键。

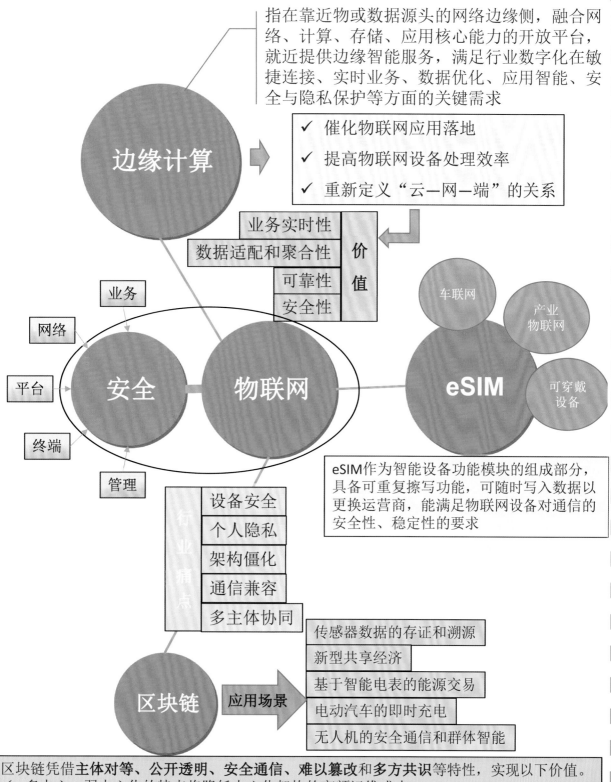

指在靠近物或数据源头的网络边缘侧，融合网络、计算、存储、应用核心能力的开放平台，就近提供边缘智能服务，满足行业数字化在敏捷连接、实时业务、数据优化、应用智能、安全与隐私保护等方面的关键需求

边缘计算

✓ 催化物联网应用落地
✓ 提高物联网设备处理效率
✓ 重新定义"云—网—端"的关系

价值

业务实时性
数据适配和聚合性
可靠性
安全性

业务
网络
平台
终端
管理

安全　物联网

eSIM

车联网
产业物联网
可穿戴设备

eSIM作为智能设备功能模块的组成部分，具备可重复擦写功能，可随时写入数据以更换运营商，能满足物联网设备对通信的安全性、稳定性的要求

行业痛点
设备安全
个人隐私
架构僵化
通信兼容
多主体协同

区块链　应用场景

传感器数据的存证和溯源
新型共享经济
基于智能电表的能源交易
电动汽车的即时充电
无人机的安全通信和群体智能

区块链凭借**主体对等、公开透明、安全通信、难以篡改**和**多方共识**等特性，实现以下价值。
✓ 多中心、弱中心化的特点将降低中心化架构的高额运维成本
✓ 信息加密、安全通信的特点将有助于保护隐私
✓ 身份权限管理和多方共识有助于识别非法节点，及时阻止恶意节点的接入和作恶，依托链式的结构有助于构建可证可溯的电子证据存证
✓ 分布式架构和主体对等的特点有助于打破物联网现存的多个信息孤岛桎梏，促进信息的横向流动和多方协作

●● 7.1　物联网和边缘计算

物联网这张有史以来最大的"网"正在悄然地改变着我们的生活方式，我们更加喜欢将照片存入云端，而不是简单地放在手机内存；更喜欢在家连上 Wi-Fi，在户外更愿意接入 4G 网络；比起输入繁琐的购买信息，更愿意一键网购。

物联网的存在，不止改变了人们日常的生活习惯，更是在创造新的"生态"环境。简而言之，也就是将身边的万物进行互联，将两根毫无关系的"木头"进行相互连接。然而，哪些"物"应该对话，哪些"物"不能对话，需要设备间有判断或计算的能力，边缘计算便是这种能力的赋予者。

7.1.1　边缘计算的作用

1. 边缘计算与云计算结合催化物联网应用落地

边缘计算是指在靠近物或数据源头的网络边缘侧，融合网络、计算、存储、应用核心能力的开放平台，就近提供边缘智能服务，满足行业数字化在敏捷连接、实时业务、数据优化、应用智能、安全与隐私保护等方面的关键需求。

边缘计算犹如人类的神经末梢，对简单的刺激进行自处理并将处理的特征信息反馈给云端大脑。

边缘计算与云计算互相协同，共同赋能行业数字化转型。云计算聚焦非实时、长周期数据的大数据分析，能够在周期性维护、业务决策支撑等领域发挥特长。边缘计算聚焦实时、短周期数据的分析，能更好地支撑云端应用的大数据分析；反之，云计算通过大数据分析优化输出的业务规则也可以下发到边缘侧，边缘计算基于新的业务规则进行业务执行的优化处理。

物联网时代，万物互联，手机、可穿戴设备以及附带传感器的智能设备正在爆发式增长。Business Insider（BI 美国的一家博客媒体）的优质搜索服务"BI 智能"预测，到 2020 年，企业和政府将有 58 亿个物联网设备会使用边缘计算。随着物联网应用的不断成熟，网络不断扩大，更多设备加入网络，海量的数据如何处理，需要从根源解决；网络不断变得复杂，网络延时、网络堵塞将给物联网带来不可估量的损失。现有的物联网直接接入云的模式不再适用，边缘计算将高效、及时并安全地处理海量数据，将成为万物互联时代关注的重点。

2. 边缘计算提高物联网设备处理效率

互联网时代业务要求产品开发、迭代并不断加速，促使 IT 基础设施广泛云化，大量使用第三方 API 接口等，而在物联网时代，海量的设备数据上传云端，再反馈于终端执行，不仅浪费云端资源还影响数据的处理效率。

对于有实时数据处理要求的场景，譬如智能驾驶，在监测到障碍物时，如果无法做出智能化的决策，控制方向避开障碍物，反而是先传入云端再下发指令到车载终端的话，稍有延迟，就会导致事故的发生。再如智能安防系统的摄像头，美国部署了 3000 余万个摄像头，每周生成超过 40 亿小时的海量视频数据。这些数据传输到云端数据中心进行处理，不仅需要传输成本，更需要存储成本。而这些数据信息如果能在网络边缘侧就被存储与处理，那将大大减少成本并提高设备的处理效率。

如何利用现有资源对数据进行预处理，提供紧急响应以及对数据进行过滤筛选。这就需要边缘侧根据相应的"规则"进行审核管理。例如，新华三的物联网网关就可以根据场景化需求，定制数据规则，对数据进行预处理，避免大量数据传向云端浪费资源，并帮助云端腾出更多空间去处理更多的请求优化资源调度。其推出的工业级网关 IG550 可为边缘侧提供多种业务接口，如 RJ45、RS485、Wi-Fi 等，可扩展支持 ZigBee、BLE、3G/LTE、GPS、DIDO、HDMI、VGA 等。开发者可以通过在已安装的 CentOS 操作系统上灵活架设应用程序，对边缘侧业务数据进行计算处理，提高物联网设备的工作效率。

3. 边缘计算将重新定义"云—网—端"的关系

云端管理终端在物联网的初级阶段基本完成，而处于边缘侧的终端似乎仅仅是充当被管理的角色。边缘计算赋予终端简单计算与存储的能力，使其偶尔也"脱离"云端的管理，智能地控制自己的行为。

信息存储从统一的云端分散到各个终端，由边缘侧进行智能化处理后提取特征数据传回云端。物联网平台将面临新的挑战与机会，在管理物联网设备的同时，还要接受边缘侧的信息反馈与"容忍"边缘侧的自治。边缘侧针对某个类型的设备可以配备智能化网关，形成边缘侧平台以及时响应设备的数据请求，控制设备行为。炙手可热的边缘计算引起各个巨头争相布局，例如，霍尼韦尔公司在数字化工业的基础上增加末端智能，有效解决工业数据调度的一致性与完整性问题；更有英特尔、思科、诺基亚等巨头利用软件解决方案走出边缘计算的第一步。为满足目前及未来的 IT 需求，越来越多的计算能力正在被分散到网络边缘。

物联网需要场景化的产品——从云端到终端的整体解决方案。在大连接以及云端市场成熟的背景下，边缘侧的计算能力将是物联网价值挖掘的最为重要的一环。工业物联网、农业物联网以及智慧城市等需要真正的低时延、高带宽以及应对海量数据的计算能力，这需要边缘计算不断地发展来解决。

7.1.2　边缘计算的定位

1.数百亿的物联网设备有多少需要边缘计算

边缘计算作为一种小型数据中心，尽量靠近终端，便于提升访问速度和性能。物联网应用不断的增长刺激着边缘计算更多的需求，越来越多的物联网设备需要边缘计算。小到一个安防摄像头，大到工业设备网关都需要边缘计算来实现设备间的信息沟通与协同运作。

边缘计算类似于人类的神经末梢，对于简单的信息可以直接处理；对于复杂的信息则传输给云端（即大脑）。类似于人类对于简单处理的记忆，边缘计算可以对提取到的特征数据的上传进行追溯。正如所有人类都需要神经末梢式的应对一样，所有物联网设备未来都需要配备边缘计算，这样才能实现真正的万物互连。

无论是有实时数据需求的车载终端，还是高带宽的海量数据传输，抑或者是联网电梯以及高速运转的波音飞机、高生产速率的流水线都需要边缘计算的助力。从安全、预测维护、个性化服务等方面提高用户体验，完成设备智能化升级。

2.边缘计算帮助实现 OT 与 IT 深度融合

目前，各国都在倡导信息技术与制造技术的融合。面对高时延、异构、海量连接等问题，边缘计算可提供实时处理、削减冗余数据等服务。以新华三为例，其工业级物联网网关可构建泛在化感知与控制应用服务平台，再利用绿洲平台进行多元化的配置实现操作技术（Operational Technology，OT）业务实时进展。边缘计算的应急处理能力使机器的安全性得到保证，人机物集成的工作场景很容易实现，提高生产效率。

在工业领域，边缘计算将自动化控制与信息通信技术相互结合，形成智能化制造场景。正如施耐德、霍尼韦尔、通用电气、西门子等工业巨头纷纷引入信息技术（Information Technology，IT）技术来升级制造设备，提高生产效率。尤其是生产线上接入的移动设备会造成设备状态的随机变化，因此需要利用信息通信技术对设备进行实时动态网络重组。信息化技术的落地需要边缘侧网络与行业运维技术的深度结合，只有这样才能推翻行业烟囱，实现物联网的互联互通。

边缘计算横向发展通用计算能力，纵向整合垂直行业应用，是物联网应用落地的催化剂。除工业流程控制场景早已涉及边缘计算，智慧城市、智慧家庭、智慧医疗等泛在场景已经渐显边缘计算身影。

例如，无线家庭路由器的升级、城市各处部署无线接入点、生活购物出现无人值守结账应用等，仅是边缘智能不足以支撑完整的智慧场景的运营，需要与云端协同并结合深刻的行业理解才能够提供较高的服务质量。例如，新华三医疗场景的物联网无线访问接入点（Wireless Access Point，AP）作为边缘侧智能化网关，可对医疗数据进行筛选，对紧耦合连接的物联网数据进行封装并发送，松耦合的连接不做数据的传输。其作为运维连接的绿洲平台利用公有云与私有云结合的服务模式，本地私有云可以对上传数据进行本地业务处理与本地存储，并随时调取边缘侧网关运行参数进行及时维护管理。从而减少对公网链路的带宽占用，在公网连接出现中断时，实现本地自治。此外，我们可见的共享单车也是边缘计算很好的应用案例。边缘侧的基站以及物联网网关等分布式的数据处理中心，将助力用户体验升级。

边缘计算迎来 IT 服务的再拓展，成为数字化升级的契机。在物联网布局中，通信厂商、数据服务提供商、芯片设计以及模块制造商都已涉足或早已布局边缘计算。边缘计算或将提供数据运营服务的新的商业模式，更好地将物联网应用落地。

7.1.3　边缘计算的价值

物联网其实不是传统意义的网络，而是一个技术体系，其通常分为 4 层：传感控制层、网络层、平台层和应用层。传感控制层是感知和控制的触角，网络层主要回传数据，平台层通常进行连接、数据和运维的管理，而应用层进行数据的分析和相关应用的控制。其中平台层和应用层都位于数据中心，管理、分析、控制和数据处理都应在数据中心集中进行，而网络层是一个数据回传管道。很多行业应用对实时性、可靠性和安全性等有严格的要求，有些行业应用受制于接入带宽和成本的限制，需要对上传数据中心的流量进行聚合和预处理，因此，在靠近物或数据源头的网络边缘就需要一个融合连接、计算、存储和应用安装等能力的开放平台，也就是边缘计算平台，考虑到其位置一般在物联网网关上实现。那么，边缘计算将为物联网带来哪些价值？

1. 业务实时性

在对实时性要求较高的领域，如生产控制领域，业务控制时延必须小于 10 ms 甚至更低；在自动驾驶领域，控制时延也必须在几毫秒之内。如果将控制放在云端，根本无法满足上述时延要求，所以需要把部分分析和控制功能放在网络边缘，以满足业务实时性的需要。

2. 数据适配和聚合性

当前，传感侧存在大量的专有通信技术和协议，这种多样性和异构性不但存在于特定行业内，更存在于不同的行业间。"七国八制"的现状和异构性极大地增加了现场的数据集成难度和成本，所以需要在网络边缘对传感侧协议和标准进行适配、统一。

据互联网数据中心（Internet Data Center，IDC）统计，未来 79% 的物联网流量将通过网关接入，如果这些流量都送到数据中心处理，将导致数据中心计算、存储和广域带宽成本急剧增加。另外，并非所有的数据都有价值，如温度异常监测，其实并不需要把所有采集的温度信息上传，只需将异常数据上传就可达到目的；又如人脸视频识别场景，并不需要将所有人脸图像数据上传到数据中心，而只需提供人脸图像特征值。因此，网络边缘的协议适配和数据预分析聚合就显得尤为重要。

3. 可靠性

可靠性是系统提供服务的基石，单点故障在很多行业场景普遍是不可接受的。因此大量关键操作不能依靠云端，现场的生产系统需要保持一定的自主和自治。对于一些特定的应用场景，如制造业的控制系统，可以通过边缘的分布式智能和自治系统相互协同，而不是依靠中心化的智能，这样可以保障整个系统的本地存活能力；又如路灯物联网系统，即使广域网络发生故障，路灯也要具备本地的基本控制能力，以保证行人的交通安全。

4. 安全性

对于更多行业系统，尤其是生产系统，接入网络的安全性显得更为重要，安全已成为物联网领域最牵动人心的问题。连接传感层和数据平台层之间的网络部分往往是安全的薄弱环节，而传感层通常受到计算资源、供电和成本的限制，很难进行复杂的加密防护，所以在网络的边缘需要对安全进行加固，如在物联网网关和数据中心之间建立加密隧道，或者由应用厂商在物联网上安装私有的代理，以实现数据加 / 解密，从而进一步提高系统的安全性。

7.1.4 前景和展望

到 2020 年将有 500 亿的终端和设备联网，除了边缘设备与终端联网最大的"异构"特征之外，产品生命周期越来越短、个性化需求越来越高、全生命周期管理和服务化的趋势越来越明显，这些新趋势都需要边缘计算提供强大的技术支撑。

边缘计算需要 IT 管理与 OT 控制通过通信技术（Communication Technology，CT）连接走向融合。在物联网标准未定之前，边缘计算又杀入圈内，各层技术的标准之争又会掀起一场血雨腥风，但同时也是各家突破重围的机遇。

作为相关企业应当如何结合自身优势做出布局？构建边缘计算产业生态便是集大成者的首选战略。例如，如何解决云端与边缘侧的调度问题、如何搭建边缘设备的信息交流、商业模式构建、特定协议设计等。新入局者也可以利用边缘计算技术发展新的应用。例如，个人多设备协同应用、车路协同等。实现应用规模化更是布局者的抢占市场之道。

智慧产业的发展，不仅需要高高在上的云，更需要无所不在的边缘计算。边缘计算一方面采集数据信息，进行预处理并提取特征数据传输给云端大脑；另一方面打通各系统平台，使智能的 IT 系统可以游走于各 OT 之间，帮助各物联网应用落地。无论从物联网应用的使用效率、时间延迟还是出于安全考虑，边缘计算都会是物联网普及的关键所在。

●●7.2 物联网和区块链

7.2.1 应用背景

物联网在长期发展演进的过程中，遇到了以下 5 个行业痛点：设备安全、个人隐私、架构僵化、通信兼容和多主体协同。

1. 在设备安全方面

Mirai 创造的僵尸物联网（Botnets of Things）被麻省理工科技评论评为 2017 年的十大突破性技术，据统计，Mirai 僵尸网络已累计感染超过 200 万台摄像机等 IoT 设备，由其发起的 DDoS 攻击，让美国域名解析服务提供商 Dyn 瘫痪，Twitter、Paypal 等多个人气网站当时无法访问。

2. 在个人隐私方面

中心化的管理架构无法自证清白，个人隐私数据被泄露时有发生。如人民网报道的成都 266 个摄像头被网络直播就是一个案例。

3. 在架构僵化方面

目前，物联网数据流都汇总到单一的中心控制系统，随着低功耗广域技术（LPWA）的持续演进，可以预见的是，未来物联网设备将呈几何级数增长，中心化服务成本难以负担。据 IBM 预测，2020 年万物互联的设备将超过 250 亿个。

4. 在通信兼容方面

全球物联网平台缺少统一的语言，这很容易造成多个物联网设备彼此之间通信受到阻碍，并产生多个竞争性的标准和平台。

5. 在多主体协同方面

目前，很多物联网都是运营商、企业内部的自组织网络，涉及跨多个运营商、多个对等主体之间的协作时，建立信用的成本很高。

区块链凭借主体对等、公开透明、安全通信、难以篡改和多方共识等特性，对物联网将产生重要的影响。多中心、弱中心化的特质将降低中心化架构的高额运维成本，信息加密、安全通信的特质将有助于保护隐私，身份权限管理和多方共识有助于识别非法节点，及时阻止恶意节点的接入和作恶，依托链式的结构有助于构建可证可溯的电子证据存证，分布式架构和主体对等的特点有助于打破物联网现存的多个信息孤岛桎梏，促进信息的横向流动和多方协作。

7.2.2 可应用场景

1. 传感器数据的存证和溯源

传统的供应链运输需要经过多个主体，例如，发货人、承运人、货代、船代、堆场、船公司、陆运（集卡）公司，还有做舱单抵押融资的银行等业务角色。这些主体之间的信息化系统很多是彼此独立，互不相通的。一方面，存在数据做伪造假的问题；另一方面，由于数据不互通，在出现状况时，应急处置没办法及时响应。在这个应用场景中，在供应链上的各个主体部署区块链节点，通过实时（如船舶靠岸时）和离线（如船舶运行在远海）等方式，将传感器收集的数据写入区块链，成为无法篡改的电子证据，更进一步地厘清各方的责任边界，同时还能通过区块链链式的结构，追本溯源，及时了解物流的最新进展，根据实时搜集的数据，采取必要的反应措施（例如，在冷链运输中，超过 0℃的货舱会被立即检查出故障的来源），增强多方协作的可能，如图 7-1 所示。

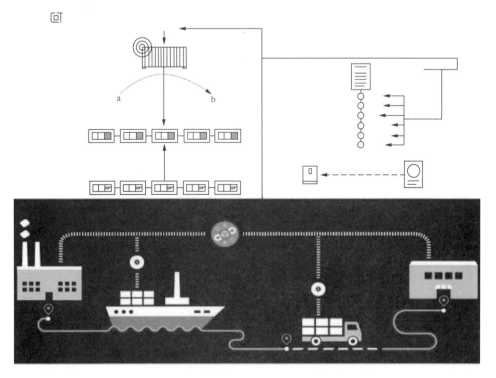

图7-1 应用场景一：传感器数据的存证和溯源

2. 新型共享经济

共享经济可以认为是平台经济的一种衍生。一方面，平台具有依赖性和兴趣导向性；另一方面，平台也会收取相应的手续费，例如，滴滴司机要将打车费用的 20% 上交，作为平台提成。初创公司 Slock.it 和 OpenBazaar 等希望构建一个普适的共享平台，依托去中介化的区块链技术，让供需双方点对点地进行交易，加速各类闲置商品的直接共享，并节省第三方的平台费用。

图 7-2 所示的应用场景中，企业首先依托区块链网关，构建整个区块链网络。资产拥有者基于智能合约，通过设置租金、押金和相关规则，完成各类锁与资产的绑定。最终用户通过 App，支付给资产所有者相应的租金和押金，获得打开锁的控制权限（密钥），进而获取资产的使用权。在使用结束后，归还物品并拿回押金。此举可以精准计费，按照智能合约上的计费标准实时精准付费，而不是像目前共享单车的粗犷式收费（按半小时、一小时收费）。这种模式虽然节省了平台手续费（20%），但也引发了很多思考，例如，没上保险出了事故该如何解决；客户租车开了两千米，直接锁车结账走人了，谁将车开回来等问题。

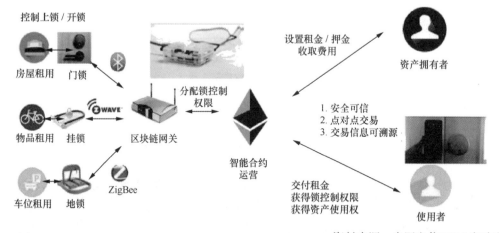

完成各类锁与资产的绑定。区块链网关是区块链的节点，在区块链上运行智能合约，由智能合约操控锁的控制权限转移；资产拥有者与使用者交易双方通过智能合约的前端应用——Dapp 来完成交易，拥有者获得租金与押金，使用者获得控制权限，以此获得资产的使用权。

资料来源：中国电信 2025 实验室

图7-2　应用场景二：新型共享经济

3. 基于智能电表的能源交易

传统输电的线路损耗率达到 5%，住户建立的微电网中盈余能源无法存储，也不能共享给有能源需求的其他住户。纽约初创公司 LO3 Energy 和 ConsenSys 合作，由 LO3 Energy 负责能源相关的控制，ConsenSys 提供区块链底层技术，在纽约布鲁克林区实现了一个点对点交易、自动化执行、无第三方中介的能源交易平台，实现了 10 个住户之间的能源交易和共享。主要实现方式是，在每家住户门口安装智能电表，智能电表安装区块链软件，构成一个区块链网络。用户通过手机 App 在自家智能电表区块链节点上发布相应智能合约，基于合约规则，通过西门子提供的电网设备控制相应的链路连接，实现能源交易和能源供给，如图 7-3 所示。

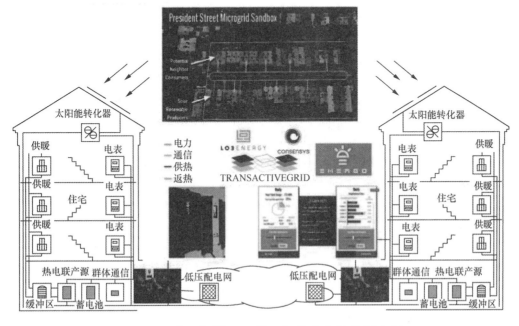

图7-3　应用场景三：基于智能电表的能源交易

4.电动汽车的即时充电

电动汽车目前面临多家充电公司支付协议复杂、支付方式不统一、充电桩相对稀缺、充电费用计量不精准等行业痛点，由德国莱茵公司和 Slock.it 合作，推出了基于区块链的电动汽车点对点充电项目。通过在各个充电桩里安装树莓派等简易型 Linux 系统装置，基于区块链将多家充电桩的所属公司和拥有充电桩的个人进行串联，使用适配各家接口的 Smart Plug 对电动汽车进行充电。以 Innogy 的软件举例，首先，在智能手机上安装 Share&Charge App。在 App 上注册电动汽车，并对数字钱包进行充值。需要充电时，从 App 中找到附近可用的充电站，按照智能合约中的价格付款给充电站主人。App 将与充电桩中的区块链节点进行通信，后者执行电动车充电的指令，如图 7-4 所示。

5.无人机的安全通信和群体智能

针对未来无人机和机器人的快速发展，机器与机器之间的通信必须要从两个方面去考量：一方面，每个无人机都内置了硬件密钥，私钥衍生的身份 ID 增强了身份鉴权，基于数字签名的通信确保安全交互，阻止伪造信息的扩散和非法设备的接入；另一方面，基于区块链的共识机制，未来区块链与人工智能的结合点——群体智能充满了想象空间，MIT 实验室已经在这个交叉领域展开了深入研究，如图 7-5 所示。

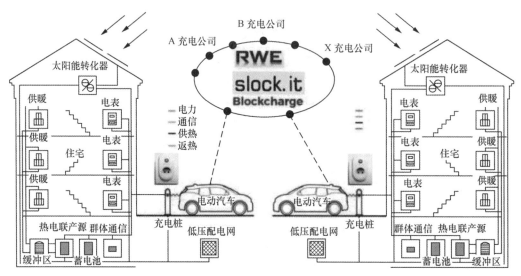

图7-4　应用场景四：电动汽车的即时充电

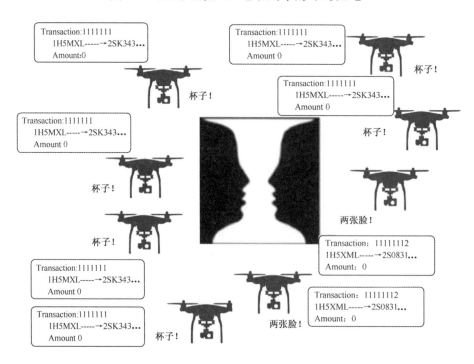

图7-5　应用场景五：无人机的安全通信和群里智能

7.2.3　可能的挑战

"区块链 + 物联网"会遇到来自以下 4 个方面的挑战。

1. 在资源消耗方面

IoT 设备普遍存在计算能力低、联网能力弱、电池续航短等问题。比特币的工作量证明机制（PoW）对资源消耗太大，虽然不适用于部署在物联网节点中，但是可部署在物联网网关等服务器。其次，以太坊等区块链 2.0 技术也是 PoW+PoS，正逐步切换到 PoS。分布式架构需要共识机制来确保数据的最终一致性，然而相对中心化架构来说，分布式架构对资源的消耗过多是不容忽视的问题。

2. 在数据膨胀方面

区块链是一种只能附加、不能删除的数据存储技术。随着区块链存储的数据信息量的不断增长，IoT 设备是否有足够存储空间。

3. 在性能瓶颈方面

传统比特币的交易是 7 笔 / 秒，再加上共识确认，需要约 1 小时才写入区块链，这种时延引起的反馈时延、报警时延，在时延敏感的工业互联网上不可行。

4. 在分区容忍方面

工业物联网强调节点一直在线，但是，普通的物联网节点失效、频繁加入退出网络是司空见惯的事情，容易产生消耗大量网络带宽的网络震荡，甚至出现网络割裂的现象。

7.2.4　改进思路和措施

1. 从区块链的角度来看

（1）对于资源消耗可以不使用基于挖矿的、对资源消耗大的共识机制，使用投票的共识机制（如 PBFT 等）不仅减少资源消耗的通知，还能有效提升交易速度，降低交易时延。在节点的扩展性方面会有一定损耗，这需要面向业务应用的权衡。

（2）对于数据膨胀可以使用简单支付交易方式（SPV），通过默克尔树对交易记录进行压缩。在系统架构上，支持重型节点和轻型节点。重型节点存储区块链的全量数据，轻型节点只存储默克尔树根节点的 256 哈希值，只做校验工作。

（3）对于性能瓶颈，已经有很多面向物联网的区块链软件平台做了改进。例如，IOTA 就提出不使用链式结构，采用有向非循环图（DAG）的数据结构，一方面提升了交易性能；

另一方面具有抗量子攻击的特性。Lisk 采用主链——侧链等跨链技术，进行划区划片管理，在性能方面取得了不小的突破。

（4）对于分区容忍，针对可能存在的网络割裂选择支持链上链下交易，尤其是离线的交易，并在系统设计时支持多个 CPS 集群。

2. 从物联网的角度来看

（1）对于资源消耗，随着 eMTC、NB-IoT、LoRA 等低功耗广域网（LPWA）技术的发展，传输质量、传输距离、功耗、蓄电量的问题将得以逐步解决。

（2）对于数据膨胀，根据摩尔定律和超摩尔定律，存储成本下降，物联网存储能力持续上升。

（3）对于性能瓶颈，随着 MEMS 传感器、SiP 封装工艺等新技术、新工艺、新架构的不断成熟、成本降低，小体积、低功率的传感节点有望广泛应用。

●●7.3 物联网和 eSIM

7.3.1 什么是 eSIM

近些年手机卡从 Standard SIM 到 Mini SIM、Micro SIM 和苹果发布的 Nano SIM 卡，我们使用的 SIM 卡正在越变越小。但是，仅仅变小是不够的，物联网时代的到来，让 SIM 卡的缺点尤为突出。如今智能终端内部的元器件排列非常紧密，每寸空间都非常宝贵。SIM 卡的演变如图 7-6 所示。

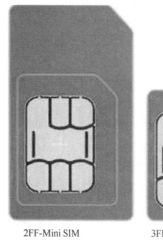

2FF-Mini SIM
25mm×15mm×0.76mm

3FF-Micro SIM
15mm×12mm×0.76mm

4FF-Nano SIM
12.3mm×8.8×0.67mm

eSIM

MFF2
M2M Form Factor

图7-6 SIM卡的演变

eSIM 卡就是将传统 SIM 卡直接嵌入到设备芯片上，而不是作为独立的可移除零部件加入设备中。eSIM 卡物理上还是一张 SIM 卡，它只是内嵌在手机中，预装在手机组件里，可通过远程编程的方式来支持不同的运营商，或者用手机就可以切换不同运营商服务，用户不需要将 SIM 卡拿出来更换。

针对 eSIM 技术，一张卡可以集成不同的运营商信息，从而达到无缝切换的目的，也就是说，你不用换卡就可以使用不同的运营商网络。同时 eSIM 卡支持 OTA 技术，运营商信息可以随时写入卡里面，真正实现全球随便使用不换卡的目的。

毫无疑问，eSIM 卡是能够给行业带来巨大变革的，尤其是对新兴的物联网市场而言，因为对百亿级别的物联网设备的网络连接将会是一项庞大的工程，尤其是对于需要移动的设备，保证无论何时何地都能通信是一项基本需求。

早在 2014 年，eSIM 商用进程已经在全球范围内开启。根据 GSMA（全球移动通信系统协会）的数据，截至 2016 年 7 月，全球有 80 家主要的运营商支持 eSIM 的模式，其中，包括 AT&T、Verizon、德国电信、KDDI、NTT DoCoMo、西班牙电信等运营商。

7.3.2 eSIM 卡的优势

1. 提升性能，更为便利

eSIM 技术对于消费者而言所带来的便利是多方面的，具体如下所述。

（1）智能设备更加轻便，而且不再需要手动安装 SIM 卡了。

（2）消费者可以摆脱 SIM 卡限制，根据网络信号好坏、资费高低差异等环境因素，随时切换不同的运营商。

（3）对于拥有多个手机号码的用户而言，多号码管理将会变得更为简单。

（4）SIM 卡插槽容易进入灰尘，剧烈震动将会导致 SIM 卡接触不良，物联网部署比较困难，而 eSIM 则没有这个担忧。

（5）可以更便捷地组建横跨多个运营商的物联网络。

2. 节约成本

在手机时代，个人消费者因为 SIM 卡必须依附某一运营商，如果运营商垄断程度高，消费者在选择通信服务没有太多的议价权，而 eSIM 为用户带来的优势便是成本的节约，具体表现在以下 3 个方面。

（1）传统 SIM 卡限制了设备的空间和设计，并增加了设备的工艺难度与制造成本，eSIM 可以不再担心这些问题。

（2）由于消费者可以轻松切换不同的运营商，传统的套餐计价方法将会失效。目前，已经有公司在开发手机 App，可根据网速和资费自动帮助手机用户切换运营商网络。

（3）当用户在出国旅行时，可以简单地一键激活当地的运营商服务，而不再是以昂贵的国际漫游方式进行通信。

3. 提高安全性

eSIM 技术除了便利以及节省成本外，安全性能的提升也是非常重要的。例如，eSIM 卡内所包含的安全信息可用来帮助企业进行私有网络的身份验证，设备数据的远程管理、找回与删除等安全防护更加容易。

7.3.3　eSIM 卡在物联网中的应用

尽管手机对 eSIM 的需求呼声更大，但 eSIM 更大的受益者其实是物联网。当前，物联网迅速发展，各种可穿戴设备、人体监控设备、车联网、智慧家庭、智能家居、智慧城市、智能抄表、定位跟踪等应用如同雨后春笋般蓬勃地发展起来，对于这些智能设备而言，通信和联网无疑是基础功能，eSIM 的优势更加明显。运营商采用 eSIM 技术，显然是个更好的选择。

eSIM 作为智能设备功能模块的组成部分，具备可重复擦写功能，可随时写入数据以更换运营商，能满足物联网设备对通信的安全性、稳定性的高要求。企业在生产过程中直接在物联网设备嵌入 eSIM 卡，以空中下载技术（Over-the-Air Technology，OTA）的方式完成运营商安全认证。用户不必再插拔 SIM 卡，就可以直接选用设备所在地的运营商网络，并使用当地资费以节省跨国漫游成本。

虽然手机用户想体验 eSIM 还遥遥无期，但是国内的运营商正在利用 eSIM 卡积极部署自己的物联网平台。因为对于运营商来说，物联网对成本敏感，安全性、稳定性要求更高，传统的 SIM 难以满足物联网设备要求，而 eSIM 卡则方便许多。

1. eSIM 卡在车联网的应用

实际上，eSIM 业务的提出与车联网有关。eSIM 业务最早是在车联网得到了规模性的发展和商用，它的技术也在车联网领域得到了检验。

第一，车联网对通信的要求实际上是安全性的需求，嵌入式卡在安全性上更有保障，当发生事故的时候，在车主无法进行操作的情况下，车主要跟后台主动通信，eSIM 可以起到一个非常关键的作用，传统插拔卡显然不能在发生碰撞后确保这个业务正常使用。

第二，车辆的进出口的跨境贸易，它指的是智能汽车因为内置了联网服务，跨国销售的时候，面临两个地区网络的切换，通过 eSIM 可以快速实现这种切换。从车企的角度来讲，eSIM 的成本无关紧要，他们更看重由 eSIM 带来的流程简化和便利，降低物料管理、人力投入和操作流程的繁琐程度。

这些因素导致了很多车企是最先使用 eSIM 的 M2M 这种服务的，也就是说使用贴片卡并且进行码号管理服务，如图 7-7 所示。

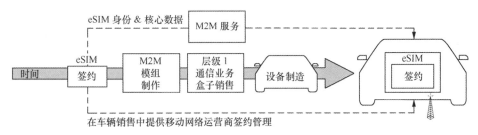

图7-7　基于eSIM卡的车联网签约管理平台

2. eSIM 在产业物联网的应用

产业物联网包含智慧城市、智能农业、智能交通、智能制造、智能医疗等行业。由于不同行业差异较大，连接管理的需求错综复杂，管理维度和管理难度似乎都在与日俱增。

例如，越来越多的全国性工业企业、建设企业给员工佩戴智能手环，以便监测空气质量、心率、位置等关键变量，保障员工在恶劣条件下的健康和安全。eSIM 通过 OTA 空中下载技术为数万设备同时擦写 SIM 卡，既简化了管理，又提升了智能手环的使用性和员工满意度。

智慧物流也是 eSIM 的典型应用场景之一，跨越不同城市乃至国家的物流车队，大多配备了采集各类数据的传感器，每天采集大量的遥测数据，其完整性和流通性非常关键。eSIM 不仅降低漫游费用，而且让数据不会因为信号不佳或者更换 SIM 卡而产生中断。

随着物联网应用的进一步普及，以及 5G 通信、人工智能等新技术的逐步成熟，eSIM 高集成、小型化、免维护、长连接等方面的优势会进一步显现。

3. eSIM 卡在可穿戴设备等消费物联网的应用

消费物联网是 eSIM 最主要的应用领域之一，包括各种可穿戴设备、智能音箱、无人机、医疗健康设备、追踪定位器等，这些都是 eSIM 的重要应用载体。

随着可穿戴设备的普及，通信和联网也在成为这些智能硬件的一项标配功能。显然，相对于汽车、智能手机，可穿戴设备的内部空间要珍贵得多，特别是在电池技术还未取得突破性进展的前提下，eSIM 显然是个更好的选择。

2017 年 3 月，全球移动通信系统协会 GSMA 宣布了期待已久的嵌入式 SIM 卡（eSIM）远程配置的规范。这是一座重要的里程碑，因为它代表首个 GSMA 标准化版本的可重复编程 eSIM 标准，这一标准可用于消费电子设备，例如，智能手表、健身设备和平板电脑等。

目前，三星的 Gear S2、S3，华为的 HUAWEI Watch 2，都有 eSIM 卡版，但是目前国内的运营商暂时还不支持这种模式的运行。

7.3.4　国内运营商布局

面向物联网市场，eSIM 卡未来市场前景广阔，包括车联网、可穿戴设备、智慧家庭、智能家居、远程智能抄表、无线移动 POS 机、定位跟踪等。有预测称，到 2020 年，全球将共有 1.25 亿个 eSIM 连接，总价值约 1740 亿美元。

1. 中国电信

2016 年，中国电信表态现阶段反对手机 eSIM，积极跟进国际国内标准，推动监管政策制定，组织开展安全评估。但中国电信支持物联网 eSIM，2016 年，中国电信发布了物联网 eSIM 规范，目前在物联网领域的 eSIM 平台建设也已经完成。2017 年，中国电信开始试点可穿戴 eSIM，进行了手表类可穿戴业务试点，制定消费电子 eSIM 规范。

2018 年 5 月 25 日，用户可在中国电信手机营业厅申请 eSIM 通信服务。若用户确认自己的设备具备 eSIM 能力并已通过蓝牙与手机设备连接，在申请页面点击"立即开通"即可为相应设备选择独立号码开通中国电信 eSIM 通信服务，这项服务包括独立语音、短信、流量套餐等。

2. 中国移动

2018 年 5 月 25 日，中移物联正式推出智能物联"China Mobile Inside"计划，同时发布国内首款 eSIM 芯片，提供"芯片 +eSIM+ 连接服务"。2018 年 4 月，中国移动推出了 2 mm×2 mm 最小尺寸的 eSIM C2×2，并进行试商用。目前，中国移动已推出了自主研发的 2G eSIM 芯片 C216B 和 2G+GPS eSIM C217G，支持 OTA 和连接 One NET，聚焦不同市场定位。

2018 年 6 月，中国移动宣布"一号双终端"业务在天津、上海、南京、杭州、广州、深圳、成都 7 个城市正式启动。用户通过"一号双终端"业务，可实现手机与可穿戴设备的绑定，共享同一个号码、话费及流量套餐，无论主叫或是被叫对外均呈现同一号码，轻松享受"沟通抬腕可达"的自由体验。

据悉，目前仅有 HUAWEI WATCH 2 Pro/ 保时捷 / 2018 三款 eSIM 版智能手表首批支持中国移动"一号双终端"业务，后续苹果等其他品牌可穿戴设备也将支持该业务。

3. 中国联通

早在 2015 年中国联通制定了基于 eSIM 发展消费物联网业务的战略，打造自主开发的

eSIM 管理平台；2017 年年初，eSIM 平台开通；2017 年 4 月，eSIM 独立号码业务上线。

2018 年 3 月 7 日，中国联通宣布，正式在上海、天津、广州、深圳、郑州、长沙 6 座城市率先启动 eSIM "一号双终端"业务的办理。4 月 26 日，在中国联通 2018 年合作伙伴大会暨通信信息终端交易会上，中国联通携手高通、阿里、科大讯飞等产业合作伙伴共同发起成立 eSIM 产业合作联盟。

据了解，未来中国联通将依靠在 eSIM 领域所形成的业务以及平台两大优势持续开发，进一步聚焦技术、平台、产品、服务四大层面和产业链进行深度合作。

当然，运营商之间也存在一些问题待解决。首先就是运营商之间的互联互通，如预置的证书如何统一、号码与运营商的对接由谁来把控、空中下载过程中如何来保证信息安全等问题。

7.3.5　总结展望

毫无疑问，某种角度 eSIM 严重弱化了运营商对终端用户的控制权。运营商手机业务的商业模式是以 SIM 卡为中心的，它将用户固定在其计费系统中，而 eSIM 甚至可以让用户不再与运营商发生联系，便可随便选择运营商，资费套餐。目前，eSIM 对产业链中主要利益相关方的影响也已经开始显现，这也是 eSIM 迟迟没有得到推广普及的原因。运营商作为物联网连接服务的核心供应商，也是 eSIM 商用后受到冲击最大的群体。

然而物联网产业爆发，智能终端需求强烈，三大运营商的态度也已明确。为抢占先发优势，国内三家运营商必将大力推进国内 eSIM 卡业务的发展，未来将会有越来越多的设备支持 eSIM 功能。

●●7.4　物联网安全

由于物联网业务广泛涉及通信网络、大数据、云平台、移动 App、Web 等技术，其本身也沿袭了传统互联网的安全风险，加之物联网终端规模十分巨大、升级困难、传统安全问题的危害在此环境下会被急剧放大。作为一种新的网络和业务形态，物联网面临着前所未有的安全风险。

7.4.1　风险分析

1. 业务风险

（1）**业务防护能力不足**。物联网业务种类多，规模差别大，安全投入不均衡，部分业务防护能力不足，影响业务安全运行。

（2）**业务漏洞风险大**。物联网与各行业深度融合，业务逻辑复杂，应用协议多样，容易存在业务漏洞。

（3）**业务滥用风险高**。业务场景复杂导致终端形态多样，存在插拔式卡、嵌入式卡等形态，容易被恶意利用。例如，使用插拔式卡的终端难以预防机卡分离，存在被用作发送垃圾短信等滥用业务的风险。

2. 平台风险

（1）**越权操作风险**。大量的物联网应用运行在一个集中的平台上，如果没有进行有效的安全隔离和访问控制，容易引发不同应用之间的越权访问和操作。另外，如果没有对不同用户、设备进行有效隔离，也可能导致不同用户、设备之间的越权访问。

（2）**数据泄露风险**。多数 NB-IoT 应用的数据会集中存储在统一的物联网平台，并通过统一的平台对终端进行控制。若平台被恶意攻陷，就会导致大规模数据泄露，甚至大量终端设备被控制，进而影响工业生产及社会生活。

（3）**边界模糊风险**。物联网在与工业制造等行业融合的过程中，工业设备通过物联网网络接入业务平台，重要的生产数据通过公网传输，打破了传统工业网络封闭、隔离的安全边界，安全边界变得模糊，安全防护难度大大增加。

3. 网络风险

（1）**设备规模巨大，易引发大规模网络攻击**。物联网终端设备规模巨大，且分散安装，甚至位于户外，难以进行统一管理，一旦大量设备被恶意控制，就可能对其他网络系统发起大规模 DDoS 攻击，甚至导致大规模断网，传统安全问题的危害会被急剧放大。

（2）**公网传输导致重要数据泄露风险**。物联网应用的各类采集数据通过物联网各类网络层上传到对应的业务平台，传输过程跨越多个网络，经由大量网元进行处理，存在重要数据泄露的风险。

（3）**应急管控不足造成危害难以及时消除**。传统短信、数据、语音等通信功能管控依据单一设备、单一功能、单一用户进行，而物联网终端规模大，且不同业务的短信、数据等通信功能组合较多，若不能在网络侧通过地域、业务、用户等多维度实施通信功能批量应急管控，则无法应对海量终端被控引发的风险。

（4）**通信网络面临复杂攻击的风险**。物联网核心网一般与互联网相对隔离，网元之间相互信任而没有采取认证机制，随着网络更加开放以及跨运营商网络之间的通信需求，物联网核心网也会面临信令伪造、篡改、重点攻击等风险，核心网与互联网接口也会面临来自互联网的各种攻击。同时，大量终端接入网络也可能对核心网络发起攻击，影响业务运行。

4.终端风险分析

（1）**终端易被接触导致隐私泄露**。物联网应用与人们的工作生活息息相关，而部分终端设备在户外部署，易被接触到，可能导致终端数据被非法获取而泄露用户隐私。另外，与业务安全紧密相关的密钥存储在终端，也容易被非法获取。

（2）**计算能力受限导致易被恶意控制**。物联网设备受成本限制，通常计算能力较弱，无法实现安全级别高的认证机制、安全算法，抵御暴力破解等攻击的能力差，容易被恶意控制。

（3）**系统升级复杂导致设备"带病"运行**。物联网终端操作系统及应用软件均可能存在安全漏洞，而且 NB-IoT 设备部署位置通常比较分散，现场系统升级方式不易实施，而远程升级一旦失败就会影响业务的正常运营。同时，大部分安全漏洞并不影响终端用户的业务运行，因此，用户升级意愿较低，导致大量设备会长期"带病"运行，极容易被黑客恶意控制。

5.管理风险分析

（1）**安全责任不清**。物联网整个产业链包括设备制造商、网络运营商、平台运营商、用户等角色，发生安全事件时可能存在安全责任不清的问题。例如，终端设备在设备制造商出厂时就存在安全隐患，设备归用户所有，使用运营商的网络接入平台，而用户在使用时未及时升级，终端被恶意控制后产生了危害，产业链中各角色的安全责任不清晰。

（2）**安全意识不足**。物联网设备通常由用户进行管理，普通用户安全意识缺失容易导致弱口令、安全配置缺陷等问题，进而引发安全事件。

（3）**安全分级缺失**。涉及国家安全、国土资源、公共秩序等的重要物联网应用与个人普通物联网应用使用统一的网络和业务平台承载，若分级防护缺失，在受到攻击时，无法保障重要应用的安全。

（4）**安全标准不统一**。目前，尚未形成全面的覆盖产业链的安全标准，平台、终端安全防护能力参差不齐，无法按照统一的标准进行体系化安全防护。

7.4.2 NB-IoT 安全目标和框架

1.安全目标

在大力推动 NB-IoT 发展与普及的同时，针对物联网面临的各种安全风险，应构建积极的安全风险防御体系，将安全防护措施贯穿于 NB-IoT 业务的全生命周期，实现 NB-IoT 全业务、全流程、端到端的安全管控。

NB-IoT 是互联网的延伸，其业务涉及 Web、移动 App、云平台、大数据相关技术，需要实现对业务、平台、网络、终端各层的安全防护。

（1）**业务防滥用**。对不同行业的 NB-IoT 应用都能提供有效的安全保障，减少业务滥用及业务攻击带来的危害。

（2）**平台防入侵**。平台应具备检测及阻止入侵的安全措施，以防止发生大规模数据泄露以及通过平台恶意控制设备等事件。

（3）**网络防攻击**。NB-IoT 网络需要具备强度较高的身份认证机制，防止设备认证绕过等攻击；同时，需要防止大量终端设备被控制引发的 DDoS 等网络攻击。

（4）**终端防被控**。NB-IoT 终端需要防止被盗窃、被控制，进而防止终端用户隐私数据被窃取、终端被篡改仿冒。

2. 安全框架

NB-IoT 安全框架包括终端安全、网络安全、平台安全和业务安全 4 个部分，通过 4 个部分安全能力的结合可实现业务端到端安全，NB-IoT 安全技术架构如图 7-8 所示。

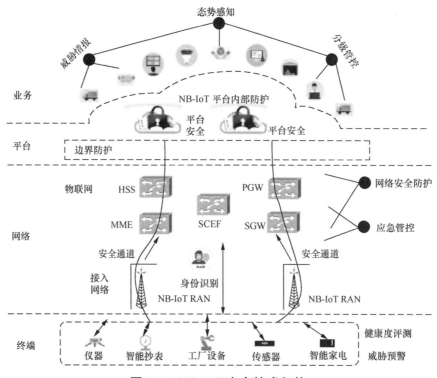

图7-8　NB-IoT安全技术架构

（1）**业务安全**：具备业务分级管控能力，满足不同业务的安全需求，并能基于终端、网络、平台的安全状态及业务运行情况，打造 NB-IoT 业务安全态势感知能力。同时，能够基于威胁情报交换、共享，预防业务安全事件。

（2）**平台安全**：包括边界防护、平台自身安全防护等能力，并能够为大规模数据在存储、传输、使用等各个环节提供安全防护。

（3）**网络安全**：提供身份保护和数据安全通道能力；同时，具备应急管控和网络安全防护能力以抵御来自互联网的攻击，并能及时消除物联网设备被控引发的危害。

（4）**终端安全**：能够提供物理安全、数据存储安全、系统安全更新、用户隐私等安全保护能力。

7.4.3 推进建议

NB-IoT 业务爆发式增长，对安全提出了越来越高的要求，应从以下 5 个方面推进 NB-IoT 安全体系建设。

1. 推动业务分级保护

NB-IoT 业务类型众多，一旦发生信息窃取或伪造，会对国家安全、社会秩序、公众利益造成不同程度的侵害。建议根据业务涉及的数据、对象以及对国家、社会和个人的影响程度，建立业务分级制度，制定不同等级业务的安全防护技术要求和管理要求。

2. 加快安全标准体系建设

制定符合我国国情的技术标准，进一步完善国家及行业安全标准体系。积极推动和参与安全国际标准的编制，扩大我国在国际上的话语权。

3. 健全入网安全测评

尽快建立国家及行业覆盖系统、终端、设备及业务安全评估的测评体系，制定 NB-IoT 系统、终端、设备及业务平台安全准入机制，防止设备和系统"带病入网"。

4. 深化安全法制建设

目前，国家已出台《网络安全法》等信息安全法规，在信息安全、个人隐私保护等方面进一步加强了安全保护要求。建议针对 NB-IoT 业务应用场景，细化法律法规相关条款。针对产业发展过程中出现的典型案例，制定防范和应对措施，在全社会进行广泛宣传和教育，强化全民安全意识。

5. 建立安全生态联盟

物联网产业链已初具规模，应尽快建立联合上下游合作伙伴的安全生态联盟。一方面围绕具体业务场景，建立以终端、网络、平台和业务安全为支撑的安全生态体系，明确终端厂商、运营商、平台系统厂商等物联网生态参与者的安全责任；另一方面发挥产业链各个角色的优势，推动产业合作伙伴不断提升安全能力，例如，运营商可开放基于网络的身份认证等安全能力提升不同应用的认证安全等，共同建设安全、健康、有序的物联网业务生态环境。

7.4.4　总结展望

NB-IoT 是互联网向真实世界的全面延伸，必将为整个社会带来更加深刻的革新，其技术的复杂与变化不可避免地会引入新的安全风险和挑战。为有效应对风险和挑战，产业链需要紧紧围绕"业务 + 云管端"开展安全防护，将安全要求落实到业务全生命周期、云服务、数据传输通道、终端运营等各个环节。

NB-IoT 的发展与普及需要有和谐共生的 NB-IoT 安全生态环境。产业界各方需通力合作，秉承创新、协调、绿色、开放、共享的发展理念，共同建设可信的 NB-IoT 安全防护体系，为促进物联网的持续健康发展做出积极贡献。

参考文献

[1]　中国移动 NB-IoT 安全白皮书，2017．11.

[2]　卿苏德. 区块链在物联网中的应用 [R]. 中国信息通信研究院，2017-06-18.